한국의 천연기념물

윤무부 · 서민환 · 이유미

함양 목현리의 구송 (천연기념물 제358호)

교 학 사

머 리 말

문화재의 의미와 소중함은 따로 역설할 필요도 없을 만큼 누구나 가슴 속에 인식하고 있다. 빛바랜 벽화 한 장에서도 깨어진 돌조각에서도 우리는 선인들의 지혜와 숨소리를 듣고 오늘을 자리매김하고 미래를 생각하며 그 가치를 귀히 여긴다. 하물며 그 가운데서도 천연기념물이란 살아 있는 문화재라고 할 수 있으니, 더욱 값진 존재일 수 있다. 천연기념물이란 과거 한 순간에서 정지되어 우리에게 이어진 유물이 아니라, 현재를 살아가는 우리의 삶까지 그대로 반영되어 후대에 이어질 생명체이기 때문이다.

수백 년 혹은 천 년 이상의 세월 동안 한 자리에 버티고 앉아 민족의 흥망성쇠를 보아 왔고, 사람들 속에서 기쁨과 슬픔을 함께 나누어 감정이 이입되어 버린 노거수들, 긴 세월 동안 만들어진 그 신비로운 동굴과 자연, 그 자연 속에서 우리와 더불어 살아갔으면 싶은 새와 동물들, 생태계의 온갖 변화를 한몸에 품고 앉은 숲들……. 전국의 구석구석을 찾아다니며 만났던 그 생명체가 준 감동과 교훈은 적지 않다. 말없이 서 있는 나무 한 그루가 뿜어내는 기운을 대하면 살아 있는 영물을 만난 듯 범접할 수 없는 기상에 절로 고개가 숙여졌고, 숨죽여 가며 엿본 새들의 비상엔 절묘한 자연의 조화와 아름다움이 담겨 있었다. 그래서 전국을 몇 번이고 반복하던 발길은 고되다기보다는 커다란 존재와의 조우로 설레는 기쁨이 되곤 하였다.

하지만 마음 아픈 일도 많았다. 태풍이나 병충해와 같은 자연재해에, 혹은 사람들의 무관심과 잔인함 속에 가지가 잘리고 상처를 입은 숲과 나무들, 무심하게 둘러쳐진 밑동 주변의 콘크리트 시설물들, 1세기도 안 되는 짧은 시간 동안 이 땅에서 자취를 감추어 버린 동물들, 그 훼손의 손길이 무서워 폐쇄된 동굴들…….

2

어느 곳을 다녀도 살아 있는 문화재 천연기념물에 대한 많은 관심과 관리가 절실하였고, 이미 일제 강점기부터 지정되었던 나무들 가운데 지금은 그 당시보다 훨씬 많이 파괴된 일부 숲과 나무들을 만날 때면 안타까움을 넘어 부끄럽기까지 했다. 그런 의미에서 이제 많은 이들이 이 책을 읽고 천연기념물의 존재를 깊이 인식하여 소중히 하는 계기가 되었으면 하는 바람을 가져본다.

이 책을 집필하면서 나무의 나이와 같이 확인할 수 없었던 일부 수치, 집필자들의 전공이 아니어서 여러 자료의 축약으로 이루어진 동굴과 광물편의 서술, 자료의 부족으로 기원과 유래를 확인할 수 없었던 일부 기념물의 현황 등은 아쉬운 점으로 남는다. 앞으로도 천연기념물을 만나면서 변화되는 여러 사항과 계절적인 사진 자료로 끊임없이 보완하여 천연기념물이 살아 있듯이 살아 있는 책이 되도록 노력하고자 한다.

이 책이 기획되어 만들어질 수 있게 하시고, 결코 짧지 않은 시간 동안 지켜 봐 주신 교학사 양철우 사장님을 비롯하여 유홍희 부장님과 편집자에게도 감사한다. 아울러 이 책의 완성도를 더하는 데 소중한 사진 자료를 제공해 주신 김태정 소장님, 석동일 선생님, 김익수 선생님, 남상호 선생님, 노영대 원장님, 남궁준 선생님을 비롯하여 전국 시, 도, 군, 읍의 문화재를 관리하는 담당자 여러분의 협조에 감사하며, 미처 헤아리지 못한 여러분들께도 고마운 마음을 전한다.

1998년 가을의 초입에 저자 일동

1998년 초판 발행 이후 2004년 현재까지 해제된 천연기념물 6건은 해당 건에 해제 표시를 하였고, 새로 지정된 48건의 천연기념물은 보유편에 추가하여 **개정증보판**으로 펴낸다.

차 례

* 붉은색 글씨는 해제된 천연기념물

4

5

7

8

9

기 타 —————————————— 581

보유편 (2004년 현재까지 새로 지정된 천연기념물) ─── 638

··· 일러두기 ···

1. 이 책은 1998년 9월 현재까지 지정되어 있는 모든 천연기념물을 대
   상으로 하였다. 이후 2004년 5월 14일까지 새로 지정된 천연기념물
   48건은 보유편(638쪽)에 추가로 수록하였으며, 해제된 천연기념물 6
   건은 해당 건에 해제 표시를 하였다.

2. 이용자의 편의를 위하여 식물, 동물, 기타로 크게 구분하였고, 그 안
   에서는 천연기념물 지정 번호순으로 서술하였으며, 보유편에서는
   구분 없이 지정 번호순으로 서술하였다.

3. 학명과 국명은, 식물편은 「대한식물도감(이창복)」과 「원색한국식물
   도감(이영노)」, 동물편의 조류는 「최신한국조류명집(윤무부)」을 기
   준으로 하였다. 그 밖에 포유류는 「한국동·식물도감(원병오)」, 어류
   는 「한국동·식물도감(김익수)」, 곤충류는 「한국동·식물도감(신유
   항)」을 기준으로 하였다. 영명은 문화재대관에 서술된 이름을 원칙
   적으로 사용하였으나, 통일된 영문 표기 방법이나 식물명의 적용에
   적합하지 않은 경우는 수정하여 새로이 작성하였다.

4. 각 천연기념물별로 지정 상황, 일반적인 특징 및 밝혀진 유래와 관
   리상의 문제점 등으로 나누어 기술하였으며, 찾아가는 이와 분포상
   의 이해를 돕기 위하여 각 천연기념물별로 위치도를 작성하였다.

5. 기술된 수치는 가능한 한 문화재 지정 기록을 중시하였으나, 현장
   조사 결과 변화된 내용에 대해서는 새로이 실측된 자료로, 행정 구
   역의 변경은 새로운 지명으로 교체, 서술하였다.

6. 천연기념물의 소유자 표기는 단순한 나무 한 그루의 소유가 아닌 그
   나무로 인한 지정 면적 전체에 대한 소유로 하였으므로 둘 이상이
   될 수도 있다.

7. 부록에는 각 천연기념물을 시·도별로 구분한 목록을 실어 찾아가는
   이의 편의를 돕고자 하였으며, 북한의 천연기념물 목록과 학명, 국
   명의 색인을 실었다.

서 론

1. 천연기념물이란

천연기념물이란, 자연물 중에서 학술적·관상적 가치가 높아 그 보호와 보존을 법률로써 지정한 동·식물 및 그 서식지와 자생지, 그리고 지질과 광물 등이라고 정의할 수 있다. 천연기념물이란 명칭이 최초로 사용된 것은 약 200년 전으로서, 당시 독일의 알렉산더 폰 훔볼트(Alexander von Humboldt)가 남미의 적도 부근을 여행하다 베네수엘라 북부 지방에서 발견한 자귀나무를 닮은 노거수를 천연기념물(Naturdenkmal)이라 명한 것이 그 효시라고 할 수 있다.

천연기념물이 뜻하는 바는 각 국가에 따라 차이가 나게 마련이지만, 공통적으로 통용되는 속성에는 '위대한 자연 혹은 자연의 산물'이라는 점이 포함된다. 이러한 의미에서 보면, 우리 나라에서 예부터 서낭목, 신목, 명목이라 부르는 나무들이 비록 직접적으로 천연기념물이라는 명칭이 붙지는 않았지만, 내부적으로는 천연기념물이라는 뜻이 내재되어 있는 것으로 볼 수 있다.

2. 천연기념물 보존 체계

우리 나라에서 법에 의하여 천연기념물이 보호받게 된 것은 1933년 8월에 「조선 고적 유물 명승 천연기념물 보존령」이 공포되면서부터이다. 이 법의 제1조에서는 천연기념물로 지정될 수 있는 요건을 '경승의 땅 또는 동·식물, 지질, 광물, 그 밖에 학술 연구의 자료가 될 수 있는 것'으로 밝히고 있다. 그 후 1933년 12월에 이 보존령에 대한 시행 규칙이 만들어지면서 천연기념물의 지정 요건, 절차 등에 관한 사항이 만들어지고 1934년 12월에 최초로 16건이 지정되었으며, 1943년까지는 146건이 지정되었다. 이들과 문화재보호법 제정 이전에 지정된 8건 등 총 154건 중에서 98건이 1962년 12월 3일에 문화재보호법에 의하여 재지정되었다. 문화재보호법은 1962년 1월에 법률 제961호로서 공포된 후 14회에 걸쳐 변경되어 왔다. 이 법에 의하면, 문화재의 종류는 유형 문화재, 무형 문화재, 기념물, 민속 자료로 나뉘는데, 천연기념물은 그 중 기념물로서 관리되고 있다.

3. 천연기념물 지정 기준

문화재보호법 시행령은 국가 지정 문화재의 지정, 관리, 보호, 공개 등에 대한 사항을 다루고 있으며, 문화재보호법 시행규칙에는 천연기념물의 지정 기준이 나와 있는데, 이를 자세히 소개하면 다음과 같다.

■ 식물
1) 한국 특유의 식물로서 저명한 것 및 그 서식지, 생장지
2) 석회암 지대, 사구, 동굴, 건조지, 습지, 하천, 호소, 폭포의 소, 온천, 하구, 섬 등 특수 지역이나 특수 환경에서 서식하거나 생성하는 특유한 식물 또는 식물군 및 그 생육지
3) 진귀한 식물로서 그 보존이 필요한 것 및 그 생육지
4) 학술상 가치가 큰 사총, 명목, 거수, 기형목
5) 대표적 원시림, 고산 식물 지대 또는 진귀한 숲
6) 진귀한 식물의 자생지
7) 저명한 식물 분포의 경계가 되는 곳
8) 유용 식물의 원산지
9) 귀중한 식물의 유물 발견지 또는 학술상 특히 중요한 표본과 화석

■ 동물
1) 한국 특유의 동물로서 저명한 것 및 그 서식지, 생장지
2) 석회암 지대, 사구, 동굴, 건조지, 습지, 하천, 호소, 폭포의 소, 온천, 하구, 도서 등 특수 지역이나 특수 환경에서 자라는 특유한 동물 또는 동물군 및 그 서식지, 번식지, 도래지
3) 진귀한 동물로서 그 보존이 필요한 것 및 그 서식지
4) 한국 특유의 축양 동물
5) 저명한 동물 분포의 경계가 되는 곳
6) 유용 동물의 원산지
7) 귀중한 동물의 유물 발견지 또는 학술상 특히 중요한 표본과 화석

■ 지질·광물
1) 암석 또는 광물의 생성 원인을 알 수 있는 상태의 대표적인 것
2) 거대한 석회동(石灰洞) 또는 저명한 동굴
3) 특이한 구조로 되어 있는 암석 또는 저명한 지형
4) 지층단 또는 지괴 운동에 관한 현상
5) 학술상 특히 귀중한 표본
6) 온천 및 냉·광천

■ 천연 보호 구역
보호할 만한 천연기념물이 풍부한 대표적인 일정한 구역

4. 분야별 천연기념물 지정 현황

이와 같은 지정 기준하에 2004년 5월 14일 현재까지 지정된 천연기념물의 수는 337건이다. 이들 중 식물은 220건, 동물은 64건, 지질 및 광물 44건, 천연 보호 구역 9건 등으로 식물이 전체 지정 건수의 65%에 이르고 있다.

다음 《표1》은 식물, 《표2》는 동물, 《표3》은 지질·광물·천연 보호 구역 등 천연기념물의 분류별 지정 건수 및 지정 번호를 나타내고 있다.

《표 1》 식 물

구 분		지 정 번 호	계
노 거 수	갈참나무	285	1
	감탕나무	388	1
	개오동나무	401	1
	굴참나무	96, 271, 288	3
	곰솔	160, 188, 270, 353, 355, 356, 441	7
	느릅나무	272	1
	느티나무	95, 161, 192, 273, 274, 275, 276, 278, 279, 280, 281, 283, 284, 382, 396, 407	16
	다래나무	251	1
	등나무	89, 254	2
	망개나무	207, 337	2
	물푸레나무	286	1
	배롱나무	168	1
	백송	6, 8, 9, 60, 104, 106, 253	7
	비자나무	39, 111, 287	3
	산돌배나무	408	1
	생달나무	344	1
	소나무	103, 180, 289, 290, 291, 292, 293, 294, 295, 349, 350, 351, 352, 354, 357, 358, 359, 381, 383, 397, 399, 409, 410, 424, 425, 426, 430	27
	소태나무	174	1
	송악	367	1
	올벚나무	38	1
	왕버들	193, 296, 298	3

구 분		지 정 번 호	계
노거수	은행나무	30, 59, 64, 76, 84, 165, 166, 167, 175, 223, 225, 300, 301, 302, 303, 304, 320, 365, 385, 402, 406	21
	음나무	164, 305, 363	3
	이팝나무	36, 183, 185, 214, 234, 235, 307	7
	주목	433	1
	중국주엽나무	115	1
	철쭉	348	1
	청실배나무	386	1
	측백나무	255	1
	탱자나무	78, 79	2
	팽나무	161, 309, 400	2
	푸조나무	35, 268, 311	3
	향나무	88, 158, 194, 232, 240, 312, 313, 314, 321, 427	10
	호두나무	398	1
	회화나무	315, 317, 318, 319	4
	후박나무	212, 299, 344, 345	3
희귀 식물 (종 또는 군락)		50, 51, 52, 138, 147, 156, 159, 173, 191, 220, 221, 266, 364, 370, 387, 388, 428, 429	18
자생지	유용 식물	1, 48, 49, 62, 63, 114, 152, 162, 244, 252, 343, 346, 372	13
	난대 식물	18, 19, 66, 91, 110, 112, 122, 123, 124, 153, 163, 169, 380, 432	14
수림지		28, 29, 40, 65, 82, 93, 107, 108, 136, 150, 151, 154, 172, 176, 184, 189, 239, 241, 339, 340, 362, 366, 371, 374, 375, 376, 377, 378, 379, 403, 404, 405	32
총 계			220

《표1》에서 노거수와 수림은 천연기념물의 속성에 따라 다음과 같이 나눌 수 있다.

– 노거수 : 신목(神木), 당산목(堂山木), 정자목(亭子木), 명목(名木)
– 수림 : 성황림(城隍林), 호안림(護岸林), 어부림(魚付林), 방풍림(防
　　　風林), 보해림(補害林), 역사림(歷史林)

《표 2》 동 물

구 분		지 정 번 호	계
조류	종 지정	197, 198, 199, 200, 201, 202, 203, 204, 205, 206, 215, 228, 242, 243, 265, 323, 324, 325, 326, 327, 361	21
	도래지	101, 179, 227, 245, 250	5
	번식지	13, 209, 211, 229, 231, 233, 248, 332, 333, 334, 335, 336, 341, 360, 389, 419	16
	서식지	11, 237	2
포유류	종 지정	53, 216, 217, 328, 329, 330, 331, 347, 368	9
	도래지	126	1
어류	종 지정	258, 259	2
	서식지	27, 73, 74, 190, 238	5
곤충류	종 지정	218	1
	서식지	322, 412	2
총　　계			64

《표 3》 지질·광물·천연 보호 구역

구 분	지 정 번 호	계
천연 동굴	98, 155, 177, 178, 219, 226, 236, 256, 260, 261, 262, 342, 384	13
암 석	69 , 249, 267, 393	4
화 석	146, 195, 222, 373, 390, 394, 395, 411, 414, 416, 418, 434	12
지 질	391, 392, 413, 415, 417, 431, 435, 436, 437, 438, 439, 440	12
기 타	196, 224, 263	3
천연 보호 구역	170, 171, 182, 246, 247, 420, 421, 422, 423	9
총　　계		53

천연기념물 **식물편**

서민환 / 농학박사
　　　　국립환경연구원 식물생태과 연구관
이유미 / 농학박사
　　　　산림청 국립수목원 생물표본과 연구관

달성(達成)의 측백수림

영 명 Oriental Arbor-vitae Forest in Dalseong
학 명 *Thuja orientalis* L.
소재지 대구광역시 동구 도동 산 180
지정일 1962. 12. 3.
지정 사유 학술 연구 자원
소 유 개인(배영호 관리)

숲의 특징

면적 / 35,541m²

특징 / 마을 옆에 시냇물이 흐르고 그 건너로 약 100m 높이의 절벽이 있는데, 이 곳에 높이 2~7m 정도의 측백나무 1000여 그루가 자생한다. 측백나무는 대개 교목상으로 자라는데, 이 곳의 경우는 대부분 가지가 밑동에서 갈라지고 키가 크지 않은 관목상이다. 절벽에서 측백나무가 차지하는 너비는 약 600m이다. 그 밖에 푸조나무·말채나무·느티나무·쇠물푸레·소태나무·회화나무·난티나무·골담초·물푸레나무·자귀나무 등이 어우러져 자란다.

유래 및 보호상의 특징

천연기념물 제1호라는 이유로 많은 관심을 모으는 숲이다. 행정구역 개편으로 대구광역시에 편입되었으나, 본래 소재지가 달성군이었으므로 지금도 '달성의 측백수림'으로 불린다.

측백나무는 주로 중국 둥베이(東北) 지방을 중심으로 분포하는 상록 침엽수인데, 특히 베이징(北京)에는 굵은 측백나무들이 많다. 그러나 우리 나라에는 분포지가 많지 않으며, 특히 이 측백나무 숲이 발견될 당시에는 거의 없는 실정이어서 자생지인지 식재지인지에 대한 논란이 있었다. 당시 일본인 학자 모리(森爲三)는 신라 시대에 이 언덕 위에 묘지를 만들고 그 주변에 측백나무를 심었는데, 그 나무가 커서 결실을 하게 되고, 씨앗이 떨어져 이와 같은 측백나무 순림이 이루어졌다는 견해를 보였다.

그러나 우리 나라에는 이 지역 외에도 단양·영양·안동 등지에서 측백나무를 볼 수 있어 자생지라는 사실을 뒷받침해 주고 있다.

이 숲의 한쪽에는 관음사라는 오래 된 절이 있고, 절벽 위에는 1920년대에 세워졌다는 구로정(九老亭)이 있다. 조선 시대의 서거정은 이 곳을 대구 십경의 하나인 북벽향림(北壁香林)이라 읊어 칭송한 바 있다. 그러나 현재는 이 곳으로 올라가는 길이 폐쇄되고 시냇물도 오염되었으며, 측백나무의 수세도 약화되어 옛 정취를 많이 잃어가고 있다.

달성의 측백수림

(左) 측백나무 열매
(右) 측백나무 수피

서울 원효로(元曉路)의 백송

영 명 Lace Bark Pine at Wonhyoro, Seoul
학 명 *Pinus bungeana* Zucc.
소재지 서울특별시 용산구 원효로 4가 87-2
지정일 1962. 12. 3.
지정 사유 희귀 수종(노거수)
소 유 국가(서울특별시 관리)

나무의 특징

크기 / 높이 10m, 가슴높이줄기둘레 2m,
　　　가지 길이(동 7.5m, 남 4.5m, 북 6.3m)

면적 / 73㎡

수령 / 약 500년

특징 / 개인집 마당을 모두 차지하고 있다. 가지가 동쪽으로 기울어
져 받침대가 설치되어 있으며, 아랫부분이 썩어 외과 시술을 받고
있다.

유래 및 보호상의 특징

　원효로의 백송이 자라는 개인집 서쪽의 나지막한 언덕에는 왜명강
화지처(倭明講和之處)란 자연석이 서 있고, 서울시 보호수로 지정된
느티나무 등 노거수도 몇 그루 있다. 오래 전 이 지역이 특별한 장소
였음을 짐작케 해 주나, 현재까지 백송에 대한 유래는 알려져 있지
않다.

　개인집의 울 안에 있으므로 주인의 양해 없이는 일반인들의 출입
이 어려워 큰 훼손의 염려는 없는 것으로 보인다.

서울 원효로의 백송

수피

열매

25

서울 재동(齋洞)의 백송

영 명 Lace Bark Pine at Jae-dong, Seoul
학 명 *Pinus bungeana* Zucc.
소재지 서울특별시 종로구 재동 35
지정일 1962. 12. 3.
지정 사유 희귀 수종(노거수)
소 유 국가(서울특별시 관리)

나무의 특징

크기 / 높이 15m, 가슴높이줄기둘레 2.1m,
　　　가지 길이(동 5m, 서 8m, 남 7m, 북 7m)

면적 / 230m²

수령 / 약 600년

특징 / 우리 나라에서 가장 큰 것으로 알려진 통의동의 백송이 고사
하였으므로 현재로서는 국내에서 가장 큰 백송이다. 하얀 수피의 매
끈한 줄기가 아랫부분에서 크게 두 갈래로 갈라져 있어서, 이를 지
탱할 수 있도록 받침대가 만들어져 있다. 수세는 좋은 편이다.

유래 및 보호상의 특징

예전에는 창덕여자 고등학교 구내에 있었으나 현재 그 자리에는
헌법재판소가 세워져 있다. 주변에 높다란 석축을 쌓아 보기 좋은
모습으로 잘 보호되고 있다. 또 언덕에 있기 때문에 배수도 잘 되는
등 관리상의 문제점은 없는 것으로 보인다. 이 나무의 유래에 대해
서는 알려진 것이 없다.

서울 재동의 백송

서울 수송동(壽松洞)의 백송

영 명 Lace Bark Pine at Susong-dong, Seoul
학 명 *Pinus bungeana* Zucc.
소재지 서울특별시 종로구 수송동 44
지정일 1962. 12. 3.
지정 사유 희귀 수종(노거수)
소 유 조계사(서울특별시 관리)

나무의 특징

크기 / 높이 10m,
　　　　가슴높이줄기둘레 1.64m

면적 / 126m²

특징 / 현재 서쪽으로 향한 3개의 가지만 살아 있고, 원줄기를 비롯한 다른 가지는 죽어서 절단되었다.

유래 및 보호상의 특징

나무의 정확한 유래나 수령은 알 수 없으나, 대부분의 오래 된 백송과 마찬가지로 중국을 내왕하던 사신들에 의해 들어온 것으로 전해진다.

현재 조계사 경내에 위치하고 있는데, 보호 상태가 좋지 않은 편이다. 나무 한쪽은 바로 사람들이 오가는 통로에 접해 있고, 다른 한쪽은 건물이 인접해 있어서 나무가 충분히 자랄 수 있는 공간이 극히 부족한 상태이다. 수세가 매우 빈약하며, 이미 원줄기는 외과 시술을 받은 바 있다.

사람들의 접근을 막을 수 있는 울타리를 충분히 넓게 확보하여 답압(踏壓)을 약화시키는 등 보존을 위한 작업이 필요해 보인다.

서울 수송동의 백송

수피

제주도(濟州道) 삼도(森島) 파초일엽 자생지

영 명 Natural Habitat of Asplenium at the
Samdo, Jeju-do
학 명 *Asplenium antiquum* Makino
소재지 제주도 서귀포시 보목동 산 1(삼도)
지정일 1962. 12. 3.
지정 사유 학술 연구 자원(자생 북한지)
소 유 국가(서귀포시 관리)

자생지의 특징

면적 / 99,670㎡

특징 / 삼도는 서귀포시 보목동 해안에서 약 0.45km 남쪽에 위치하며, 동서의 길이가 0.63km에 불과한 작은 섬이다. 솔잎란·지느러미고사리·손고비·검정비늘고사리 등과 같은 희귀 식물을 비롯하여 구실잣밤나무·모람 등 170종류의 난대성 식물이 자라고 있다.

파초일엽은 난대 지역에서 자라는 상록성 다년초로 꼬리고사리과에 속한다. 잎은 뿌리 근처에서 돌려 나고, 길이 40∼120cm, 너비 7∼12cm로 광택이 나는 진녹색이며 두껍다. 우리 나라에서는 삼도에서만 자생하는 희귀 식물이며, 삼도를 이 식물의 자생 북한지로 본다.

유래 및 보호상의 특징

파초일엽은 자생지의 개체군이 대부분 남채되어 한때 이 지역에서 멸절된 것으로 알려지기도 했으나 아직 자생하는 개체가 남아 있다. 따라서 사람들의 접근을 방지할 수 있는 보다 확실한 보호 장치가 필요하다. 또 관상 식물로 가치가 있으므로 대규모로 증식시켜 보급한다면 자생지 훼손을 막을 수 있고, 해당 식물의 보존에도 좋은 역할을 할 수 있을 것이다. 그 뿐만 아니라 삼도에는 은행나무를 비롯하여 오래 전에 식재한 외래 식물들의 세력이 왕성하다. 그러므로 고유 난대림 임상 속에서 파초일엽이 번식할 수 있도록 주변 환경 정비가 필요하다.

제주도 삼도 파초일엽 자생지

어린 잎과 포자

파초일엽

31

제주도(濟州道) 구좌읍(舊左邑) 문주란 자생지

영 명 Natural Habitat of Poison Bulb at
　　　Tokkiseom, Gujwa-eup, Jeju-do
학 명 *Crinum asiaticum* L. var. *japonicum*
　　　Baker
소재지 제주도 북제주군 구좌읍 하도리
지정일 1962. 12. 3.
지정 사유 학술 연구 자원
소 유 국가(북제주군 관리)

자생지의 특징

면적 / 3174 m²

　특징 / 토끼섬은 제주도 북동쪽 구좌읍 하도리 해안에서 50 km쯤 떨어진 곳에 위치한 가로로 긴 섬이다. 바위로 둘러싸여 있으며 안쪽으로 형성된 모래 땅에 국내 유일의 문주란 군락이 형성되어 있다.

　문주란은 수선화과에 속하는 상록성 다년초로 키가 1m 이상 자란다. 원산지는 아프리카이나 일본, 북아메리카 등지에도 퍼져 있으며, 연평균 온도가 15℃, 최저 온도가 −3.5℃ 되는 곳이 생육북한계로 되어 있는 난대성 식물이다. 줄기같이 보이는 위경(僞莖)은 흰색으로 곧게 서며, 두껍고 넓은 잎이 여러 장씩 돌려 난다. 꽃은 여름에 피는데, 길이 70 cm 정도의 꽃대가 나오고 그 끝에 10개쯤 모여 달린다. 크고 화려하여 관상적인 가치가 매우 높다. 토끼섬에는 이 밖에도 식물 분류학상 중요한 해녀콩도 자라고 있다.

유래 및 보호상의 특징

　이 자생지는 사람들의 무단 채취로 한때 많이 파괴되었으나, 이식 등 다각적인 노력으로 현재는 대부분의 지역이 문주란으로 덮여 있다. 생육 밀도 역시 매우 높아 오히려 적정 수준을 넘었다고도 볼 수 있다. 또 문주란은 제주도를 비롯한 남부 해안 지대에서는 노지에서도 월동이 가능하므로 현재 곳곳에 조경용으로 식재되고 있다. 그러므로 당분간 멸절의 위험은 없는 것으로 보인다.

제주도 구좌읍 문주란 자생지 (사진/김봉찬)

꽃

열매

주도(珠島)의 상록수림

영 명 Broad-leaved Evergreen Forest in Judo
소재지 전라남도 완도군 완도읍 군내리 산 259
지정일 1962. 12. 3.
지정 사유 상록 활엽수림(어부림)
소 유 국가(완도군 관리)

숲의 특징

면적 / 17,190㎡

특징 / 주도는 완도읍 앞바다에서 300m쯤
떨어진 곳에 있는 섬이다. 주도라는 이름은 섬의 모양이 둥글어 구
슬 같다 하여 붙여졌으며, 추의 모양을 닮았다 하여 추섬[錘島]이라
고도 한다.

　이 섬의 임상은 상록 활엽수로서 모밀잣밤나무·육박나무·감탕나
무·붉가시나무·후박나무 등이 주로 상층을 형성하고, 중층에는 돈
나무·참식나무·사스레피나무·까마귀쪽나무·광나무·다정큼나무·
생달나무 등이, 하층에는 송악·멀꿀·마삭줄·모람·자금우·해국 등
이 있다. 또 팽나무·소사나무·검양옻나무·느티나무·졸참나무·상
수리나무·예덕나무·멀구슬나무·새비나무·물푸레나무·장구밥나
무·검노린재 등의 낙엽성 수종도 볼 수 있다. 특기할 만한 식물로는
영주치자와 고란초를 들 수 있다.

유래 및 보호상의 특징

　조선 시대의 완도 송금절목(松禁節目)에는 완도 일대를 봉산으로
지정하여 벌목을 금지하였다고 기록되어 있고, 섬 위에는 서낭당이
있는 등 예로부터 이 곳을 신성시하여 평소에는 출입을 금하였다고
한다. 그러나 최근 곰솔 등 일부 나무들이 고사하는 현상이 나타나
고 풍화가 계속되므로 흙돋우기, 수액 주사 등의 조처가 필요하다.

주도의 상록수림

상록수림 내부

해국

육박나무 수피

미조리(彌助里)의 상록수림

영 명 Broad-leaved Evergreen Forest at Mijo-ri
소재지 경상남도 남해군 삼동면 미조리 산 121
지정일 1962. 12. 3.
지정 사유 상록수림
소 유 국가(남해군 관리)

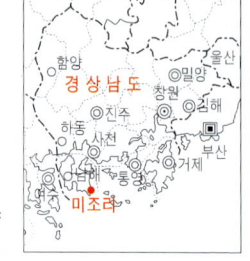

숲의 특징

면적 / 3437m²

특징 / 이 숲은 남해읍에서 동남쪽으로 약 25km 떨어진 미조리 해안의 산록 끝에 위치한다. 현재는 느티나무·서어나무·굴피나무 등의 오래 된 낙엽 활엽수가 상층 임관을 형성하고 있어 완전한 상록수림이라고 보기는 어렵다. 특히 수고 13m, 흉고직경 66cm 정도의 졸참나무 대경목을 비롯하여 수고 10m, 흉고직경 88cm의 느티나무와 수고 13m, 흉고직경 89cm에 달하는 팽나무가 서낭목으로 보호되고 있다. 상록수로는 모밀잣밤나무·후박나무·비쭈기나무·생달나무·육박나무·후박나무·감탕나무 등이 교목층에, 광나무·돈나무·무른나무·사스레피나무·이대·자금우·조릿대·팔손이 등이 관목층에 나타난다. 1993년 조사에서 95속 105종류의 식물 중 상록수는 18속 19종류였다.

유래 및 보호상의 특징

이 숲은 풍수설에 의한 지형적인 허를 보완하기 위하여 만들었다고 한다. 그러나 그 역할로 보아서는 좋은 방풍림이고 어부림(魚付林)이라고 할 수 있다. 이 숲이 우거지면 뛰어난 인재가 난다는 전설이 있어 지금까지 숲이 보존될 수 있었던 것으로 보인다. 그러나 최근 이 숲의 양 옆에 있는 마을이 점차 확대되어 주민들의 출입이 빈번해지고, 숲 뒤쪽의 밭과 경계가 되는 곳은 임상 식생이 완전히 파괴되어 보호망으로서의 구실을 못하고 있다. 또 쓰레기가 숲 속에 많이 묻혀 있고, 이대가 무성하여 어린 상록수종의 성장뿐만 아니라

종자의 발아조차 힘든 상태에 있다. 따라서 상록수림으로의 천이를
위하여 시급한 복원 대책이 필요하다.

남해 미조리의 원경

미조리의 상록수림

광나무

용문사(龍門寺)의 은행나무

영 명 Ginkgo Tree in the precincts of Yong-
munsa
학 명 *Ginkgo biloba* L.
소재지 경기도 양평군 용문면 신점리 산 99-1
지정일 1962. 12. 3.
지정 사유 노거수
소 유 용문사(용문사 관리)

나무의 특징

크기 / 높이 62m, 가슴높이줄기둘레 14m,

가지 길이(동 14.1m, 서 13m, 남 12m, 북 16.4m)

면적 / 258m²

수령 / 약 1100년

특징 / 우리 나라에서 가장 큰 나무인 동시에 나이가 가장 많은 나무로 유명하다. 동양에서도 가장 큰 나무로 소개되고 있다. 암나무로 열매가 많이 달리며, 줄기의 아래쪽에 커다란 혹이 있어 독특하다.

유래 및 보호상의 특징

이 나무는 신라 마지막 임금인 경순왕의 세자 마의태자가 나라를 잃어버린 슬픔을 안고 금강산으로 가는 길에 심었다고도 하고, 신라의 고승 의상대사가 짚고 다니던 지팡이를 꽂은 것이 자라 이 은행나무가 되었다고도 한다. 용문사의 유래도 두 가지여서 신라 신덕왕 2년 대경대사가 창건했다고도 하고, 또 경순왕이 친히 행차하여 이 절을 세웠다고도 한다. 이 때를 기준으로 수령을 1100년 이상으로 추정하고 있다. 오랜 세월 동안 많은 변고를 겪으면서 여러 가지 신비스런 일을 행하여 신목(神木)으로 추앙받고 있다.

옛날 어떤 사람이 이 나무를 자르려 하자 그 자리에서 피가 쏟아지고 맑던 하늘에서는 갑자기 천둥 번개가 쳤다고 한다. 특히 정미의병 때 일본 군대가 쳐들어와 절을 불태워 사천왕전이 불타 없어지고 이 은행나무만이 살아 남자, 그 때부터 이 나무를 천왕목(天王木)

용문사의 은행나무   밑동

으로 삼고 있다고 한다. 또 이 나무는 나라에 큰 일이 있을 때마다
소리내어 울어서 미리 알렸다고 한다.
　현재 수령이 많아 수세가 약화되고 있으므로 이에 대한 적절한
보호 조치가 요망된다.

대구면(大口面)의 푸조나무

영 명 Muku Tree in Daegu-myeon
학 명 Aphananthe aspera Planchon
소재지 전라남도 강진군 대구면 사당리 51
지정일 1962. 12. 3.
지정 사유 노거수
소 유 국가(강진군 관리)

나무의 특징

크기 / 높이 16m, 가슴높이줄기둘레 8.2m,
　　　가지 길이 사방 13.4m

면적 / 550㎡

수령 / 약 300년

특징 / 강진읍에서 29번 국도를 따라 마량 방향으로 19km쯤 달리
면 고려청자 도요지로 유명한 강진군 대구면 사당리 당전마을이 나
오는데, 이 마을 앞 도로 옆에 푸조나무가 자라고 있다.

현재 주가지는 죽고 6개의 굵은 줄기로 이루어져 있으나, 지금도
그 위용은 대단하다. 300여 년 전 폭풍으로 줄기가 부러졌으나 줄기
둘레에서 싹이 터 오늘날의 모습을 갖추게 되었다고 한다. 푸조나무
는 팽나무와 유사하지만 열매를 먹을 수 없으므로 이 지역 주민들은
'개팽나무' 또는 '개평나무'라고 한다.

유래 및 보호상의 특징

마을에서는 이 나무를 신목으로 여겨 60년대까지만 해도 매년 정
월 보름에 마을의 평안과 풍년을 기원하는 동제를 지냈는데, 10여 년
전 제사를 지내지 않았더니 나무에 원인 모를 불이 나고 흉사가 생
겼다고 한다. 그래서 다시 제사를 지내자 흉사가 없고 풍년이 들어
마을 사람들이 신목으로 더욱 소중히 여기게 되었다고 한다.

대구면의 푸조나무

밑동

잎

쌍암면(雙岩面)의 이팝나무

영 명 Asian Fringe Tree in Ssangam-myeon
학 명 *Chionanthus retusa* Lindley et Paxton
소재지 전라남도 순천시 승주읍 평중리 3
지정일 1962. 12. 3.
지정 사유 노거수
소 유 개인(순천시 관리)

나무의 특징

크기 / 높이 16.5m, 가슴높이줄기둘레 4.5m,
    가지 길이(동 9m, 서 7m, 남 9.3m, 북 7.3m)

면적 / 159m²

수령 / 약 400년

특징 / 천연기념물로 지정된 이팝나무 중에서 가장 크지만, 수관은 남북으로 갈라져 아름답게 발달하지 않았다. 수나무로 결실하지 않으며, 바위가 있는 약간 경사진 언덕 위에 있다.

유래 및 보호상의 특징

예로부터 마을의 신목으로 추앙받아 왔으며, 지금도 마을의 당산목으로 여겨진다. 마을 사람들은 이 나무의 꽃 피는 모양을 보고 그 해 농사의 풍흉을 점쳤으며, 이 나무의 동쪽에 자리잡은 느티나무와 함께 정자목의 구실을 하고 있다.

꽃

쌍암면의 이팝나무

줄기

화엄사(華嚴寺)의 올벗나무

영 명 Higan Cherry Tree in the precincts of Hwaeomsa
학 명 *Prunus pendula* for. *ascendens* Ohwi
소재지 전라남도 구례군 마산면 황전리 20-1
지정일 1962. 12. 3.
지정 사유 노거수
소 유 화엄사(구례군 관리)

나무의 특징

크기 / 높이 15m, 가슴높이줄기둘레 5m,
　　　가지 길이(동 4m, 서 5m, 남 7.5m, 북 2m)

면적 / 175㎡

수령 / 310년

특징 / 화엄사 입구에서 갈참나무의 거목이 많은 계류를 따라 올라가다가 불이문을 지나기 직전 오른쪽 다리를 건너가면 지장암이 있고, 이 암자의 바로 뒤편에 약 3m 높이의 석축이 있는데 그 위에 올벗나무가 서 있다. 올벗나무는 장미과에 속하는 자생 수종으로 꽃이 매우 아름답다. 바로 옆에는 동백나무가 서 있고, 땅에는 마삭줄이 기어가고 있다.

유래 및 보호상의 특징

병자호란 이후 인조는 오랑캐에게 유린당했던 치욕을 되새기며 전란에 대비하고자 활을 만드는 데 이용되는 벚나무를 많이 심게 하였다. 당시 화엄사의 벽암 스님도 그 뜻에 동감하여 주변에 올벗나무를 심었는데, 그 중 한 그루가 지금까지 살아 남은 것이다. 80년 전만 해도 두 그루였으나 이 절을 보수할 때 한 그루를 베어 썼다고 한다. 이 올벗나무는 일명 피안앵(彼岸櫻)이라고도 하고, 일설에는 벽암선사가 불교의 사홍서원(四弘誓願)을 표시하기 위해 심은 것이라고 해서 사홍목(四弘木)이라고도 한다.

1945년 8월에 강풍에 굵은 줄기가 부러져 지금은 수세가 매우 약

화엄사의 올벚나무

줄기

꽃

한 편이며, 더욱이 주변의 식생이 울창해지면서 충분한 햇빛을 받지
못하는 상태이므로, 이 나무를 살리기 위한 주변 정리가 필요하다고
생각된다.

병영면(兵營面)의 비자나무

영 명 Torreya Tree in Byeongyeong-myeon
학 명 *Torreya nucifera* S. et Z.
소재지 전라남도 강진군 병영면 삼인리 376
지정일 1962. 12. 3.
지정 사유 노거수
소 유 개인(강진군 관리)

나무의 특징

크기 / 높이 10m, 가슴높이줄기둘레 5.2m,
　　　가지 길이(동서 15m, 남북 13.5m)

면적 / 2248m²

수령 / 400년

특징 / 비자나무는 상록 침엽수로 잎은 두 줄로 어긋 나서 배열되고,
열매는 구충제나 종자에서 기름을 짜는 데 이용되기도 한다.

삼인리 마을 끝의 언덕진 경사지에 자리잡고 있으며 수세는 좋은
편이다. 주변에는 대나무 숲이 울창하다. 이 나무의 나이를 800년 이
상으로 보는 기록도 있으나, 나무를 조사한 전문가들은 500년을 넘
지 않았을 것으로 추측한다.

유래 및 보호상의 특징

태종 17년(1417)에 전라도 병마도절제사영(兵馬都節制使營)을 이
지방으로 정하였을 때, 당시 병영 건축에 쓸 만한 나무는 모두 베어
썼지만 이 나무는 목재로의 이용 가치가 없어서 남게 되었다는 말이
있다. 또 한편으로는 비자나무의 종자가 구충제로서 마을 사람들에
게 꼭 필요하여 보호되었다고도 한다.

마을을 지키는 수호신으로 여겨 매년 음력 정월 보름에 나무를 돌
면서 마을의 안녕을 빌고 있으며, 한여름에는 더위를 식혀 주는 피
서처가 되기도 한다. 현재 나무 가까이에 시설물이 있어 생육에 간
접적인 영향을 주지 않을까 염려된다.

병영면의 비자나무

줄기

잎과 열매

47

예송리(禮松里)의 상록수림

영 명 Broad-leaved Evergreen Forest at Yesong-ri
소재지 전라남도 완도군 보길면 예송리 220
지정일 1962. 12. 3.
지정 사유 상록수림
소 유 국가(완도군 관리)

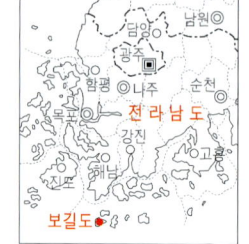

숲의 특징

면적 / 3901m²

특징 / 이 숲은 보길도 남쪽에 위치한 예송리의 해안을 따라 길게 펼쳐져 있다. 마을 사람들이 오랫동안 보호해 온 방풍림이며 어부림(魚付林)이다. 숲이 길게 펼쳐져 있어서인지 마을 사람들은 장림(長林)이라고도 한다.

이 숲에는 평균 흉고직경 20~60cm, 수령 50~100년의 곰솔이 중간중간에 서 있으며, 안쪽으로는 생달나무가 가장 우세하게 자라고 있고, 까마귀쪽나무와 동백나무겨우살이 등이 붙은 높게 자란 동백나무 등이 많다. 상층 임관에는 수고가 12~18m에 달하는 구실잣밤나무·붉가시나무 등의 상록수가 있고, 일부 서쪽 숲은 팽나무 등의 낙엽 활엽수가 차지하고 있다. 특히 감탕나무와 보리밥나무 노거수가 특기할 만하다. 1993년 조사에서 섬회양목·여우콩·털머위 등 58속 67종류의 식물 중 상록수는 18속 20종류였다.

유래 및 보호상의 특징

이 숲의 나무들은 약 300년 전 마을 사람들이 방풍을 목적으로 심었다고 한다. 마을에서는 곰솔 가운데 큰 나무 하나를 당산목으로 정하여 음력 섣달 그믐날에 마을과 해사(海事)의 안녕을 기원하는 당제를 지내고 있으며, 음력 4월 12일에는 해신제를 올린다.

보길도는 1월 평균 기온이 영하로 떨어지지 않는 온화한 해양성 기후로 숲의 성장이 왕성하지만, 최근 이 곳을 찾는 관광객이 많아 숲 보호에 소홀한 점도 없지 않다.

예송리의 상록수림

여우콩

까마귀쪽나무

털머위

섬회양목

생달나무

통구미(通九味)의 향나무 자생지

영 명 Natural Habitat of Chinese Juniper at
      Tonggumi
학 명 *Juniperus chinensis* L.
소재지 경상북도 울릉군 서면 남양리 산 70
지정일 1962. 12. 3.
지정 사유 학술 연구 자원
소 유 국가(울릉군 관리)

자생지의 특징

면적 / 24,132 m^2

특징 / 울릉도는 우리 나라에서 유일한 향나무 자생지로서 향나무가 울릉도 전역의 암벽 틈에서 자라지만, 통구미와 대풍감이 대표적인 집단 자생지이다. 통구미의 향나무는 마을 뒤의 험한 암벽 틈에서 자라는데, 가장 오래 된 나무 한 그루가 폭풍에 가지가 잘린 이래 오래 된 나무는 드물다.

유래 및 보호상의 특징

향나무는 울릉도의 대표적인 수종의 하나로 예전에는 노거목이 상당히 있었으나 향을 비롯한 여러 가지 목재 가공품의 원료로 남채되어 현재 통구미 자생지는 물론 섬 전체에서 큰 나무를 찾아보기 어렵다. 우리 나라에서 식재하고 있는 향나무는 대부분 원예종이므로, 자생지의 기본종 보호는 매우 중요한 일이라 하겠다.

통구미의 향나무 자생지

암벽 위의 향나무 노거수

대풍감(待風坎)의 향나무 자생지

영 명 Natural Habitat of Chinese Juniper at Daepunggam
학 명 *Juniperus chinensis* L.
소재지 경상북도 울릉군 서면 태하리 산 99
지정일 1962. 12. 3.
지정 사유 학술 연구 자원
소 유 국가(울릉군 관리)

자생지의 특징

면적 / 11,900㎡

특징 / 이 자생지는 울릉도 서북부에 위치한다. 섬 전역에서 가장 접근하기 어려운 절벽에 있으므로 배를 타고 가다가 건너편에서 보는 것이 더 쉽다. 향나무는 측백나무과에 속하는 상록 침엽수로서 인편엽과 침엽을 가지고 있으며 열매는 장과이다. 이 지역의 향나무는 바닷바람 때문에 키가 높게 자라지 못하고 있다.

유래 및 보호상의 특징

울릉도 전역의 향나무는 대부분 남채되었으나 대풍감 지역의 향나무는 워낙 지세가 험한 데다가 예전에는 울릉군청이 인접해 있었으므로 관리와 감시 덕분에 집단으로 살아 남은 것으로 추측된다. 일제 강점기 기록에는 줄기의 지름이 1m가 넘는 향나무들도 있었다고 하는데, 현재 그러한 대경목은 찾아보기 어렵다.

대풍감의 향나무 자생지

잎과 암꽃

태하동(台霞洞)의 솔송나무·섬잣나무·너도밤나무 군락

영 명 Community of Siebold Hemlock, Japanese White Pine and Korean
　　　　Beech at Daehadong
학 명 *Tsuga sieboldii, Pinus parviflora* and
　　　　Fagus crenata var. *multinervis*
　　　　(*F. japonicus* var. *multinervis*)
소재지 경상북도 울릉군 서면 태하리 산 1-1
지정일 1962. 12. 3.
지정 사유 학술 연구 자원
소 유 국가(울릉군 관리)

군락의 특징

　면적 / 145,786 m²

　특징 / 섬잣나무·솔송나무·너도밤나무는 모두 우리 나라에서는 유일하게 울릉도에서만 자생하는 특별한 수종이다. 더욱이 너도밤나무는 지리학·식물분포학·분류학적인 측면에서 매우 귀중한 자원이다. 섬잣나무는 잣나무와 같이 오엽송이지만 잎의 길이가 짧고, 솔송나무는 소나무과 솔송나무속에 한 종만이 자라며, 너도밤나무는 우리 나라에서는 유일한 너도밤나무속(*Fagus*)이다.

　이 숲에는 이대·섬피나무·섬노루귀·만병초·참가시나무 등 다양한 식물이 자생하고 있다.

유래 및 보호상의 특징

　이 군락이 처음 천연기념물로 지정될 당시에는 둘레가 1m가 넘는 솔송나무와 지름이 50cm가 넘는 섬잣나무 등 대경목들이 있었다고 하는데, 현재는 벌채되어 볼 수 없다. 그나마 이 지역은 교통이 불편하여 사람들의 접근이 용이하지 않아 그 동안 보존이 가능했었다. 그러나 현재 태하령을 넘어 태하리로 가는 길이 포장되고 사람들의 출입이 잦아져 식생 파괴에 큰 영향을 미칠 것으로 예측된다. 그러므로 울타리 및 등산로 일부 폐쇄 등 적절한 조처가 요망된다.

태하동의 솔송나무·섬잣나무·너도밤나무 군락

너도밤나무 수꽃

섬잣나무의 잎과 열매

너도밤나무 열매

솔송나무 열매

도동(道洞)의 섬개야광나무·섬댕강나무 군락

영 명 Community of Cotoneaster and Insular Abelia at Dodong
학 명 *Cotoneaster wilsonii* and *Abelia insularis*
소재지 경상북도 울릉군 울릉읍 도리 산 8
지정일 1962. 12. 3.
지정 사유 특산 식물 자생지
소 유 국가(울릉군 관리)

군락의 특징

면적 / 49,587㎡

특징 / 울릉도 도동의 섬개야광나무와 섬
댕강나무 군락은 도동항과 저동항 사이에
위치한 암벽 산에 자생한다. 두 종 모두 울릉도 특산종으로 진희(珍
稀)한 식물로서 그 가치를 인정받고 있다. 섬개야광나무는 장미과에
속하는 낙엽 관목으로 이 지역을 비롯하여 해안가 암벽 틈에 극히
드물게 자라고 있고, 섬댕강나무는 인동과의 낙엽 관목으로 개체수
가 극히 드물어 거의 멸절 위기에 있다. 암벽 주변에는 섬단풍나
무·우산고로쇠나무·등수국 등의 목본과 섬백리향·털머위·울릉장
구채 등이 있으며, 암벽 틈에서는 드물게 향나무도 볼 수 있다.

유래 및 보호상의 특징

이 곳은 경사가 급하고 돌이 굴러내리기 쉬운 전석지이므로 사람
들의 발길이 드물어서 식생이 보호될 수 있었던 것으로 보인다. 그
러나 요즘은 울릉도를 찾는 사람들이 많아지고, 숲이 우거져 광선이
부족하므로 생태적으로 섬개야광나무나 섬댕강나무의 입지가 적어
지고 있다. 몇 해 전 산림청에서 이 지역에 섬개야광나무를 복원한
까닭인지 현재 이 수종은 능선을 따라 간혹 발견되고 있으나, 섬댕
강나무는 극히 드문 실정이다.

섬개야광나무

섬댕강나무

나리동(羅里洞)의 울릉국화 · 섬백리향 군락

영 명 Community of Chrysanthemum and Thyme at Naridong
학 명 *Chrysanthemum zawadskii* var. *lucidum* and *Thymus*
quinquecostatus var. *japonica*(*Thymus magnus*)
소재지 경상북도 울릉군 북면 나리리 372
지정일 1962. 12. 3.
지정 사유 특산종의 자생지
소 유 국가(울릉군 관리)

군락의 특징

면적 / 5807㎡

특징 / 나리동은 섬의 북쪽에 자리잡은 울릉도 분지로서 천궁 등 약초가 재배되고 있다. 문헌에 의하면 신생대 제3기와 제4기 초에 화산이 폭발해서 분화구가 생기고, 오랜 세월이 흐르는 동안 분화구의 토양이 흘러내려와 나리동의 농경지가 조성된 것이라고 한다. 섬백리향과 울릉국화는 광선 요구량이 많은 식물이므로 나무 그늘을 피해 내려온 것으로 설명되고 있다.

울릉국화는 국화과에 속하는 다년초로 지름 8cm 정도의 흰색 꽃이 핀다. 향기가 백 리를 간다 하여 이름붙여진 섬백리향은 꿀풀과에 속하며, 낙엽 소관목인 백리향의 변종으로 기본종보다 꽃과 화서가 크다. 줄기가 땅으로 기어가면서 퍼지므로 꽃이 개화하는 6월경에는 분홍색의 꽃방석이 펼쳐진 것처럼 아름답다. 울릉도의 다른 지역에서도 발견되기는 하지만 이 지역이 가장 큰 군락이다.

유래 및 보호상의 특징

이 두 식물의 군락은 울릉도에 국한되는 희귀성을 가져 그 가치가 인정되고 있다. 두 종 모두 관상적 가치가 높아 한때 무분별한 남채로 개체군이 크게 위축되었으나, 현재 천연기념물로 지정된 자생지 일대는 울타리 시설로 보호되고 있으며, 또한 전국에서 관상용으로 재배되는 양이 많아 자생지 파괴는 줄고 있다.

나리동의 울릉국화 군락

울릉국화

섬백리향

서울 문묘(文廟)의 은행나무

영 명 Ginkgo Tree in the precincts of
Munmyo Memorial Hall, Seoul
학 명 *Ginkgo biloba* L.
소재지 서울특별시 종로구 명륜동 3가 52
지정일 1962. 12. 3.
지정 사유 노거수
소 유 국가(성균관대학교 관리)

나무의 특징

크기 / 높이 21m, 가슴높이줄기둘레 7.3m,

가지 길이(동 10.5m, 서 12m, 남 10m, 북 12m)

면적 / 40,936m²

수령 / 약 400년

특징 / 이 나무는 성균관대학교 구내에 있는 문묘(文廟)의 명륜당
(明倫堂) 경내에 자리잡고 있다. 우리 나라의 다른 은행나무와 달리
긴 유주(乳柱)가 잘 발달되어 있는 것으로도 이름이 높다. 문묘 안에
는 이 나무 외에도 은행나무 노거수가 몇 그루 더 있는데, 모두 수나
무로서 가지의 발달이 매우 왕성하여 수형이 아름답다.

유래 및 보호상의 특징

공자는 제자들에게 강연을 은행나무 아래에서 하였다고 하여 공자
를 모시는 장소에는 반드시 은행나무를 심게 되어 있으므로, 이 은
행나무의 유래 역시 같은 연유로 추측된다. 기록상으로 문묘의 은행
나무들은 조선 중종 때 윤탁이란 사람이 심은 것으로 되어 있다. 명
륜당은 선조 39년(1606)에 건립되었고, 문묘 자체는 임진왜란까지 두
차례나 소실되었다가 중건되었다는 기록이 있는데, 은행나무는 화재
의 흔적이 없는 점으로 미루어 그 후에 심은 것으로 보인다.

평상시에는 개방하지 않으나, 명륜당에서 전통 혼례가 있을 경우
많은 사람들이 모여들게 되므로 답압 등의 피해 방지가 요망된다.

서울 문묘의 은행나무

가지   유주

송포(松浦)의 백송

영 명 Lace Bark Pine at Songpo
학 명 *Pinus bungeana* Zucc.
소재지 경기도 고양시 일산구 덕이동 산 207
지정일 1962. 12. 3.
지정 사유 희귀 수종
소 유 개인(고양시 관리)

나무의 특징

크기 / 높이 10m, 가슴높이줄기둘레 2.9m,
　　　 가지 길이(동 5m, 서 9.8m, 남 8m, 북 6m)

면적 / 6645m²

특징 / 백송은 소나무과에 속하는 상록 침엽수로 중국이 원산지이며, 수피가 흰색을 띤다고 하여 백송이라 불린다. 이 곳의 백송은 1m쯤 되는 높이에서 줄기가 둘로 갈라지고, 조금 더 높은 곳에서 다시 둘로 갈라지면서 가지가 발달하여, 멀리서 보면 마치 부챗살처럼 아름다운 수형을 가지고 있다. 다른 백송 노거수에 비해서 수피가 덜 흰 편이다. 높이 7~8m 정도의 상수리나무와 소나무가 숲을 이룬 둔덕 옆에 자리잡고 있으며, 주변에 묘지가 있다.

유래 및 보호상의 특징

이 나무의 유래는 두 가지로 알려져 있다. 하나는 조선 선조 때 유하겸이라는 사람이 중국의 사절로부터 백송 두 그루를 받았는데, 그 가운데 한 그루를 이 마을에 살고 있던 최상규의 선조가 다시 받아 묘지 주변에 심은 것이 오늘날처럼 크게 자란 것이라고 한다. 다른 하나는 조선 세종 때 김종서가 6진을 개척할 당시 그 곳에서 근무하던 최수원 장군이 고향에 오는 길에 가져다 심은 것이라고 전해진다. 마을 사람들은 중국에서 온 나무라고 하여 한동안 이 나무를 당송(唐松)으로 부르다가 뒤에 백송으로 고쳐 부르게 되었다고 한다.

송포의 백송

줄기

잎

영천리(泠泉里)의 측백수림

영 명 Oriental Arbor-vitae Forest at Yeongcheon-ri
학 명 *Thuja orientalis* L.
소재지 충청북도 단양군 매포읍 영천리 산 38
지정일 1962. 12. 3.
지정 사유 학술 연구 자원
소 유 개인(단양군 관리)

숲의 특징

면적 / 54,347㎡

특징 / 측백나무는 측백나무과에 속하는
상록 침엽수로서 관목상으로 자라며, 우리 나라에서는 석회암 지대
를 중심으로 드물게 분포한다.

영천리의 측백수림은 단양에서 제천에 이르는 국도변 비탈진 면에
자리잡고 있다. 이 자생지의 나무들은 높이는 1~2m 정도이며, 주변
에 뚜렷한 숲이 구성되지 않아 곁에서 보면 측백나무 순림처럼 보인
다. 그러나 이 지역에는 갈기조팝나무 등 석회암 지대에 주로 자라
는 수종들도 발견되며, 난대성 양치류인 도깨비고비 등의 분포도 특
기할 만하다. 또 이 지역에서는 나카이에 의해 줄댕강나무가 발견된
바 있는데, 한국 특산종으로 식물학자 정태현 선생의 이름을 따서
학명(*Abelia taihyoni* Nakai)이 붙여졌다.

유래 및 보호상의 특징

이 곳의 측백나무들은 오랜 동안 방치된 상태로 군총을 이루며 밀
집해서 자라고 있다. 군락 주변의 개발이나 남채, 다른 식생의 위협
등은 없으나 주변에 석회암 광산과 시멘트 공장 등이 있으므로, 장
기간 석회 가루에 노출되었을 경우 피해가 있을지를 주목해 보아야
한다.

영천리의 측백수림

잎과 수꽃

통영(統營) 비진도(比珍島)의 팔손이나무 자생지

영 명 Natural Habitat of Japanese Fatsia at Bijin-ri, Tongyeong
학 명 *Fatsia japonica* Decne. et Planch.
소재지 경상남도 통영시 한산면 비진리 산 51
지정일 1962. 12. 3.
지정 사유 학술 연구 자원
소 유 개인(통영군 관리)

자생지의 특징

면적 / 525,721m^2

특징 / 충무에서 배를 타고 두 시간쯤 가 다 보면 통영시 한산면에 비진도라는 섬이 있다. 이 곳에 크게는 4m까지 자라는 팔손이나무의 자생지가 있다. 팔손이나무는 두릅나무과에 속하는 상록 활엽수이며, 비진도에서는 총각나무, 팔각금반 또는 팔금반이라고도 한다. 이 자생지에는 모밀잣밤나무·동백나무·감탕나무·사스레피나무·후박나무·생달나무·자금우 등의 상록 활엽수도 함께 자라고 있다.

유래 및 보호상의 특징

일제 강점기의 기록에는 이 섬 외에도 한산도와 원량도 등지에 큰 팔손이나무가 수십 그루씩 자라고 있다고 하였다. 그러나 그 후 수없이 남채되고 1959년 사라호 태풍으로 더욱 많은 피해를 입게 되어, 천연기념물로 다시 지정될 당시에는 매우 희귀한 것이 되었다.

팔손이나무에는 한 가지 전설이 있다. 옛날 인도에 '바스라'라는 아름다운 공주가 있었다. 공주는 열일곱이 되는 생일날에 어머니로부터 예쁜 쌍가락지를 선물로 받았다. 그런데 공주의 한 시녀가 공주의 방을 청소하다가 거울 앞에 놓인 예쁜 반지를 보자 호기심을 참지 못하여 양손의 엄지손가락에 각각 한 개씩 껴 보았다. 그러나 어찌 된 일인지 한번 끼워진 반지는 아무리 애를 써도 빠지지 않았다. 겁이 난 시녀는 그 반지 위에 다른 것을 끼워 감추었다. 반지를

통영 비진도의 팔손이나무 자생지 (사진/김태정)

꽃

잃고 상심하는 공주를 보다못해 왕이 궁궐의 모든 사람들을 조사하기 시작하였고, 시녀 역시 왕 앞에 불려가게 되었다. 손을 내밀어 보라는 왕의 말에 겁이 난 시녀는 두 엄지손가락을 감추고 여덟 개의 손가락을 내밀었다. 그 때 하늘에서 뇌성 번개가 치고 벼락이 떨어져 순식간에 그 시녀는 한 그루의 나무로 변하게 되었는데, 이 나무가 바로 팔손이나무이다.

두서면(斗西面)의 은행나무

영 명 Ginkgo Tree at Duseo-myeon
학 명 *Ginkgo biloba* L.
소재지 울산광역시 울주군 두서면 구량리 860
지정일 1962. 12. 3.
지정 사유 노거수
소 유 개인(울주군 관리)

나무의 특징

크기 / 높이 22m, 가슴높이줄기둘레 12.9m,
　　　가지 길이(동 18.3m, 서 13m, 남 12.3m, 북 16.8m)

면적 / 238 m^2

수령 / 500년

특징 / 은행나무는 은행나무과에 속하는 교목으로 암수딴그루이다. 두서면의 은행나무는 수나무로 서쪽 밑부분에서 하나의 큰 가지가 갈라져서 자라고 있는데, 가지가 아래로 늘어지지 않고 위로 선 형태로 높이 2.5m 정도에서부터 많은 가지가 발달해 있다.

유래 및 보호상의 특징

은행나무는 중국이 원산지로 대부분 중국에서 가져온 경우가 많다. 두서면의 은행나무는 조선 시대 한성부 판윤(判尹) 죽은(竹隱)이 서울에서 가지고 와 연못가에 심은 것이라 하기도 하고, 이지대(李之帶) 선생이 가져온 것이라고도 한다. 은행나무 옆에는 죽은의 유허비(遺墟碑)가 있으며, 지금은 연못을 찾아볼 수 없고 논 가운데에 나무가 서 있는 형국이다.

이 나무의 아랫부분에 있는 썩은 구멍에 대고 치성을 드리면 아들을 얻는다는 믿음도 전해 내려온다. 그러나 1981년 10월에 이 썩은 부분을 도려 내고 살균하여 메우는 외과 시술을 받았다.

두서면의 은행나무

줄기   밑동

목도(目島)의 상록수림

영 명 Broad-leaved Evergreen Forest at Mokdo
소재지 울산광역시 울주군 온산읍 방도리 산 13
지정일 1962. 12. 3.
지정 사유 상록수림
소 유 울산광역시(울주군 관리)

숲의 특징

면적 / 15,074 m²

특징 / 목도는 울산시에서 동남쪽으로
약 10km 떨어진 울주군 온산읍 방도리 앞에 있는 작은 섬이다. 섬의
모양이 눈과 같이 생겼다고 해서 목도(目島), 동백나무가 많아서 동
백섬 또는 춘도(椿島), 한때 이대가 많이 자랐다고 해서 대섬〔竹島〕
이라고도 한다. 숲 전체를 보면 후박나무가 가장 우세하게 상층 임
관을 형성하고 있으며, 간혹 지름이 58cm에 달하는 팽나무도 섞여
자란다. 특히 섬 중앙에는 후박나무 대경목이 한 그루 있는데, 수고
가 18m, 밑동의 둘레가 6.4m, 수관 너비가 13m에 달하여 하나의 작
은 임총(林叢)같이 보인다. 그 아래로는 무른나무를 비롯하여 동백나
무·보리밥나무가 주종을 이루며, 지면은 자금우·송악 등의 상록성
식물이 덮고 있다. 예전에 동쪽 끝의 빈터에 눈비수리라는 희귀 식
물이 있었는데, 현재는 발견되지 않고 있다. 서쪽 일부 지역에 밀생
하는 이대는 옛날에 화살용으로 기르던 것이 아직 남아 있는 것이
다. 1993년 조사에서 샛강사리, 취명아주 등 44속 49종류의 식물이
조사되었으며 그 중 상록수는 8속 11종류가 나타났다.

유래 및 보호상의 특징

얼마 전까지 이 일대는 유명한 관광지로 알려져 울산시 황성동 성
외마을에서 정기적으로 도선이 운행되었다. 그러나 최근 섬 내의 동
백나무를 남채하는 사건이 일어나 배의 운행이 중단되고 일반인들의
출입이 통제되어 급속한 훼손은 방지되었다.

목도의 상록수림

후박나무

취명아주

샛강사리

한때 이 곳은 동백나무·벚나무·등나무 등으로 봄이면 매우 아름다운 곳이었으나, 현재 벚나무는 빗자루병으로 거의 죽어 가고 있으며, 등나무 역시 그리 왕성하지 못하다. 숲 가장자리에는 후박나무가 많은 종자를 생산하여 어린 치수(稚樹)가 무성하게 자라고 있으며, 잘 자란 후박나무가 우점(優占)을 이룬다. 그러나 최근(1996) 많은 나무들의 잎이 마르는 현상을 보이며 죽어 가고 있고, 동백나무의 개화도 제대로 되지 않아 집중적인 원인 규명과 처방이 필요하다.

71

대청도(大靑島)의 동백나무 자생 북한지

영 명 Northern Limits of Distribution of
　　　 Camellia Tree in Daecheongdo
학 명 *Camellia japonica* L.
소재지 인천광역시 옹진군 백령면 대청리 43
지정일 1962. 12. 3.
지정 사유 학술 연구 자원
소 유 국가(옹진군 관리)

자생 북한지의 특징

면적 / 254,381 m²

특징 / 동백나무는 차나무과에 속하는 상록 활엽수로 보통 세계의 식물구계(植物區系)를 구분할 때 난대림을 나타내는 표지종(標識種)이 되고 있다. 우리 나라에는 남해 도서 지방을 중심으로 분포하는데, 서쪽에서는 서천이, 내륙에서는 화엄사가, 동쪽으로는 울릉도가 가장 북쪽에 분포하는 곳으로 알려져 있다. 대청도의 동백나무 숲은 해류의 영향으로 앞의 여러 지역보다 훨씬 북쪽에 위치하고 있으므로 동백나무의 자생 북한지로서 가치가 있어 천연기념물로 지정되었다.

유래 및 보호상의 특징

전국적으로 동백나무의 불법 채취가 성행하는 데다가 대청도의 동백나무는 도로변에서 접근이 용이하여 많은 피해를 받았다. 일제 강점기 기록에 의하면 당시에는 지름이 20 cm에 이르는 큰 나무가 147그루 있었고, 그 가운데 지름 27 cm, 높이 3m의 큰 나무도 있었다고 한다. 그러나 현재는 이러한 좋은 나무들은 찾아보기 어렵다.

대청도의 동백나무 자생 북한지

잎

꽃

영월(寧越)의 은행나무

영 명 Ginkgo Tree at Yeongwol
학 명 *Ginkgo biloba* L.
소재지 강원도 영월군 영월읍 하송리 190-4
지정일 1962. 12. 3.
지정 사유 노거수
소 유 국가(영월군 관리)

나무의 특징

크기 / 높이 18m, 가슴높이줄기둘레 14.9m,
　　　　　가지 길이(동 13m, 서 11.6m, 남 14.5m, 북 11.5m)

면적 / 1611㎡

수령 / 1000~1200년

　특징 / 은행나무는 과실의 외피를 벗기면 희다고 하여 은행(銀杏)이라는 이름이 생겼다. 이 나무는 영월읍 외곽의 하송리 마을 한가운데에 자리잡고 있다. 가운데 굵은 줄기는 소실되고 높이 1.9m 되는 곳에서 북쪽 3개, 남쪽 6개, 모두 9개의 굵은 가지로 갈라져 있다. 원줄기가 죽자 뿌리목 부근에서 맹아지(萌芽枝)가 나와 오늘의 모습으로 자란 것으로 추측된다. 굵은 가지에 바로 잎줄기가 달려 있어 암나무임에도 불구하고 전체적으로 수형이 위로 뻗은 듯이 보인다.

유래 및 보호상의 특징

　예전에는 이 곳에 대정사(對井寺)라는 절이 있어 그 절터 앞에 있던 나무로 알려지고 있다. 마을 사람들은 예로부터 이 나무를 영목으로 여겨 음력 7월 12일에 치성을 드리면 아이를 얻을 수 있다고 믿었고, 나무 줄기 속에는 신통한 뱀이 살고 있어서 개미ㆍ닭ㆍ개 등과 같은 동물과 곤충들이 접근하지 않고, 아이들이 이 나무에서 떨어져도 큰 상처를 입지 않는다고 전해진다.

　현재 마을의 정자목 구실을 하고 있는데, 콘크리트 옹벽으로 둘러싸여 있어 건강한 수세 유지에 방해를 받고 있는 것으로 보인다.

영월의 은행나무

줄기

75

강화(江華) 갑곶리(甲串里)의 탱자나무

영 명 Trifoliate Orange Tree at Gapgot-ri, Ganghwado
학 명 *Poncirus trifoliata* Rafin.
소재지 인천광역시 강화군 강화읍 갑곶리 1016
지정일 1962. 12. 3.
지정 사유 노거수
소 유 개인(강화군 관리)

나무의 특징

크기 / 높이 4m, 뿌리목 줄기 둘레 1m,
　　　 가지 길이(동서 6.5m, 남북 6.1m)

면적 / 13m²

수령 / 약 400년

특징 / 강화대교를 건너 강화도로 들어서면 왼쪽에 강화도 역사박물관이 있는데, 이 건물의 오른쪽에 철책으로 보호되어 있다. 나무의 높이는 4m에 불과하지만 밑동에서부터 가지가 갈라진다. 그 중 큰 가지 하나는 아래로 누워 있으며, 일부 팬 가지가 나무의 연륜을 말해 준다. 지금도 5월이면 흰색의 꽃이 피고, 가을에 열매가 노랗게 달리는데, 열매의 양이 상당히 많다고 한다. 현재 수피는 녹색을 띠지 않고, 줄기에 세로로 깊게 생긴 굴곡이 뚜렷하다.

유래 및 보호상의 특징

강화도는 고려 고종과 조선 인조가 몽고와 청나라의 침입을 피했던 곳이다. 이 지역에 남아 있는 오래 된 탱자나무들은 외적을 막기 위해 성을 쌓을 때 심었던 나무이다.

본래 탱자나무는 추위에 약해 강화도가 북한계에 해당된다. 현재 일반인들의 통행이 많은 곳에 위치하고 있으나 철책에 둘러싸여 있고, 석축이 흙의 유실을 막아 주어 당장 나무에 큰 피해를 줄 요인은 없는 것으로 보인다.

강화 갑곶리의 탱자나무

밑동

강화(江華) 사기리(砂器里)의 탱자나무

영 명 Trifoliate Orange Tree at Sagi-ri, Ganghwado
학 명 *Poncirus trifoliata* Rafin.
소재지 인천광역시 강화군 화도면 사기리 135-10
지정일 1962. 12. 3.
지정 사유 노거수
소 유 개인(강화군 관리)

나무의 특징

크기 / 높이 3.8m, 뿌리목 줄기 지름 58cm
　　　가지 길이(동서 8.1m, 남북 7.2m)

면적 / 262m²

수령 / 약 400년

특징 / 이 나무는 지상 30cm 정도에서 가지가 크게 갈라지는데, 현재 동쪽의 가지만 살아 남아 이 가지에서 돋아난 맹아지(萌芽枝)에 잎이 달리고 열매도 맺고 있다. 대부분의 가지가 죽어 있으나 남은 가지의 굵기 등으로 미루어 한때 매우 크게 자랐던 나무로 추측된다. 위도상으로 보면 갑곶리의 나무보다 남쪽에 위치해 있다.

유래 및 보호상의 특징

이 나무의 수령을 500년 정도로 보기도 하는데, 이를 뒷받침할 만한 근거는 없다. 그러나 조선 시대의 강화 출신 암행어사인 이건창이 이 나무를 보았다고 전해 오는 것으로 미루어, 이 나무 역시 외적의 침입을 막기 위해 심은 것으로 추측된다. 수세가 극히 약화되어 몇 차례의 외과 시술을 받은 바 있다. 현재 서쪽 가지는 죽고 동쪽 가지만 살아 있으며, 뿌리 근처에서 맹아지가 자라고 있다. 서쪽 가지가 상한 것은 서쪽에서 불어오는 강한 바람을 견디지 못했기 때문이라고 하는데, 지금은 옆에 있는 큼직한 돌이 시멘트로 이어져 있어 다소나마 바람을 막아 주고 있다. 그 밖에 철제 구조물이 받침대 역할을 하고 있다.

강화 사기리의 탱자나무 (사진/전정일)

줄기　　　　　　　　　열매

무안(務安) 청천리(淸川里)의 팽나무와 개서어나무의 줄나무

영 명 Roadside Trees of Japanese Hackberry and Tschonoskii Hornbeam
   at Cheongcheon-ri, Muan
학 명 *Celtis sinensis* var. *japonica* Nak. and
   Carpinus tschonoskii Max.
소재지 전라남도 무안군 청계면 청천리 499
지정일 1962. 12. 3.
지정 사유 인공 방풍림의 역사적 유물
소 유 개인(무안군 관리)

나무의 특징

면적 / 5544㎡

특징 / 무안 청천리 마을 앞을 지나는 국도변에 있는 줄나무로서 500년 이상 된 팽나무·개서어나무·느티나무가 각각 60여 그루, 20여 그루, 3그루로 이어져 있다. 이렇게 서로 다른 종류의 낙엽 활엽수가 함께 줄을 이루어 있는 경우는 매우 드물기 때문에 학술상 가치가 인정되어 천연기념물로 지정되었다.

유래 및 보호상의 특징

이 줄나무는 지금으로부터 약 500년 전 이 곳으로 낙향한 배씨(裵氏)의 선조가 풍수지리상 이 곳이 허하므로 이를 보완하여 해를 막을 목적으로 심었다고 한다. 그 뿐만 아니라 바닷바람을 막는 방풍림으로서도 큰 역할을 해 왔다고 한다. 이 나무들이 지금까지 보호될 수 있었던 것은 나무의 가지를 꺾거나 열매를 따 먹으면 큰 병에 걸린다는 믿음 때문이라고 한다.

무안 청천리의 팽나무와 개서어나무의 줄나무

개서어나무의 수꽃

바람에 쓰러진 팽나무

금산(錦山) 행정(杏亭)의 은행나무

영 명 Ginkgo Tree at Haengjeong pavilion, Geumsan
학 명 *Ginkgo biloba* L.
소재지 충청남도 금산군 추부면 요광리 329-8
지정일 1962. 12. 3.
지정 사유 노거수
소 유 개인(금산군 관리)

나무의 특징

크기 / 높이 20m, 가슴높이줄기둘레 12.4m,

가지 길이(동 4m, 서 2.7m, 남 5m, 북 13m)

면적 / 3833m²

수령 / 약 1000년

특징 / 금산에서 진산을 거쳐 태고사로 가는 지방로를 따라가다 보면 도로변에서 시내를 사이에 두고 500m쯤 떨어진 곳에 있다. 암나무로서 결실을 하며 크게 4개의 줄기로 갈라져 있다. 그 가운데 도로 쪽의 한쪽 가지만 정상적으로 크게 자라고 있고, 나머지는 부러진 가지에서 자란 맹아가 작고 촘촘히 발달되어 있다.

유래 및 보호상의 특징

이 나무는 1300여 년 전에 허금(許錦)이라는 사람이 심었다고 전해진다. 행정의 은행나무란 이름은, 이 마을에 살던 오씨(吳氏)의 선조가 전라 감사로 있을 때 이 나무 밑에 정자를 짓고 이를 행정헌(杏亭軒)이라 부른 데서 생겨났다고 한다. 지금의 작은 정자는 한때 소실되었던 정자를 후에 복원해 놓은 것이다.

주가지를 비롯하여 대부분의 가지가 부러졌기 때문에 일제 강점기 기록과 비교해 보면 현재는 그 반도 안 되는 크기이다. 전하는 말로는 약 100년 전에 남쪽 가지가 큰바람에 부러졌는데, 그 길이가 30m나 되어 이를 가지고 판자를 켜니 3사람이 누워 잘 정도였다고 한

금산 행정의 은행나무

다. 또 약 80년 전 역시 강한 바람으로 부러진 동북쪽 가지는 길이가
40m나 되어 이 가지로 37개나 되는 관을 만들어 마을 사람들이 나
누어 가졌다고 한다.

이 나무에는 지금도 금줄이 쳐져 있다. 마을 사람들은 이 은행나
무의 잎을 삶아 먹으면 해수병이 없어지고, 치성을 드리면 아들을
낳을 수 있다고 한다. 또 머리가 나쁜 아이를 밤중에 한 시간 정도
이 나무 밑에 세워 두면 머리가 좋아지고, 마을과 나라에 변고가 있
으면 큰 소리를 내어 이를 알려 준다고 한다. 그래서 지금도 음력 1
월 3일 자정에 나무 밑에 모여 한 해의 행운을 빌기도 한다.

송광사(松廣寺)의 곱향나무 쌍향수(雙香樹)

영 명 Chinese Juniper in the precincts of
        Songgwangsa
학 명 *Juniperus communis* L.
소재지 전라남도 순천시 송광면 이읍리 1
지정일 1962. 12. 3.
지정 사유 노거수
소 유 송광사(순천시 관리)

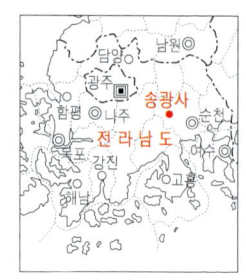

나무의 특징

크기 / 높이 12.5m, 가슴높이줄기둘레 각각 4m, 3.24m,
      가지 길이 – 남쪽의 향나무(동 5m, 서 3.8m, 남 5.8m, 북 3.5m)
                  북쪽의 향나무(동 3m, 서 4m, 남 3.8m, 북 3.5m)

면적 / 1983m²

수령 / 약 800년

특징 / 조계산 송광사의 천자암(天子庵) 뒤뜰 성산각(星山閣) 옆에 서 있다. 두 그루의 곱향나무가 용이 몸을 튼 듯한 독특한 모습으로 꼬여 있다. 곱향나무는 중국과 우리 나라의 백두산 지역에 한정되어 자생하는 측백나무과에 속하는 상록성 침엽수이다.

유래 및 보호상의 특징

고려 시대 보조국사(普照國師)와 왕자의 몸으로 보조국사의 제자가 된 담당국사(湛堂國師)가 중국에서 수도를 마치고 돌아오면서 짚고 있던 지팡이를 나란히 꽂아 놓은 것이 뿌리가 내려 자랐다고 전해진다. 두 그루의 곱향나무가 크고 작게 나란히 서 있는 모습이 마치 스승과 제자가 서로 예를 갖추어 절을 하고 있는 모습과 같다고 해서 더욱 의미를 주고 있다.

이 나무는 사람이 밀면 움직이는데, 한 사람이 밀거나 여러 사람이 밀거나 그 움직임이 한결같다고 한다. 한편 천자암 스님에 의하면 수십 년 전 천자암에 불이 났을 때, 맑은 하늘에 갑자기 먹구름이 모여들더니 비가 내려 불이 꺼졌는데, 이는 바로 쌍향수의 신통력

송광사의 곱향나무 쌍향수

때문이라고 한다. 또 많은 사람들이 이 나무에 손을 대어 보면 극락
에 갈 수 있다고 믿고 있다.

현재 수령이 많고, 많은 사람들이 손으로 나무를 밀어 보기 때문
에 사람들의 접근을 막고 있다. 이 두 나무의 양 옆에는 후계수로 작
은 나무 두 그루가 심어져 있다.

오류리(五柳里)의 등(藤)

영 명 Japanese Wistaria at Oryu-ri
학 명 *Wistaria floribunda* DC.
소재지 경상북도 경주시 견곡면 오류리 527
지정일 1962. 12. 3.
지정 사유 노거수
소 유 개인(경주시 관리)

나무의 특징

크기 / 높이 17m, 길이 20m,

　　　　흉고직경 각각 20cm, 40cm, 40cm, 50cm

면적 / 1388m²

특징 / 경주시 오류리 입구의 작은 개천 옆에 팽나무가 있고, 등나무는 이를 둘러싸거나 혹은 옆으로 누워 있다. 모두 4그루이며 각각 2그루씩 가까이 있는데, 입구에 있는 것이 좀더 크고 용처럼 감고 올라간 듯 보이며, 반대쪽의 나무들은 가지가 옆으로 누워 있다. 주위에 감나무·아까시나무·무궁화 등도 함께 자라고 있다.

유래 및 보호상의 특징

　신라 때는 이 곳을 용림(龍林)이라 불렀으며, 당시 이 곳에는 깊은 못이 있었다고 한다. 굵은 줄기가 다른 나무를 타고 올라가는 모습이 용처럼 보여 이 등나무를 용등(龍藤)이라고도 한다. 이 등나무의 꽃잎을 말려 신혼 부부의 베개에 넣어 주면 부부의 애정이 두터워진다고도 하고, 사랑이 식어 버린 부부는 잎을 삶아 먹으면 사랑이 되살아난다고 하여 이 곳을 찾는 이들이 있는데, 이러한 믿음이 생긴 까닭은 다음과 같은 전설 때문이다.

　신라 때 이 마을에는 아름다운 자매가 살고 있었다. 이 자매는 둘 다 아무도 몰래 마음 속으로 옆집의 늠름한 청년을 사모하고 있었다. 그러던 어느 날 청년이 전쟁터로 떠나게 되었다. 한 남자를 사랑하고 있던 마음 착한 자매는 서로에게 양보할 결심을 하고 있던 차

오류리의 등나무

꽃

밑동

에 그 청년이 전사했다는 소식을 들었다. 너무도 슬픈 나머지 자매는 그만 연못에 몸을 던졌고, 그 때부터 연못가에서는 등나무가 자라기 시작했다. 그 후 죽었다던 청년은 훌륭한 화랑이 되어 돌아와 자신 때문에 죽은 자매의 이야기를 듣고 자신도 연못에 몸을 던졌는데, 그 자리에서는 팽나무가 자라기 시작했다. 등나무는 이 팽나무를 칭칭 감고 오르며 이승에서 이루지 못한 사랑을 이야기한다고 한다.

현재 이 곳은 예전 용림의 모습은 찾기 어려우나 등나무의 수세는 좋은 편이다. 다만, 주변의 나무 가운데 번식력이 강한 아까시나무 등은 제거해 주는 것이 좋을 것 같다.

내장산(內藏山)의 굴거리나무 군락

영 명 Population of Sloumi at Naejangsan
학 명 *Daphniphyllum macropodum* Miquel
소재지 전라북도 정읍시 내장동 231
지정일 1962. 12. 3.
지정 사유 학술 연구 자원
소 유 내장사(내장사 관리)

군락의 특징

면적 / 360,993 m²

특징 / 굴거리나무는 대극과에 속하는 상록 활엽수로 교목상으로 자라며, 우리 나라에서는 남해 도서 지방에서 자라는 난대성 수종이다. 묵은 가지가 아래로 처진 상태에서 새 가지가 위를 향해 자라므로 세대 교체를 상징하는 나무로 여겨진다. 이 군락은 내장산으로 올라가다 케이블 카가 가는 오른쪽 사면에 분포하는데, 굵은 나무는 보기 어렵다. 굴거리나무의 자생 북한지로서 학술적 가치가 인정되어 천연기념물로 지정·보호되고 있다.

유래 및 보호상의 특징

굴거리나무가 수난을 당하는 이유는 반질거리는 긴 타원형의 잎이 약으로 쓰이는 만병초와 닮았기 때문이다. 케이블 카가 생겨 군락에 접근이 용이해지자 천연기념물로 지정된 특별한 나무라 하여 남채하는 경우도 많아졌다.

내장산의 굴거리나무 군락

굴거리나무

천연기념물 안내 비석

원성(原城) 성남리(城南里)의 성황림(城隍林)

영 명 Shrine Woods for Local God at
Seongnam-ri, Wonseong
소재지 강원도 원주시 신림면 성남리 산 191
지정일 1962. 12. 3.
지정 사유 온대 낙엽 활엽수림
소 유 국가(원주시 관리)

숲의 특징

면적 / 312,993㎡

특징 / 원주에서 제천 쪽으로 가다가 신림으로 접어들면 성남리의 성황림에 닿는다. 치악산 국립 공원의 남대봉에 이르는 길목이기도 한 이 숲은 본래 아랫당 숲과 윗당 숲 두 개로 갈라져 있었으나, 현재 아래 숲에는 소나무만 조금 남아 천연기념물에서 해제된 상태이다. 음나무·복자기나무·전나무·소나무·느릅나무·피나무·갈참나무·층층나무·쪽동백나무·들메나무·야광나무·귀룽나무·옻나무·박쥐나무·개암나무·고로쇠나무·두릅나무·산초나무·고추나무·신나무 등으로 중부 온대 지역을 대표하는 숲을 이룬다. 토착 신앙과 관련된 숲으로서 가치가 인정되어 학술 보존림으로 지정되었다. 숲의 입구에는 높이 29m의 전나무와 함께 당집이 있다.

유래 및 보호상의 특징

이 숲은 말 그대로 신이 사는 숲으로 마을 이름도 신림(神林)이다. 마을 사람들은 치악산의 서낭신을 이 곳에 모셔 100여 년 동안 제사를 지내면서 이 숲을 보호해 왔다. 해마다 4월 8일과 9월 9일에 계제(季祭)를 성대하게 지내 왔다고 한다. 이 때 제주는 상을 당하거나 궂은일이 없는 사람으로 정해지며, 각 가정의 가장들은 각기 소지(燒紙)를 올려 1년 동안의 무사와 길복을 기원했다고 한다.

이와 같이 신성시되던 숲이 지난날 관광지화되어 많이 훼손되었으나 지금은 울타리를 쳐 놓아 들어가기 어렵다.

원성 성남리의 성황림

성황림 내부

숲 입구의 당집
(사진/김성식)

91

삼척(三陟) 소달면(所達面)의 긴잎느티나무

영 명 Long Leaf Zelkova at Sodal-myeon, Samcheok
학 명 *Zelkova serrata* var. *longifolia* Nak.
소재지 강원도 삼척시 도계읍 도계리 278
지정일 1962. 12. 3.
지정 사유 노거수
소 유 개인(삼척시 관리)

나무의 특징

크기 / 높이 20m, 가슴높이줄기둘레 7.5m

면적 / 1983m²

수령 / 약 1000년

특징 / 이 나무는 삼척에서 태백으로 가는 중간의 도계라는 탄광 마을 안 도계여자중학교 운동장에 자리잡고 있다. 느티나무의 변종인 긴잎느티나무는 기본종에 비해 잎이 긴 것이 특징으로, 우리 나라 특산종이다. 일제 강점기에는 높이가 27m에 가까웠으나 1988년 태풍으로 가장 큰 가지가 부러졌다. 그러나 지금까지도 푸르름을 잃지 않고 가지가 사방으로 퍼져 있어 웅대한 수세를 유지하고 있다.

유래 및 보호상의 특징

마을의 서낭당 나무로서, 예로부터 마을 사람들은 매년 음력 2월 보름에 이 나무 아래에서 마을의 평안과 풍년을 기원하는 제사를 지낸다. 지금도 제사 때면 주변 마을에서 주민들 천여 명이 모여 연등놀이도 함께 하는 등 나무를 사랑하는 마음을 가진다고 한다. 또 고려 말에는 많은 선비들이 이 곳으로 피난한 적이 있다고 전해지며, 학교 안에 있기 때문인지 요즘음도 입학 때가 되면 치성을 드리기 위해 학부모들이 나무를 찾는다고 한다. 한때 이 나무가 학교 운동장에 있기 때문에 서낭당 나무로 이용하는 데 어려움이 있어, 다른 나무로 바꾸려고 하자 천둥과 번개가 쳐 결국은 바꾸지 못했다는 이야기도 전해진다.

삼척 소달면의 긴잎느티나무

수형

외과 시술을 받은 줄기

울진(蔚珍)의 굴참나무

영 명 Oriental Cork Oak Tree at Uljin
학 명 *Quercus variabilis* Blume
소재지 경상북도 울진군 근남면 수산리 381
지정일 1962. 12. 3.
지정 사유 노거수
소 유 개인(울진군 관리)

나무의 특징

크기 / 높이 20m, 가슴높이줄기둘레 6m,
가지 길이(동 8m, 서 8m)

면적 / 2132m²

수령 / 300년

특징 / 참나무과에 속하는 굴참나무는 수피에 코르크질이 두껍게 발달하는 참나무의 일종으로, 다른 참나무와 달리 잎 뒷면이 흰빛을 띠고 잎 가장자리에 침이 발달하는 것으로 구분할 수 있다. 전국에서 볼 수 있는 수종이지만 울진의 굴참나무처럼 큰 나무는 찾아보기 어렵다. 울진에서 조금 내려와 수산이라는 곳에서 영주 쪽으로 가는 36번 도로 길목의 작은 언덕 위에 서 있는데, 수세는 많이 약해졌으나 지금도 도토리가 많이 열린다.

유래 및 보호상의 특징

이 나무는 의상대사가 심었다고 전해진다. 나무 앞으로 연어나 풍천장어가 올라오는 왕피천(王避川)이라는 내가 흐르는데, 내의 이름은 전쟁을 하다가 수세에 몰린 어떤 왕이 이 나무 아래에서 피신하였다고 하여 얻어진 이름이라고 한다. 남쪽 가지 하나는 1959년 사라호 태풍 때 부러진 것이라고 한다.

울진의 굴참나무

열매

잎

속리(俗離)의 정2품송(正二品松)

영 명 The Red Pine Minister Rank bestowed at Songni
학 명 *Pinus densiflora* S. et Z.
소재지 충청북도 보은군 내속리면 상판리 17-3
지정일 1962. 12. 3.
지정 사유 노거수
소 유 법주사(보은군 관리)

나무의 특징

크기 / 높이 15m, 가슴높이줄기둘레 4.7m,
　　　　가지 길이(동 10.3m, 서 9.6m, 남 9m, 북 10m)

면적 / 8367m²

수령 / 약 600년

특징 / 속리산 법주사로 들어가기 약 3km 전에 있는 정2품송은 우리 나라를 대표하는 명목의 하나이다. 수관(樹冠)이 우산 모양으로 잘 퍼진 아름다운 수형을 가지고 있는데, 이는 광선이 잘 드는 평지에 위치하고 서쪽으로는 계곡이 흘러 토양이 비옥하여 나무의 생육에 좋은 영향을 미친 것으로 생각된다.

유래 및 보호상의 특징

　조선 시대 피부병으로 명산을 찾아다니던 세조가 법주사로 행차할 때, 타고 있던 가마가 이 소나무의 아랫가지에 걸릴까 염려하여 "연(輦)이 걸린다"라고 하자 이 소나무는 스스로 가지를 쳐들어 왕의 가마가 무사히 지나가게 해 주었다. 이로써 '연걸이소나무'라는 별명을 얻게 되었으며, 또한 이를 기특하게 여긴 세조가 정2품의 벼슬을 내려 '정2품송'이라는 이름도 얻게 되었다. 정2품송이 서 있는 마을의 이름이 진허(陳墟)인데, 이는 당시 왕을 호위하던 군사들이 진을 치고 머물렀다는 데서 유래되었다고 한다.

　이 나무는 줄기의 아랫부분이 썩어서 외과 시술을 받았으며, 1980

년경부터 이 지역 일대가 솔잎혹파리 피해권 내에 들어가게 되어 1982년에 높이 18m에 이르는 팔각주형의 대규모 방충망 시설을 하기도 했다. 그러나 현재는 철거된 상태이며, 1993년 강풍으로 서쪽의 큰 가지가 부러져 고유의 아름다운 모습이 많이 상하였다.

보은(報恩)의 백송

영 명 Lace Bark Pine at Boeun
학 명 *Pinus bungeana* Zucc.
소재지 충청북도 보은군 보은읍 어암리 산 16
지정일 1962. 12. 3.
지정 사유 희귀 수종
소 유 개인(보은군 관리)

나무의 특징

크기 / 높이 11m, 가슴높이줄기둘레 1.8m,
　　　 가지 길이(동 6.4m, 서 5m, 남 5.6m, 북 6.8m)

면적 / 22,314㎡

수령 / 약 200년

특징 / 충북 보은중학교 담을 따라 어암리 마을로 들어가면 나지막한 뒷산자락에서 마을을 내려다보고 서 있다. 4m 정도의 높이에서 줄기가 사방으로 갈라져 부챗살을 펼쳐 놓은 듯 아름다운 수형을 만들고 있다.

유래 및 보호상의 특징

보은의 백송은 이 마을에 살던 김씨의 선조 탁계(濯溪) 김상진(金相進)이라는 사람이 정조 17년(1792)에 중국에 갔다가 종자를 얻어 가지고 와서 심었으며, 후손들은 선조의 유업을 받들어 오늘날까지 잘 보호하며 키우고 있다. 백송 가운데 수형이 가장 고르게 퍼진 나무이며, 현재 생육 공간도 넉넉하고 위치도 적합하여 수세가 매우 좋은 편이다. 결실량은 많지 않다.

보은의 백송

수피

가지

예산(禮山)의 백송

영 명 Lace Bark Pine at Yesan
학 명 *Pinus bungeana* Zucc.
소재지 충청남도 예산군 신암면 용궁리 산73-28
지정일 1962. 12. 3.
지정 사유 노거수(희귀 수종)
소 유 개인(예산군 관리)

나무의 특징

크기 / 높이 10m, 가지 길이 사방 약 12m,

　　　가슴높이줄기둘레 각각 1.5m, 0.8m, 0.7m

면적 / 100m²

수령 / 200년

특징 / 예산 용궁리의 백송은 소나무로 둘러싸인 곳 가운데 자리잡
고 있으며, 울타리로 보존되어 있다. 본래 줄기의 밑에서 세 갈래로
갈라진 삼간성(三幹性) 소나무이나, 두 가지는 죽고 현재는 한 가지
만 남아 빈약한 모습이다. 수피는 거칠고 흰색이 뚜렷하다. 울타리
안에는 어린 백송들이 함께 자라고 있다.

유래 및 보호상의 특징

이 나무는 이 마을에 살고 있던 추사 김정희 선생이 순조 9년
(1809) 10월에 부친 김노경을 수행하여 청나라 연경에 갔다가 돌아
올 때 가지고 와서 고조부 김흥경의 묘 옆에 심었던 것이라고 전해
진다. 김정희 선생의 서울 본가에도 영조가 하사한 나무가 있어, 백
송은 일가의 상징처럼 여겨지고 있다.

줄기의 상당한 부분이 잘려 나가 현재 수세는 매우 약하나, 생육
공간은 충분하며 관리도 양호한 편이다.

예산의 백송

밑동

잎

진도(珍島) 의신면(義新面)의 상록수림

영 명 Broad-leaved Evergreen Forest at
Uisin-myeon, Jindo
소재지 전라남도 진도군 의신면 사천리 32
지정일 1962. 12. 3.
지정 사유 상록수림(학술 연구 자원)
소유 공유 및 국가(진도군 관리)

숲의 특징

면적 / 621,351㎡

특징 / 진도읍에서 약 8km 떨어진 곳에 위치하는데, 쌍계사 옆의 낮은 구릉 지대를 비롯하여 절 옆의 얕은 실개천 옆에 형성되어 있다. 앞쪽의 상층 임관에는 개서어나무를 비롯하여 느티나무·상수리나무·굴참나무·푸조나무 등의 낙엽 활엽수종이 주를 이루어 상록수림이라고 보기 어렵고, 절 뒤쪽에 자라는 동백나무와 종가시나무 등이 다소 상록수림으로서의 면모를 보여 준다. 특히 수고 30m, 흉고직경이 각각 43cm, 60cm, 41cm에 달하는 푸조나무 대경목이 자라고 있으며, 흉고직경이 55cm에 달하는 느티나무 노거수도 있다. 또 수고 25m, 흉고직경 40cm에 달하는 자귀나무도 특기할 만하다. 초본층에는 기장대풀과 주름조개풀이 가장 높은 피복률을 보이고, 주변에는 삼색싸리·돌동부·왕진달래·큰쐐기풀 등의 희귀 식물도 자라고 있다. 1993년 조사에서 산고사리삼, 좀딱취 등 112속 138종류의 식물이 조사되었으며, 그 중 상록수는 20속 21종류로 나타났다.

유래 및 보호상의 특징

보호책이나 철조망이 없어서 지적도만 가지고는 지정된 구역을 정확하게 알기 어렵다. 일제 강점기에 천연기념물임을 표시했던 시멘트 표석은 현재의 지정 구역보다 훨씬 북쪽에 있고, 수림은 그 곳까지 울창하게 이어져 있었다. 접근이 용이하여 주변의 숲은 이미 모두 파괴되었다. 보다 철저한 보호와 관리가 요망된다.

진도 의신면의 상록수림

생달나무

산고사리삼

좀딱취

함평(咸平) 대동면(大洞面)의 팽나무·느티나무·개서어나무의 줄나무

영 명 Roadside Trees of Japanese Hackberry, Zelkova Tree and Tschonoskii Hornbeam at Daedong-myeon, Hampyeong

학 명 *Celtis sinensis, Zelkova serrata* and *Carpinus tschonoskii*

소재지 전라남도 함평군 대동면 향교리 산 948-2

지정일 1962. 12. 3.

지정 사유 방풍림(역사적 유물)

소 유 개인(함평군 관리)

나무의 특징

면적 / 18,274 m²

수령 / 약 350년

특징 / 향교초등학교 옆의 옛 도로변에 서 있는 줄나무이다. 일제 강점기 기록에는 길 양쪽으로 약 80여 그루의 줄나무가 있었고, 10m 가 넘는 거목들도 있었다고 한다. 그러나 현재는 느티나무 15그루, 팽나무 10그루, 개서어나무 5그루와 푸조나무·곰솔·회화나무 등이 각각 1그루씩으로 구성되어 있다. 그 가운데 팽나무 3그루와 느티나무 3그루는 이미 고사하여 밑동만 남아 있는 상태이다.

유래 및 보호상의 특징

이 줄나무의 유래는 풍수지리설과 관련이 있다. 명륜당(明倫堂) 남쪽에 있는 대동면 수산봉이 화산인 까닭에 그 재앙이 예상되어 이를 방지하고, 이 지역의 지형적 결함을 보완하기 위하여 유림 대표인 정방(鄭紡) 이양휴(李楊休) 등 몇 사람이 향교리에서 나무를 캐어 이곳에 옮겨 심었다고 한다. 그러나 실제적으로 이 줄나무 숲은 바닷바람을 막는 방풍림으로서 중요한 역할을 해 왔다고 한다.

도로변에 위치하여 사람들의 왕래가 많고, 이미 고사된 나무가 있는 등 현재 나무들의 상태가 썩 좋은 편은 아니다.

함평 대동면의 팽나무 · 느티나무 · 개서어나무의 줄나무

느티나무

고사한 느티나무

함평(咸平)의 붉가시나무 자생 북한지

영 명 Northern Limits of Distribution of Japanese Evergreen Oak
　　　 at Hampyeong
학 명 *Quercus acuta* Thunberg
소재지 전라남도 함평군 대동면 기각리 산 12-2
지정일 1962. 12. 3.
지정 사유 학술 연구 자원
소 유 개인(함평군 관리)

숲의 특징

크기 / 높이 8m, 수관 너비 5m

면적 / 33㎡

특징 / 마을의 집 뒤에 울타리처럼 둘러 서 있는데, 붉가시나무 가운데 가장 북쪽에 살고 있는 자생 북한지로서 의미가 있어 천연기념물로 지정·보호되고 있다. 붉가시나무는 상록성 참나무의 일종으로, 우리 나라 남부 지방과 일본의 난대 지역에 나타난다.

유래 및 보호상의 특징

현재 나무들의 상태는 양호한 편으로 열매(도토리)의 결실도 좋다. 그러나 나무가 자라고 있는 곳의 경사가 급하여 나무의 뿌리가 여러 군데 드러나 있었다. 따라서 그대로 방치할 경우 토사 유출이 계속될 것이므로 이에 대한 보호책이 필요하다.

함평의 붉가시나무 숲

잎

밑동

진도(珍島) 임회면(臨淮面)의 비자나무

영 명 Torreya Tree at Imhoe-myeon, Jindo
학 명 *Torreya nucifera* Sieb. et Zucc.
소재지 전라남도 진도군 임회면 상만리 681-1
지정일 1962. 12. 3.
지정 사유 노거수
소 유 개인(진도군 관리)

나무의 특징

크기 / 높이 9.2m, 가슴높이줄기둘레 5.6m,

가지 길이(동 5.1m, 서 6.4m, 남 6.5m, 북 5.8m)

면적 / 489m²

수령 / 600년

특징 / 마을 뒤 경사진 공간에 나지막한 석축이 있고, 그 위에 비자나무가 자란다. 이 나무는 굵고 울퉁불퉁한 줄기에 수세가 왕성하여 보기가 좋다.

유래 및 보호상의 특징

이 나무는 지금은 없어졌으나 1000년 전에 세워졌던 구암사(鳩岩寺)라는 사찰의 경내에 있었던 것으로 추측되며, 옮겨 심은 나무가 아니라 본래 이 자리에서 자생했던 나무라고 전해진다. 마을의 정자목과 풍치수로, 예전에는 열매를 약으로 이용했다고 한다. 지금까지 이 나무에서 떨어져도 크게 다친 경우가 없는데, 마을 사람들은 이 나무가 보호해 주었기 때문이라고 믿고 있다. 또 나무에 색천을 달고 치성을 드리며 소원을 빌기도 한다. 남쪽의 굵은 가지가 20여 년 전에 죽어 베어 내고 보호 조치를 취한 바 있다.

진도 임회면의 비자나무

울퉁불퉁한 줄기

영광(靈光) 불갑면(佛甲面)의 참식나무 자생 북한지

영 명 Northern Limits of Distribution of
Neolitsea at Bulgap-myeon, Yeonggwang
학 명 *Neolitsea sericea* (Blume) **Koidzumi**
소재지 전라남도 영광군 불갑면 모악리 산 2-1
지정일 1962. 12. 3.
지정 사유 학술 연구 자원
소 유 불갑사(불갑사 관리)

숲의 특징

면적 / 27,769 m²

특징 / 참식나무는 녹나무과에 속하는 상록 활엽수로 울릉도와 제주도 및 따뜻한 남부 해안가 또는 섬 지역에 주로 분포하는 난대성 수종이다.

이 군락은 불갑사 뒤편의 산 중턱쯤에서 볼 수 있으며, 이 곳이 참식나무의 북한계이다. 그 밖에 비자나무·동백나무·굴피나무·느티나무·굴참나무·서어나무 등이 자란다. 큰 참식나무는 찾아보기 어렵다.

유래 및 보호상의 특징

삼국 시대에 이 절에 있던 정운이라는 법명을 가진 스님이 인도로 유학을 떠났다. 그런데 인도에서 공부를 하던 중 우연한 기회에 인도의 공주를 만나 사랑에 빠졌다. 이 사실이 인도의 국왕에게 알려지자 노발대발한 왕은 정운 스님을 추방하기에 이르렀다. 정운 스님과의 이별을 슬퍼한 공주는 두 사람이 만나던 곳에 있던 나무의 열매를 따서 건네 주었다. 정운 스님은 그 열매를 가져와 심었는데, 이렇게 해서 자란 나무가 바로 참식나무이다. 이 자생지의 나무들은 그 나무의 씨앗들이 퍼져 자라난 것이라고 전해진다.

영광 불갑면의 참식나무

열매와 잎

영양(英陽)의 측백수림

영 명 Oriental Arbor-vitae Forest in Yeongyang
학 명 *Thuja orientalis* L.
소재지 경상북도 영양군 영양읍 감천리 산 171
지정일 1962. 12. 3.
지정 사유 학술 연구 자원
소 유 개인(영양군 관리)

숲의 특징

면적 / 39,670㎡

특징 / 영양읍에서 31번 도로를 따라 남쪽으로 내려오다 보면 이 국도를 따라 반변천(半邊川)이 흐르는데, 그 건너 암벽 틈에서 측백나무가 자생한다. 달성이나 구리의 측백수림과 마찬가지로 식물들이 자라기 어려운 시냇가의 절벽에 위치하고 있다. 나무의 높이는 3〜5m로 그리 높지 않으며, 지름은 보통 10cm 정도이다. 기록에 의하면 측백나무의 수는 1000여 그루에 달하고, 모감주나무·털댕강나무와 같은 보기 드문 수종과 몇 가지 초종(草種)도 함께 자라고 있다.

유래 및 보호상의 특징

도로와 측백수림 사이에 논이 있고 다시 내가 흐르고 있으므로, 접근이 어려워 쉽게 훼손될 염려는 없을 것으로 보인다.

영양의 측백수림

독락당(獨樂堂)의 중국주엽나무

영 명 Chinese Honey Locust in the precincts
     of Oksanseowon
학 명 *Gleditsia sinensis* Lam.
소재지 경상북도 경주시 안강읍 옥산리 1600
지정일 1962. 12. 3.
지정 사유 희귀 수종(노거수)
소 유 개인(경주시 관리)

나무의 특징

크기 / 높이 6.5m, 가슴높이줄기둘레 4.6m,
     가지 길이(동 3m, 서 4.9m, 남 2.7m, 북 2.4m)

면적 / 30m^2

수령 / 미상(약 450년 이상)

특징 / 옥산서원(玉山書院)의 별채로 지어진 독락당(獨樂堂) 뒤쪽 담장 안에 자라고 있다. 이 나무의 이름은 중국에서 들어온 주엽나무 종류라고 하여 중국주엽나무라 부르며 조각자나무라고도 한다. 콩과에 속하는 낙엽 교목으로 한방에서는 약용 식물로 유용하게 쓰인다. 현재 수세는 매우 나쁜 편이며, 가운데 줄기는 완전히 죽고 동서 가지만 남아 꽃과 열매를 맺기도 한다.

유래 및 보호상의 특징

이 나무는 조선 중종 27년(1532)에 회재(晦齋) 이언적(李彦迪)이 잠시 벼슬을 그만두고 고향으로 내려와 독락당을 짓고 학문에 전념할 때 심은 것이라고 한다. 당시 회재 선생이 중국 사절로 다녀왔던 친구로부터 종자를 얻어 심은 것으로 전해지는데, 선생이 정미사화 때 간신들에게 몰려서 강계로 유배되었다가 죽었으며, 중국에 다녀온 적이 없으므로 이 같은 이야기가 설득력이 있다.

독락당의 중국주엽나무

줄기

부안(扶安) 도청리(道淸里)의 호랑가시나무 군락

영 명 Population of Chinese Holly at Docheong-ri, Buan
학 명 *Ilex cornuta* Lindle. et Pax.
소재지 전라북도 부안군 산내면 도청리 산 1
지정일 1962. 12. 3.
지정 사유 학술 연구 자원
소 유 국가(부안군 관리)

군락의 특징

면적 / 8926m²

특징 / 도청리 남쪽 해안가의 야산 자락에 50그루 정도가 여러 나무 사이에서 듬성듬성 군락을 이루어 자라고 있다. 나무의 높이는 약 2~3m이며, 이 나무의 자생 북한지라는 점에서 의미가 크다.

호랑가시나무는 감탕나무과에 속하는 상록 활엽 관목으로, 우리나라의 남부 지방을 비롯하여 중국·일본 등지에서 자란다. 잎 끝이 가시처럼 되어 있어 붙여진 이름으로 호랑이등긁기나무, 묘아자나무라고도 한다. 영어로는 홀리(holly)라고 하고 보통 크리스마스 때 장식용으로 많이 쓰인다.

유래 및 보호상의 특징

이 군락은 해안 도로가에 있어서 찾기는 아주 쉬운 편이나, 훼손을 우려하여 약 2m 높이의 철조망을 둘러 놓았기 때문에 나무를 가까이에서 관찰하기가 어렵다. 현재 나무의 상태는 상당히 양호한 편이다.

부안 도청리의 호랑가시나무 군락

열매   잎

부안(扶安) 격포리(格浦里)의 후박나무 군락

영 명 Population of Thunbergii Camphor Tree
at Gyeokpo-ri, Buan
학 명 *Machilus thunbergii* Sieb. et Zucc.
소재지 전라북도 부안군 산내면 격포리 산 35-1
지정일 1962. 12. 3.
지정 사유 학술 연구 자원
소 유 개인(부안군 관리)

군락의 특징

면적 / 1983㎡

특징 / 부안 격포리 바닷가에는 절벽처럼 된 작은 언덕이 있다. 이
곳에 높이 5m, 흉고직경이 15~25cm되는 크게 자란 후박나무 13그
루가 줄지어 서 있다. 육지에서는 가장 북쪽에 자생하는 것으로 학
술적 가치를 인정받고 있다. 주변에 대나무가 무리를 지어 많이 자
라며, 이 밖에도 사철나무·송악 등도 볼 수 있다.

유래 및 보호상의 특징

이 군락은 바닷바람을 막고 있어 훌륭한 방풍림의 역할을 해 온
것으로 보인다. 현재 나무들의 상태는 좋은 편이나, 군락 한쪽이 석
축으로 된 절벽에 접하고 있어 나무들이 뿌리를 내리기 어려우며,
반대쪽은 밭과 접해 있으므로 밭이 확대되거나 경작시 농약에 의한
피해를 입을 우려가 있다.

부안 격포리의 후박나무 군락

부안(扶安) 중계리(中溪里)의 꽝꽝나무 군락

영 명 Population of Japanese Holly at
　　　Junggye-ri, Buan
학 명 *Ilex crenata* Thunberg
소재지 전라북도 부안군 변산면 중계리 산 1
지정일 1962. 12. 3.
지정 사유 학술 연구 자원
소 유 개인(부안군 관리)

군락의 특징

면적 / 4231 m²

특징 / 부안 중계리에는 누에 머리란 뜻의 잠두(蠶頭)라 불리는 산이 있다. 이 산 위의 다소 편평한 곳에 규암으로 된 암벽이 있는데, 그 위에 꽝꽝나무 군락이 형성되어 있다. 꽝꽝나무의 자생 북한지라는 의미 외에도 건생식물(乾生植物) 군락으로도 큰 가치가 있다. 이 군락의 높이는 1~1.8m이며, 개화 결실하여 자연 발아된 어린 묘목들도 볼 수 있다. 기록에 의하면 일제 강점기에는 약 700그루의 꽝꽝나무가 군락을 형성하고 있다고 했는데, 현재는 훨씬 축소되었다.

꽝꽝나무는 감탕나무과에 속하는 상록관목으로 남쪽, 특히 한라산에 주로 자라며, 불에 넣으면 '꽝꽝' 소리를 내며 타므로 '꽝꽝나무'라는 이름이 붙었다.

유래 및 보호상의 특징

풍수지리학적으로 매우 좋은 곳이라고 알려져서인지 이 군락 주변에 묘가 있다. 이 때문에 애초에 조사되었던 것보다 군락의 크기가 축소된 것으로 보인다.

또 군락 아래에는 직소천이라는 내가 황해로 흘러들어가는데, 현재 이를 가로막는 댐을 건설하고 있어 접근도 어렵고, 댐이 완성되어 만수에 이를 경우 꽝꽝나무 군락 바로 아래 50cm까지 물이 찰 것으로 예측되어 군락의 존속에 큰 위협이 되고 있다.

부안 중계리의 꽝꽝나무 군락 (사진/길봉섭)

잎과 꽃

외연도(外煙島)의 상록수림

영 명 Broad-leaved Evergreen Forest in Oeyeondo
소재지 충청남도 보령시 오천면 외연도리 산 293
지정일 1962. 12. 3.
지정 사유 상록수림
소 유 개인(보령시 관리)

숲의 특징

면적 / 32,727m^2

특징 / 이 숲은 섬의 가운데 능선에 자리 잡고 있다. 전체적으로 후박나무·동백나무 등의 상록수가 우거져 높이 20m에 달하고 있다. 주변에 큰 나무가 없으므로 이 상록수림이 유일하게 과거에 자라던 외연도 숲의 표본처럼 남아 있다. 이 숲에는 수고 20m, 가슴높이줄기둘레가 1.4m에 달하는 팽나무 대경목도 있고, 굵게 자란 다른 나무도 여러 그루 볼 수 있다. 낙엽수종 가운데는 민머귀나무가 특기할 만하고, 초본류로는 노란장대·보춘화·전호 등을 들 수 있다. 1993년 조사에서 47속 52종류의 식물 가운데 상록수는 12속 12종류가 나타났다. 주요 상록 교목류는 동백나무·붉가시나무·식나무·황칠나무·후박나무가 있고, 상록 관목류는 돈나무·먼나무·무룬나무·개산초·자금우 등이 있다. 그 밖에 두릅나무·자귀나무·예덕나무·붉나무·초피나무 등 다양한 낙엽수와 송악·마삭줄·계요등·담쟁이덩굴·방기·사위질빵·칡·왕머루·청미래덩굴·노박덩굴·댕댕이덩굴·모람·우묵사스레피 등도 함께 자라고 있다.

유래 및 보호상의 특징

이 숲은 성황림으로 보호되어 왔으며, 숲의 중간에는 서낭당도 있다. 마을 사람들이 이 숲을 신성시하여 보호해 왔으므로 옛 수림의 모습이 그대로 나타난다. 부수적으로 어부림(魚付林)의 역할도 하고 있다.

외연도의 상록수림 (사진/김태정)

우묵사스레피

모람

123

안면도(安眠島)의 모감주나무 군락

영 명 Population of Koelreuteria in Anmyeondo
학 명 *Koelreuteria paniculata* Max.
소재지 충청남도 태안군 안면읍 승언리 1318
지정일 1962. 12. 3.
지정 사유 학술 연구 자원
소 유 국가 및 개인(태안군 관리)

군락의 특징

면적 / 9567㎡

특징 / 이 군락은 안면읍에서 남서쪽으로 3km 떨어진 방포해수욕장의 해변에 발달되어 있다. 길이 120m, 너비 약 15m로 바닥은 자갈로 덮여 있으며, 높이 2m쯤 되는 나무가 400∼500그루 정도 자라고 있다. 그 밖에 소사나무·졸참나무·신나무·털고로쇠·소태나무·팥배나무·검양옻나무·음나무·갈참나무·고로쇠나무·붉나무·꾸지뽕나무·노린재나무·찔레·쥐똥나무·곰솔·자귀나무·청미래덩굴·계요등·해당화·병아리꽃나무·인동·칡·노박덩굴·사위질빵 등 다양한 식물들이 출현하고 있다.

1992년 조사에 의하면 바닷가에 인접해 자라는 나무는 흉고직경이 5cm, 높이가 약 3m이고, 안쪽으로 들어가면 나무 높이가 약 8m, 가장 큰 것의 밑동 둘레는 129cm, 지름이 40cm 되는 것도 있다. 이러한 나무 크기의 차이는 바닷바람의 영향 때문인 것으로 추정된다.

유래 및 보호상의 특징

모감주나무는 중국이 분포의 중심지로 알려져 있다. 이 군락은 중국 내륙에서 자라던 나무의 종자가 해류에 밀려와 이 곳에서 군락을 이루게 된 것으로 추측하고 있다. 그러나 최근까지 서해안은 물론 동해의 영일만 일대에서도 발견되고 있어 한반도에서 본래 자생하였다는 견해와, 발견되는 지역이 해안과 가까운 곳이고 껍질이 코르크질로 되어 있어 중국에서 전파된 것이라는 견해가 엇갈리고 있다.

안면도의 모감주나무 군락

꽃   열매

괴산(槐山)의 미선나무 자생지

영 명 Natural Habitat of White Forsythia
　　　at Goesan
학 명 *Abeliophyllum distichum* Nak.
소재지 충청북도 괴산군 장연면 송덕리 산 58
지정일 1958. 4. 30.
지정 사유 특산 수목의 자생지
소 유 개인(괴산군 관리)

자생지의 특징

면적 / 9917m²

특징 / 1955년 4월 15일에 처음 발견된 군락으로, 국도를 가로지르는 작은 하천 옆 야트막한 야산의 경사진 곳 아래쪽에 군생하고 있다. 이 지역은 전석지(轉石地)로서 토량이 적고 곳곳에 큰 바위가 나출(裸出)되어 있다. 이 자생지에는 소나무도 산생(散生)하고, 이 밖에 기린초·박쥐나무·떡갈나무·갈참나무 및 졸참나무의 맹아(萌芽)가 더러 보인다.

미선나무는 낙엽성 관목으로 우리 나라에 유일하게 자라는 특산속이며, 이른 봄에 흰색의 꽃이 잎보다 먼저 나고, 열매의 모양이 부채를 닮아 '미선(尾扇)나무'라는 이름이 붙었다.

유래 및 보호상의 특징

미선나무는 한때 많은 사람들이 남채하여 일부 알려진 자생지에서는 완전히 사라진 경우도 있었다. 그러나 이 곳은 미선나무 보존위원회가 결성되고 서울대학교 관악수목원, 자연보존협회의 참가로 복원 사업이 이루어졌으며, 묘목을 증식하여 주변에 배부함으로써 많은 성과를 거두었다.

괴산의 미선나무 자생지

꽃

물건(勿巾)의 방조(防潮) 어부림

영 명 Windbreak Forest in Mulgeon
소재지 경상남도 남해군 삼동면 물건리 산 12-1
지정일 1962. 12. 3.
지정 사유 방풍림의 역사적인 유물
소 유 공유(남해군 관리)

숲의 특징

면적 / 23,438㎡

특징 / 물건리의 방조 어부림은 너비 30m
의 숲이 바닷가를 따라 약 1500m의 길이로 이어진다. 숲의 구성은
높이 10∼15m의 낙엽 활엽수가 주를 이루고, 팽나무·푸조나무·상
수리나무·참느릅나무·말채나무·느티나무·이팝나무·무환자나무·
후박나무 등 2000그루가 상층을 형성한다. 그 밖에 갈매나무·개머
루·검양옻나무·까마귀베개·꾸지뽕나무·노박덩굴·누리장나무·두
릅나무·때죽나무·마삭줄·모감주나무·배풍등·백동백나무·병꽃나
무·보리수나무·복분자딸기·붉나무·생강나무·소태나무·송악·예
덕나무·윤노리나무·쥐똥나무·청가시덩굴·계요등·초피나무·화살
나무 등 다양한 수종이 자라고 있다.

유래 및 보호상의 특징

어부림(魚付林)이란 어류에게 서식 환경을 제공해 주며 증식에 도
움을 주는 숲을 말하고, 방조림(防潮林)이란 해일 등을 막아 주는 숲
을 말한다. 이 숲은 약 300년 전 마을 주민들이 방조를 목적으로 심
은 것이며, 사람들은 이 숲이 해를 입으면 동네가 망한다고 믿었으
므로 오래도록 잘 보존해 왔다.

현재 이 곳에는 해수욕장까지 있어 여름에는 많은 피서객들이 찾
아오는데, 숲 속에 텐트를 치고 차를 주차하고 심지어 나무를 베어
낸 흔적까지 있어 앞으로 숲이 훼손될 우려가 크다.

물건의 방조 어부림

검양옻나무

수림 내부

계요등의 열매

백련사(白蓮寺)의 동백림

영 명 Camellia Woods in the precincts of
Baengnyeonsa
학 명 *Camellia japonica* var. *spontanea* Mak.
소재지 전라남도 강진군 도암면 만덕리 산 55
지정일 1962. 12. 3.
지정 사유 동백림
소 유 개인(강진군 관리)

숲의 특징

면적 / 31,175m²

특징 / 강진에 있는 다산.정약용 선생의 초당 근처의 마덕산 방향으로 올라가다 보면 백련사가 있는데, 이 절에 못미쳐 길 양쪽으로 약 1.3ha의 면적에 동백나무 1500여 그루가 숲을 이루고 있다. 나무의 높이는 평균 7m쯤 되고, 이른 봄 동백꽃이 필 무렵이면 매우 아름다워 이 지역의 명소로 알려져 있다. 이 숲에서는 굴참나무를 비롯하여 비자나무·후박나무·차나무·푸조나무 등도 볼 수 있다. 주변에는 큰 왕대 숲도 있다.

유래 및 보호상의 특징

이 숲의 유래에 관해서 정확히 알려진 것은 없으나, 정약용 선생의 유배지인 다산 초당이 가까이 있고 선생이 이 곳에서 다도(茶道) 연구를 했던 것으로 미루어 이와 관련이 있을 것이라는 추측이다.

백련사의 동백림

후박나무

동백나무

남해(南海)의 산닥나무 자생지

영 명 Natural Habitat of *Wikstroemia trichotoma* Mak. in Namhaedo
소재지 경상남도 남해군 고현면 대곡리 산 99
지정일 1962. 12. 3.
지정 사유 학술 연구 자원
소 유 화방사(화방사 관리)

자생지의 특징

면적 / 9917㎡

특징 / 남해읍에 이르기 전에 왼쪽으로 화방사가 있는데, 산닥나무 자생지는 이 절의 옆 개울가에 있다. 산닥나무는 팥꽃나무과에 속하는 낙엽 관목으로 고급 섬유 재료로 이용된다. 키가 1m쯤 되고, 잎은 마주 나며, 길이가 2.5~4.5cm로 뒷면은 흰색을 띠고, 꽃은 노란색으로 총상화서로 달린다.

유래 및 보호상의 특징

산닥나무는 일본에 있는 종으로 우리 나라에서는 매우 희귀한 수종이다. 현재 자생하는 곳은 강화도 전등사 부근의 산자락과 남해 대곡리 계곡 부근이다. 동국여지승람에 의하면 왜저(倭楮)라고 하는 것이 바로 산닥나무 섬유를 말하는데, 이는 닥나무 섬유보다 더 좋아 나라에서 강화도·진도·완도·남해도·거제도·창녕 등지에 심었다고 한다. 더욱이 그 당시 제지업은 사찰에서 주로 이루어지는 승업(僧業)이었으니, 현재 자생상으로 발견되는 지역이 모두 사찰 근처이므로 그 당시 심었던 것이 일부 남아 퍼진 것으로 추측하고 있다.

이 곳의 산닥나무는 숲이 우거져 자생상의 군락이 번성하지 못한 상태이므로, 일부 수관의 소개(疏開)와 증식하여 보식을 하는 복원 작업이 필요하다.

남해의 산닥나무 자생지

산닥나무

백양사(白羊寺)의 비자나무 분포 북한지

영 명 Northern Limits of Distribution of Torreya Tree at the Baegyangsa
학 명 *Torreya nucifera* S. et Z.
소재지 전라남도 장성군 북하면 약수리 산 115-1
지정일 1962. 12. 3.
지정 사유 학술 연구 자원
소 유 백양사(장성군 관리)

숲의 특징

면적 / 2,975.220㎡

특징 / 전라남도 장성의 백양사 주변에 높이 8~10m에 달하는 비자나무 5000여 그루가 숲을 이루고 있는데, 가장 북쪽에 있는 비자나무 숲이라고 하여 그 가치를 인정받고 있다.

유래 및 보호상의 특징

이 곳의 비자나무는 고려 고종 때 각진국사(覺眞國師)가 심은 것으로 전해지고 있다. 그러나 주변에 굴거리나무를 비롯한 난대성 수종이 자라는 것으로 미루어 자생 가능성도 있다는 견해가 있다. 백양사는 백제 때 세워진 사찰로, 이 곳에 비자나무를 심은 까닭은 당시 유일한 구충제였던 비자나무 열매로 인근 마을 불자들을 구제하기 위해서였다고 한다. 실제로 70년대까지 스님들은 열매를 거두어 많은 사람들에게 나누어 주었다고 한다. 이 열매는 씨눈이 두 개여서 두눈쟁이비자나무 혹은 양코배기비자나무라는 별명이 있다.

이 숲에는 옥황상제의 노여움을 받아 흰 양이 된 신선이 고명한 스님의 설법을 듣고 눈물을 흘리자, 옥황상제가 노여움을 풀고 다시 신선으로 만들어 주었다는 전설이 있다.

백양사 비자나무 분포 북한지

수꽃

수형

함양(咸陽)의 상림(上林)

영 명 Woods for the River Bank Stabilization
in Hamyang
소재지 경상남도 함양군 함양읍 대덕동 246
지정일 1962. 12. 3.
지정 사유 호안림의 역사적 유물
소 유 국가 및 개인(함양군 관리)

숲의 특징

면적 / 199,415m²

특징 / 함양읍에서 1km 떨어진 곳에 위치한 이 숲은 지형적으로 위천(渭川)이 형성한 범람원 위에 발달되어 있다. 수림지의 너비는 가장 넓은 곳이 200m, 길이는 2km 정도로 위천의 오른쪽 하안을 따라 좁고 길게 분포한다. 홍수의 피해를 막기 위하여 인근에서 자라던 나무를 옮겨 심어서 가꾸어 온 호안림(護岸林)으로, 온대 남부 낙엽 활엽수림의 특징이 잘 나타나고, 조성된 숲으로는 가장 오래 되었다는 점도 의미가 있다. 상층 임관은 갈참나무·졸참나무 등 참나무류와 개서어나무가 주를 이루는데, 특히 이들 수종의 노거수가 많이 남아 있다. 졸참나무 가운데는 수고 25m, 흉고직경 69cm에 달하여 겨우살이가 기생하는 대경목도 있다. 그 밖에 왕머루와 칡 등이 얽히어 마치 계곡의 자연 식생을 연상시키며, 중층에는 윤노리나무가 많이 출현한다. 초본층에는 참나래새가 특기할 만하다. 1993년 조사에서 나도밤나무, 사람주나무 등 총 91속 116종류의 식물이 조사되었으며, 현재 20,000여 그루의 나무가 자라고 있다.

유래 및 보호상의 특징

신라 말 진성여왕 때 최치원 선생이 당나라에서 돌아와 함양의 태수로 부임하였다. 당시에는 지금의 위천이 함양읍의 가운데로 흘러서 해마다 홍수의 피해가 컸다. 그래서 선생은 이 곳 주민들을 동원해서 둑을 쌓고 강물을 지금의 위치로 돌려 홍수를 막고 대관림

함양의 상림

(左) 나도밤나무
(右) 사람주나무

(大館林)을 조성하였는데, 이 때의 나무들은 가야산에서 옮겨 심은 것이라고 한다.

　이 숲이 지금과 같이 상림과 하림으로 구분된 것은 약 200년 전 숲의 가운데 부분이 황폐해진 후부터라고 한다. 주민들은 수해 방비림과 풍치림으로 잘 보호·관리해 왔으나, 이즈음에는 인근 주민의 휴양처로 변하여 일부는 숲을 제거하고 운동장까지 만들어 놓았다. 현재 상림은 거의 무방비 상태에 있으며, 심지어 여러 위락 행사지로 제공되어 어린 묘목에 피해가 많다. 또 수림 내의 일부 파괴된 공간 안에 은행나무와 같은 수종을 심는 등 부적절한 관리 행위가 이루어지고 있다.

신예리(新禮里)의 왕벚나무 자생지

영 명 Natural Habitat of Japanese Flowering
Cherry at Sinye-ri
학 명 *Prunus yedoensis* Matsumura
소재지 제주도 남제주군 남원읍 신예리 산 2-1
지정일 1964. 1. 31.
지정 사유 학술 연구 자원
소 유 국가(남제주군 관리)

자생지의 특징

면적 / 9917㎡

특징 / 이 자생지는 제주시에서 서귀포로 가는 제1횡단도로의 수악교 남쪽 해발 약 500m 되는 산자락에 있다. 왕벚나무는 장미과에 속하는 낙엽 교목으로 우리 나라에만 자연 분포하는 특산종이다. 잎자루와 꽃대에 잔털이 있으며, 꽃은 잎이 피기 전 4월에 피는데 처음에는 담홍색이나 차차 흰색으로 변한다. 꽃받침통이 원통형이고 암술대에 털이 있어서 올벚나무나 산벚나무와 구별된다. 왕벚나무는 해발 고도로 보아 더 높은 곳에 분포하는 산벚나무와 그보다 낮은 곳에 자라는 올벚나무 사이에서 태어난 잡종이라는 학설도 있다.

유래 및 보호상의 특징

왕벚나무는 일본을 대표하는 벚나무로 알려져 있으나 일본에는 자생지가 없어 재배 품종 여부에 대한 논란이 지금까지도 계속되고 있다. 한라산의 왕벚나무 자생지는 1908년 타케(Taquet) 신부가 한라산 북쪽 관음사 부근의 숲 속에서 왕벚나무의 꽃을 채집하여 베를린 대학의 쾨네(Köhne) 박사에게 표본을 보냄으로써 알려지게 되었다.

신예리 왕벚나무의 경우, 현재 천연기념물 안내판을 부착하여 보호하고 있는 종은 왕벚나무의 특징이 두드러지지 않아 논란이 되고 있으며, 현재 빗자루병에 걸려 있는 등 생육상에 어려움도 있다.

수피

신예리의 왕벚나무 자생지

빗자루병에 걸린 줄기

울진(蔚珍) 죽변리(竹邊里)의 향나무

영 명 Chinese Juniper at Jukbyeon-ri, Uljin
학 명 *Juniperus chinensis* L.
소재지 경상북도 울진군 울진읍 후정리 산 30
지정일 1964. 1. 31.
지정 사유 노거수
소 유 국가(울진군 관리)

나무의 특징

크기 / 높이와 가슴높이줄기둘레(2간성)

－11m · 3.9m, 10m · 3m

면적 / 1243m²

수령 / 500년

특징 / 행정상으로는 후정리에 속해 있으나, 울진읍에서 북쪽에 있는 죽변의 바다와 가까운 도로 옆 경사진 곳에 서 있다. 줄기가 아래에서 크게 두 갈래로 갈라졌는데, 결실량은 매우 좋은 편이다. 주변에 작은 향나무 몇 그루가 함께 자라고 있는데, 종자가 퍼져 새로 난 것으로 보인다.

유래 및 보호상의 특징

정확한 유래는 알 수 없으나, 우리 나라 향나무의 집단 자생지인 울릉도에서 종자가 파도에 밀려 이 곳에 닿아 자라기 시작했다고 한다. 마을 사람들은 이 나무를 신성시하여 숭상하고 있으며, 옆에는 당집이 있다.

울진 죽변리의 향나무

봉개동(奉蓋洞)의 왕벚나무 자생지

영 명 Natural Habitat of Japanese Flowering
  Cherry at Bonggae-dong
학 명 *Prunus yedoensis* Matsumura
소재지 제주도 제주시 봉개동 산 78-1
지정일 1964. 1. 31.
지정 사유 학술 연구 자원
소 유 국가(제주시 관리)

자생지의 특징

면적 / 1322 m²

특징 / 봉개동 왕벚나무 자생지는 제주시에서 동부 산업도로를 타고 가다가 길 오른쪽에 있다. 왕벚나무 2그루가 서로 50m쯤 떨어져 있으며, 수고는 약 10m인데 뒤쪽의 왕벚나무가 약간 더 높다. 수세는 좋은 편이다.

유래 및 보호상의 특징

봉개동 왕벚나무 자생지에는 2그루의 나무가 작은 석축에 둘러 싸여 보호되고 있는데, 그 중 한 그루가 왕벚나무이며 오른쪽에 있는 나무는 올벚나무이다. 이 곳에서 뒤쪽 30m 지점에 수고 10m쯤 되는 왕벚나무가 있다.

한라산 북사면에는 이 곳 외에도 관음사 주변, 제주 컨트리 클럽 구내 등지에서 몇 그루의 왕벚나무가 더 확인되었다. 연구 결과에 의하면 자연 상태에서의 결실률은 올벚나무 89%, 산벚나무 16%, 왕벚나무 4.2%라고 하므로, 왕벚나무 증식은 매우 어려운 실정이다.

봉개동의 왕벚나무 자생지

수피와 새순 꽃

143

제주시(濟州市)의 곰솔〔黑松〕

영 명 Japanese Black Pine in Jeju-si
학 명 *Pinus thunbergii* Parlatore
소재지 제주도 제주시 아라동 375-1
지정일 1964. 1. 31.
지정 사유 노거수
소 유 국가 및 개인(제주시 관리)

나무의 특징

크기 / 높이 28m, 가슴높이줄기둘레 5.8m

면적 / 7253㎡

수령 / 500~600년

특징 / 제주시에서 서귀포로 가는 제1횡단도로를 따라 8km쯤 가면 도로변 산자락의 평활지에 위치하고 있다. 이 지역에는 천연기념물로 지정된 것 외에도 8그루의 곰솔이 더 보이며, 주변에는 팽나무·에덕나무·멀구슬나무 등이 있다.

곰솔은 소나무와 유사하지만 잎이 억세고 수피와 겨울눈이 다른 차이점을 가지고 있다. 바닷가에 자란다고 하여 해송(海松), 검다고 하여 흑송(黑松)으로 불린다. 이 곳의 곰솔은 줄기가 아래에서 크게 둘로 갈라지고 한쪽 줄기가 아래로 기울어져 독특한 모양의 노거수이다.

유래 및 보호상의 특징

예로부터 제주에서는 한라산 백록담에 올라가 천제(天祭)를 지냈는데, 가는 길이 험하여 날씨가 나쁠 때에는 현재의 곰솔이 있는 산천단(山川壇)에서 천제를 올렸다. 최근에는 한라문화제의 일환으로 해마다 산천단에서 천제를 올린다.

옛 사람들은 신이 인간 사회에 내려올 때에는 우선 제관이 준비되어 있는 곳의 큰 나무로 내려와 안정을 한다고 믿었다. 이 곰솔 역시 신이 하강하는 통로에 있는 나무로 생각하여 신성히 여겼으며, 아직

도 마을 사람들은 정월의 어느 하루를 택하여 마을의 안녕과 번영을
비는 동제를 올리고 있다.

　최근 이 곰솔은 일부분의 잎이 약간 붉은색을 띠고 있으므로 이에
대한 관리가 필요한 것으로 보이며, 또 아래로 처진 가지가 무게를
이기지 못하여 부러질 경우도 대비해야 할 것으로 보인다.

성읍리(城邑里)의 느티나무 및 팽나무

영 명 Zelkova and Celtis at Seongeup-ri
학 명 *Zelkova serrata* and *Celtis sinensis* var. *japonica* Nak.
소재지 제주도 남제주군 표선면 성읍리 882-1
지정일 1964. 1. 31.
지정 사유 노거수
소 유 개인(남제주군 관리)

나무의 특징

크기 / 느티나무 – 높이 30m, 가슴높이줄기둘레 5m

　　　　팽나무(6그루) – 높이 31m · 27m · 25m · 25m · 24m · 24m,

　　　　　　　가슴높이줄기둘레 4m · 3m · 4.2m · 3.5m · 4m · 2.4m

면적 / 4126m²

수령 / 약 1000년(느티나무)

특징 / 제주도 남동 해안의 표선면에서 북쪽으로 약 8km 가면 민속 마을로 지정된 성읍리가 나온다. 이 마을에 지방 문화재로 지정된 일관헌(日觀軒)이 있는데, 그 주변에 느티나무 노거수 1그루와 팽나무 6그루가 자라고 있다. 생달나무도 5그루가 함께 자라고 있는데, 그 중 2그루는 밑부분의 둘레가 4.6m이며 3개로 갈라져 있다. 그 밖에 아왜나무 · 후박나무 · 동백나무도 있다.

유래 및 보호상의 특징

성읍리는 마을 전체가 민속 자료 188호로 지정된 곳으로 전통 가옥이 잘 보존되어 있다. 기록에 충렬왕 때에도 이 곳이 천연 노거수림으로 우거졌다는 것으로 보아 지금의 노거수는 그 가운데 일부가 살아 남은 것으로 보인다. 이 수림은 마을의 성황림으로 신성시되었으며, 마을을 둘러싸고 바람을 막아 주는 등 여러 역할을 해 왔다.

팽나무는 외과 시술을 받은 바 있으며, 지금도 줄기가 쪼개지는 것을 막기 위한 철제 구조물이 있다. 느티나무는 병충해의 침입 등으로 수세가 약해 보인다.

성읍리의 느티나무 및 팽나무

팽나무의 열매

느티나무의 잎과 열매

도순리(道順里)의 녹나무 자생지 군락

영 명 Natural Habitat of Camphor Tree at
　　　 Dosun-ri
학 명 *Cinnamomum camphora* (L.) J. Presl
소재지 제주도 서귀포시 도순동 210
지정일 1964. 1. 31.
지정 사유 학술 연구 자원(자생지 북한계)
소 유 공유(서귀포시 관리)

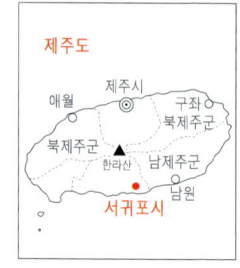

군락의 특징

면적 / 2218㎡

특징 / 제주 도순동에서 남쪽으로 약 2km 떨어진 개천가의 급사면
에 녹나무가 여러 그루 자라고 있다. 그 가운데는 높이가 15m에 달
하는 큰 나무들도 섞여 있다. 이 곳에는 후피향나무·구실잣밤나무
등 상록 활엽수와 상록성 양치류 등도 함께 자라고 있다. 경사면 위
쪽은 평탄지로서 나무들이 없으므로, 이 나무들은 냇가와 들판의 경
계 숲으로 냇가 주변의 토양 침식을 막는 역할을 한다.

녹나무는 녹나무과에 속하는 상록 활엽수로 우리 나라에는 제주도
일부 지역에만 분포한다. 이 군락은 녹나무의 자생 북한지로서 그
가치가 높다.

유래 및 보호상의 특징

녹나무가 수난을 당하는 가장 큰 이유는 수피를 약으로 이용하기
때문이다. 제주도에서는 예부터 죽어 가는 환자를 녹나무 가지와 잎
을 깐 방에 누이고 불을 때면 환자가 살아난다고 하는 이야기가 전
해져 대부분의 나무들이 채취되었다. 도순리의 자생지 근처에 있던
녹나무 노거수도 이러한 사유로 고사하여 천연기념물로 지정되었다
가 해제된 바 있다. 또 이 나무를 집 안에 심으면 조상이 제사 때 찾
아오지 못한다는 얘기도 전해진다.

도순리의 녹나무 군락

잎

서귀포(西歸浦)의 담팔수나무 자생지

영 명 Natural Habitat of Elaeocarpus at Seogwipo
학 명 *Elaeocarpus sylvestris* var. *ellipticus*
(Thunb.) Hara
소재지 제주도 서귀포시 서홍동 973
지정일 1964. 1. 31.
지정 사유 희귀 수종의 자생지(자생지 북한계)
소 유 개인(서귀포시 관리)

자생지의 특징

면적 / 4953 m²

특징 / 서귀포의 천지연폭포 주변의 숲은 담팔수나무의 북한계에 해당하는 자생지이다. 이 곳에서 천지연폭포로 가는 길의 개울 건너편 언덕에 높이가 9 m, 가슴높이줄기둘레가 각각 83 cm, 68 cm, 67 cm, 54 cm, 50 cm인 큰 나무 5그루가 한 곳에서 자라고 있다.

담팔수나무는 매우 희귀한 상록 활엽수로 이 지역 외에 천제연폭포 주변과 섭섬·안덕계곡 등지에서도 볼 수 있다.

유래 및 보호상의 특징

천지연폭포 주변은 관광지로서 관리 감독이 집중적으로 이루어지는 곳이며, 이 담팔수나무의 자생지는 물길로 가로막혀 있어서 접근하기 어려우므로 당분간 큰 위협은 없어 보인다.

서귀포의 담팔수나무 자생지

열매

수피

신방리(新方里)의 음나무 군락

영 명 Population of Castor Aralia at
Sinbang-ri
학 명 *Kalopanax pictus* Nak.
소재지 경상남도 창원시 동읍 신방리 산 652
지정일 1964. 1. 31.
지정 사유 노거수
소 유 국가 및 개인(창원시 관리)

군락의 특징

크기 / 높이 18~19m,

가슴높이줄기둘레 5.4m(최대), 4그루 3.2m(평균)

면적 / 661㎡

수령 / 700년

특징 / 신방초등학교 뒤쪽으로 도로와 밭 사이의 비탈면에 5그루의 음나무 노거수가 있다. 음나무는 우리 나라 전국의 숲에서 볼 수 있는데, 이 곳 신방리의 음나무처럼 마을 주변에 여러 그루가 노거수로 남아 있는 경우는 드물다. 음나무는 두릅나무과에 속하는 낙엽교목으로 줄기에 가시가 많으며, 잎이 단풍잎처럼 갈라진 것이 특징이다. 줄기는 약으로도 이용한다.

유래 및 보호상의 특징

예로부터 음나무는 가시가 성하여 마귀를 쫓는 힘이 있다고 믿어 가지를 문 위에 달아 놓았던 벽사신앙의 나무이다. 그러므로 이 나무들 역시 마을을 지키는 신목으로 남겨진 것으로 추측된다.

워낙 수령이 많은 노거수인데다 길가 비탈면에 있기 때문에 대부분 나무의 뿌리가 그대로 드러나 있다. 그래서 외과 시술을 통해 상한 부분을 수술하고 석축을 쌓아서 뿌리가 묻히도록 하였으나 아직도 많은 뿌리가 노출되어 있다. 토사의 유출도 심하며, 인근 도로 역시 부정적인 영향을 주는 것으로 보인다.

신방리의 음나무 군락

노출된 뿌리

읍내리(邑內里)의 은행나무

영 명 Ginkgo Tree at Eumnae-ri
학 명 *Ginkgo biloba* L.
소재지 충청북도 괴산군 청안면 읍내리 221-1
지정일 1964. 1. 31.
지정 사유 노거수
소 유 국가(괴산군 관리)

나무의 특징

크기 / 높이 17m, 가슴높이줄기둘레 7.1m,

　　　가지 길이(동 8.4m, 서 7.5m, 남 8.3m, 북 7m)

면적 / 616m²

수령 / 950년

특징 / 괴산 청안초등학교 운동장 안에 있다. 줄기 곳곳에 가지가 잘려 나간 흔적이 있고 끝가지의 일부는 죽어 있으나, 비교적 줄기가 사방으로 고르게 잘 퍼져 자란 나무이다. 열매를 맺는 암나무이며 한쪽 끝에는 까치 집도 있다.

유래 및 보호상의 특징

　고려 성종 때 이 마을에 선정을 베풀어서 백성들의 칭송을 받던 성주가 있었는데, 그는 청당(淸塘)이란 못을 파고 그 둘레에 많은 나무를 심었다. 성주가 죽자 마을 사람들은 많은 나무 중 한 나무를 골라 고인의 선정을 기리며 정성껏 가꾸던 것이 지금까지 남은 것이라고 전해진다. 마을 사람들은 이 나무에 귀가 달린 뱀이 살고 있다고 믿어 더욱 두려워하며 보호하였다고 한다.

　현재 나지막한 울타리가 쳐져 보호되고 있는데, 답압(踏壓)에 의한 피해가 우려된다.

읍내리의 은행나무

주문진(注文津) 장덕리(長德里)의 은행나무

영 명 Ginkgo Tree at Jangdeok-ri, Jumunjin
학 명 *Ginkgo biloba* L.
소재지 강원도 강릉시 주문진읍 장덕리 643
지정일 1964. 1. 31.
지정 사유 노거수
소 유 개인(강릉시 관리)

나무의 특징

크기 / 높이 22 m, 가슴높이줄기둘레 9.8 m,

가지 길이(동 13 m, 서 13.5 m, 남 11.5 m, 북 10 m)

면적 / 278 m²

수령 / 800년

특징 / 주문진의 장덕리의 복숭아 과수원 옆에 서 있다. 크게 6갈래로 갈라진 가지가 부챗살처럼 퍼져 장대한 수관을 형성한다.

유래 및 보호상의 특징

이 나무는 옛날에는 열매를 맺었으나 지금은 열매를 맺지 않는 수나무로 알려져 있다. 이와 관련하여 다음과 같은 전설이 전해 온다.

아주 오랜 옛날에는 이 나무에 열매가 대단히 많이 달렸다고 한다. 그런데 은행이 익어 떨어질 때 과피에서 아주 고약한 냄새가 나 사방에 퍼졌다. 때마침 이 곳을 지나던 한 노승이 부적을 써 붙였더니 그 때부터 이 나무는 은행이 열리지 않게 되었다는 것이다.

일부 아래로 처진 가지는 받침대로 받쳐져 있으며, 외과 시술의 흔적도 있다.

주문진 장덕리의 은행나무

밑동

반계리(磻溪里)의 은행나무

영 명 Ginkgo Tree at Bangye-ri
학 명 *Ginkgo biloba* L.
소재지 강원도 원주시 문막읍 반계리 1495-1
지정일 1964. 1. 31.
지정 사유 노거수
소 유 개인(원주시 관리)

나무의 특징

크기 / 높이 33m, 가슴높이줄기둘레 13.1m,
　　　가지 길이(동 14m, 서 11m, 남 14.5m, 북 14.3m)

면적 / 4959㎡

수령 / 미상(800~1000년으로 추정)

특징 / 문막읍에서 북서쪽에 자리잡은 언덕진 경작지의 가운데에 서 있다. 줄기가 지표면에서부터 옆으로 퍼져 나간 웅대한 수관이며, 일부 가지에는 유주(乳柱)가 발달되어 있다. 현재 수세도 좋고, 보호되고 있는 은행나무 가운데 가장 아름다운 나무로 알려져 있다.

유래 및 보호상의 특징

유래와 수령은 정확히 알려져 있지 않다. 예전에 이 마을에 많이 살았던 성주 이씨 가문의 한 사람이 심었다고도 하고, 또 아주 오랜 옛날에 어떤 대사가 이 곳을 지나다가 목이 말라 물을 마신 후 가지고 있던 지팡이를 꽂아 놓고 간 것이 자란 것이라고도 한다.

마을 사람들은 이 나무의 줄기 가운데 큰 백사가 살고 있다 하여 아무도 손을 대지 못하는 신목(神木)으로 여겼으며, 가을에 단풍이 일시에 들면 그 해에는 풍년이 든다고 믿었던 까닭에 기상목(氣象木) 으로서의 역할도 해 왔던 것으로 전해진다. 지금까지는 수세가 매우 좋은 편이며, 일부 가지는 부러질 염려가 있어서 받침대로 받쳐져 있다.

반계리의 은행나무

수형

부산진(釜山鎭)의 배롱나무

영 명 Crape Myrtle at Busanjin
학 명 *Lagerstroemia indica* L.
소재지 부산광역시 부산진구 양정동 산 73-28
지정일 1965. 4. 1.
지정 사유 노거수
소 유 개인(동래 정씨 문중 관리)

나무의 특징

크기 / 동쪽 4그루 – 높이 7.2~8.3m, 가슴높이줄기둘레 60~90cm

　　　　서쪽 3그루 – 높이 6.3m, 가슴높이줄기둘레 50~90cm

면적 / 2그루 6612m²

수령 / 미상(900년으로 추정)

특징 / 부산진구 양정동 양정 전철역에서 1.5km 떨어진 화지공원에 있다. 동쪽 4그루, 서쪽 3그루, 모두 7그루가 있는데 동쪽 나무의 수세가 강하다. 처음에 동서에 각각 1그루씩 심었던 것이 오래 되어 원줄기는 죽고, 주변의 가지들이 별개의 나무처럼 살아 남아 오늘의 모습이 되었다고 한다. 오래 된 나무이어서 개화기가 다른 나무보다 조금 늦다. 보통 8월에서 10월까지 꽃을 볼 수 있다.

배롱나무는 여름에 꽃이 백일 동안 핀다고 하여 목백일홍(木百日紅)이라고도 부르며, 중국이 원산지이나 예로부터 우리 나라에 널리 식재되어 사랑받던 꽃나무이다.

유래 및 보호상의 특징

이 나무는 지금으로부터 약 800여 년 전 고려 중엽 안일호장(安逸戶長)을 지낸 동래 정씨의 시조 정문도(鄭文道) 공의 묘소 양 옆에 심은 것이 오늘에 이르렀다고 전해진다.

부산진의 배롱나무

꽃

마량리(馬梁里) 동백나무 숲

영 명 Camellia Woods at Maryang-ri
학 명 *Camellia japonica* L.
소재지 충청남도 서천군 서면 마량리 산 14
지정일 1965. 4. 1.
지정 사유 동백림
소 유 공유(서천군 관리)

숲의 특징

면적 / 8265m^2

특징 / 서천군의 마량리 발전소 옆길을 따라 가면 야트막한 언덕이 나오는데, 이 곳에 수형이 둥근 동백나무들이 자라고 있다. 숲 가운데로 난 돌계단을 올라가면 동백정(冬柏亭)이란 정자도 있다. 이 곳의 동백나무는 육지에 있는 동백나무 숲 중 가장 북쪽에 위치하는 것이며, 높이는 2~3m 정도로 그다지 높지 않은데, 이는 바닷바람의 영향으로 추측된다. 밀생하지 않고 일정한 거리를 두고 산생해 있다.

유래 및 보호상의 특징

약 300년 전 어느 날 마량 첨사가 바다 위에 꽃뭉치가 떠 있는 꿈을 꾸고 바닷가에 나가 보았더니 정말 그러한 꽃나무가 있었다. 그래서 이 꽃나무를 물에서 건져 올려 증식시키면 마을의 평화가 유지될 것이라고 생각하여 심은 것이 오늘날의 동백나무 숲이 되었다고 전해진다.

숲 안에는 서낭당이 있으며, 지금도 마을 사람들은 해마다 음력 정월에 이 곳에 모여 풍어와 고기잡이의 무사를 기원하는 제사를 올리고 있다고 한다. 예전에는 방풍림의 역할을 위해서 심어졌다는 이야기도 있으나 지금은 그 역할을 찾아보기 어렵다.

마량리의 동백나무 숲

열매

홍도(紅島) 천연보호구역

영 명 Hongdo Nature Reserve
소재지 전라남도 신안군 흑산면 홍도리 1 외
지정일 1945. 4. 7.
지정 사유 상록수림
소 유 국가

천연보호구역의 특징

면적 / 5,867,640 m²

특징 / 홍도는 본도와 탑섬·고예리도·띠섬·높은섬 등 20여 개의 속도(屬島)를 포함하고 있다. 해안선의 길이가 20.8km밖에 안 되는 작은 섬으로, 367.8m의 깃대봉이 가장 높은 봉우리이다. 지질학상 홍도의 사암과 규암에는 층리(層理)와 절리(節理)가 발달되었으며, 암석 해안에는 파식애(波蝕崖)와 파식대(波蝕臺)가 발달되어 있다.

홍도의 전체 소산 식물은 조사 때마다 조금씩 차이가 있지만 110과 336속 545종으로 정리된다. 특히 나도풍란·풍란·석곡·새우난초·무엽란·홍도원추리·홍도까치수영·영주치자·백량금·섬모시풀·흰동백 등의 희귀 식물 및 특산 식물이 자라고 있다.

식생은 상층에는 사람주나무·모밀잣밤나무·구실잣밤나무·후박나무·식나무·동백나무 등이 있다. 하층에는 마삭줄·자금우·털머위·다정큼나무·맥문아재비 등으로 이루어진 상록 활엽수림과 예덕나무·소사나무·졸참나무가 각각 군락을 이루는 낙엽 활엽수림, 억새·띠·쑥·왕모시풀 등이 군락을 이루는 초본 군락이 있다.

유래 및 보호상의 특징

홍도는 바다 위에 떠 있는 종합 자연 박물관이라고 불릴 만큼 귀중한 자연 자원이 많다. 현재 목포에서 정기 여객선이 왕래하여 좁은 섬에 많은 관광객들이 모여들고 있는데, 일정 지역에 출입 제한만 알려 놓았을 뿐 특별한 보호 조처가 없어 훼손이 우려된다. 섬 내의 홍도원추리가 급속히 감소하고 있으며, 희귀 난초인 풍란은 멸절 위기에 처해 있다.

① 홍도 천연보호구역　② 홍도까치수영　③ 홍도원추리　④ 예덕나무　⑤ 좀비비추

설악산(雪嶽山) 천연보호구역

영 명 Seoraksan Nature Reserve
소재지 강원도 인제군, 양양군, 속초시
지정일 1965. 11. 5.
지정 사유 학술 연구 자원, 생태계 보존
소 유 국가

천연보호구역의 특징

면적 / 163,370,380㎡

특징 / '설악'이란 이름은 주봉인 대청봉
(1708m)이 1년 중 5~6개월 동안 눈에 덮여 있어서 붙여진 이름이라
고도 하고, 영산(靈山)을 뜻하는 '슬뫼'에서 유래되었다고도 한다. 대
청봉은 천연보호구역의 동남부에 위치하고 있다. 북쪽으로는 마등령
을 거쳐 미시령 고개로 이어지고, 서쪽으로는 귀떼기청봉과 한계령
을 거쳐 능선이 발달했는데, 이 능선의 동쪽을 외설악, 서쪽을 내설
악이라고 한다.

천연보호구역은 연평균 기온이 10°를 넘지 않는 저온 지대에 속하
며, 연 강우량은 내설악이 1000mm 정도, 외설악이 1300mm 정도이
다. 천연보호구역 내의 식물상은 기록마다 조금씩 다르지만 총 1013
종의 관속식물이 분포하는 것으로 되어 있다. 식생은 지역마다 다양
하게 발달해 있는데, 신갈나무·당단풍나무·졸참나무·서어나무 등
의 낙엽 활엽수림과 소나무·잣나무·분비나무 등의 상록 침엽수종
이 혼효하는 숲이 주를 이룬다. 그 밖에 금강배나무·금강봄맞이·금
강소나무·등대시호·만리화·설악눈주목·설악아구장나무·설악금강
초롱·솜다리 등 특산 식물 65종, 눈측백나무 등 희귀 식물 56종이
보고되어 있다.

동물 분포상은 1562종으로 반달가슴곰·사향노루·산양·수달·하
늘다람쥐, 황조롱이·붉은배새매, 열목어·어름치 등은 천연기념물로
별도 지정되어 있다.

설악산 천연보호구역 전경

설악눈주목

눈측백나무

유래 및 보호상의 특징

    설악산은 천연기념물 외에도 1970년에는 국립공원 제5호로, 1982
년에는 유네스코(UNESCO)로부터 생물권 보존 지역으로 지정되었
다. 설악산 천연보호구역은 수많은 사람들이 찾는 관광지로, 곳곳의
등산로를 중심으로 많이 훼손되어 있다. 얼마 전부터 등산로 휴식년
제를 시행하고 있으나, 천연보호구역 내의 핵심이라고 할 수 있는
대청봉 주변에 산장이 개축되는 등 많은 문제점이 있다.

까막섬의 상록수림

영 명 Broad-leaved Evergreen Forest in Kkamakseom
소재지 전라남도 강진군 대구면 마량리 산 191
지정일 1966. 1. 13.
지정 사유 상록수림
소 유 국가(강진군 관리)

숲의 특징

면적 / 14,479㎡

특 징 / 까막섬은 강진읍에서 남쪽으로 25km 떨어진 마량리의 포구 앞바다에 위치한다. 간조시에는 동서 두 개의 섬으로 분리되는데, 서쪽의 섬은 대조도, 동쪽의 섬은 소조도라 불린다.

대조도는 수고 18m 정도의 후박나무 순림으로 구성되어 있다. 하층에는 자금우가 가장 넓은 면적을 차지하고 있고, 그 밖에 마삭줄·송악 등의 덩굴성 수종이 지면을 덮고 있다. 중층의 숲 가장자리에는 수고 4~5m 의 돈나무와 다정큼나무가 많이 분포하고, 안쪽에는 사스레피나무와 감탕나무가 주를 이룬다. 특히 숲 속의 폭이사초는 특기할 만하다.

소조도의 상층 수관 역시 후박나무가 차지하고 있으며, 큰 섬에서는 나타나지 않는 소나무와 참나무류가 몇 그루 자라고 있다. 초본류로는 바닷가에 자라는 모새달이 있다. 1993년 조사에서 검팽나무·참식나무·갯개미취 등 73속 85종류의 식물이 조사되었으며, 그 가운데 상록수는 15속 17종류가 발견되었다.

유래 및 보호상의 특징

이 섬은 본래 '가마섬'이었는데 와전되어 '까막섬'으로 불리게 되었다고 한다. 접근이 어려워 당장의 큰 위협은 없으나 현재의 후박나무 군락을 이어 갈 후계림이 급속히 감소하고 있다. 천이가 더 진행될 경우 내음성이 강한 수종으로 대체될 것이 예상되므로, 이에 대한 대책이 시급하다.

까막섬의 상록수림

검팽나무

송악

돈나무

참식나무

갯개미취

169

대둔산(大屯山) 왕벚나무 자생지

영 명 Natural Habitat of Japanese Flowering Cherry at Daedunsan
학 명 *Prunus yedoensis* Matsumura
소재지 전라남도 해남군 삼산면 구림리 산 24-4
지정일 1966. 1. 13.
지정 사유 학술 연구 자원
소 유 대흥사(해남군 관리)

자생지의 특징

면적 / 64,793 m²

크기 / 2그루 - 높이 ^{1}15m, ^{2}7m

가슴높이줄기둘레 ^{1}0.8m, ^{2}0.3m

특징 / 전라남도 해남의 대둔산에 있는 대흥사 뒤편 산기슭 경사지에 2그루의 나무가 있다.

유래 및 보호상의 특징

이 지역은 제주도를 제외한 육지에서는 유일한 왕벚나무 자생지라 하여 학계의 큰 관심을 모았던 곳이다. 그러나 최근 재조사를 한 결과 현재 철책 안에 보호되고 있는 나무는 왕벚나무가 아닌 올벚나무에 가까운 종으로 판명되었다.

그러므로 이 나무 외에 주변에 왕벚나무가 자생하는지에 대한 정밀 조사가 필요하며, 발견될 경우 새로이 지정하거나 현재의 나무를 천연기념물에서 해제하는 것이 바람직하다. 현재 자라고 있는 나무들도 상태가 아주 나빠서 일부 가지만 개화가 되고, 주변의 식생에 가려 수세가 많이 위축되어 있다.

대둔산 왕벚나무 자생지

송사동(松仕洞)의 소태나무

영 명 Bitter Wood at Songsadong
학 명 *Picrasma quassioides* Benn.
소재지 경상북도 안동시 길안면 송사리 100-7
지정일 1966. 1. 13.
지정 사유 노거수
소 유 개인(안동시 관리)

나무의 특징

크기 / 높이 20m, 뿌리목 둘레 4.65m,
    가슴높이줄기둘레(2간성) 3.1m · 2.1m

면적 / 2479 m^2

수령 / 미상

특징 / 안동 송길초등학교 뒤뜰에 있다. 주변에는 회화나무 · 느티나무 · 팽나무 등 10여 그루의 노거수가 있다. 소태나무류로서는 가장 큰 나무이다. 소태나무는 수피가 소태처럼 쓰다고 하여 붙여진 이름이다. 그래서 '고목(苦木)'이라고도 하는데, 이것은 수피의 안껍질에 크와신(quassin)이라는 성분이 들어 있기 때문이다. 구충, 건위제(健胃劑)로 약용하거나 섬유 자원이 되기도 한다.

유래 및 보호상의 특징

정확한 유래는 알 수 없으나 현재 당집이 있고 여러 노거수가 함께 남아 있는 것으로 미루어 성황림으로 보호되었던 숲으로 여겨진다. 지금도 마을 사람들은 매년 정월 보름이면 마을의 안녕과 풍년을 기원하는 제사를 지내고 있다.

수세가 약한 편이고, 외과 시술을 받은 바 있으며 땅 속에는 가스를 통풍시키기 위한 환기통도 시설되어 있다. 현재 시멘트 보호 석축이 나무와 너무 가까이 있어서 도리어 생육에 장애가 될 것으로 보인다. 또 주변에 있는 회화나무와 팽나무 등의 노거수도 생육에 지장을 주고 있는 것으로 보인다.

송사동의 소태나무

줄기

용계(龍溪)의 은행나무

영 명 Ginkgo Tree at Yonggye
학 명 *Ginkgo biloba* L.
소재지 경상북도 안동시 길안면 용계리 943
지정일 1966. 1. 13.
지정 사유 노거수
소 유 국가 및 개인(안동시 관리)

나무의 특징

크기 / 높이 37m, 가슴높이줄기둘레 14.5m

면적 / 2499m²

수령 / 700년

특징 / 용계리는 안동에서 영천 쪽으로 35번 국도를 따라가다가 신기라는 곳에서 914번 지방도로 6km쯤 가다가 왼쪽으로 빠져도 되고, 안동에서 34번 국도를 따라 영덕 쪽으로 가다가 임하호를 가로지르는 수곡교를 건너 산길을 넘어와도 된다.

이 나무는 예전에 한쪽으로 시냇물이 흐르는 용계초등학교 옆에서 있었으나 임하댐 건설로 수몰 위기에 처하자 상식(上植)하였다. 암나무로서 예전에는 많은 열매를 맺었으나 상식 후 수확량이 감소되었다. 우리 나라에서 은행나무 가운데 굵기가 제일 굵다.

유래 및 보호상의 특징

조선 선조 때 훈련 대장이었던 탁순창공(卓順昌公)이 임진왜란 이후 이 곳으로 낙향하여 여러 동지들과 함께 행계(杏契)를 조직하고 이 나무 밑에 모여 담소를 즐겼다고 한다. 그 후 용계리에 탁씨 성을 가진 사람들은 조상의 뜻을 받들어 이 나무를 관리하며 해마다 한 번씩 마을의 안녕을 기원하는 제사를 지내 왔다고 한다.

1990년 이전까지만 해도 옆으로 시냇물이 흐르는 마을의 좋은 정자목이었으나 임하댐의 건설로 나무가 수몰 위기에 놓이게 되었다. 그래서 1990년 11월부터 1994년 10월까지 이 거대한 나무를 들어올

상식 공사를 마친 용계의 은행나무

수형

줄기

려 놓는 어마어마한 상식(上植) 공사가 진행되었다. 나무를 그 자리에 두고 조금씩 흙을 밀어넣어 들어올리는 공법을 이용하여, 3년 후 30m의 인공 산을 쌓아 나무 자체를 15m나 높은 곳으로 올려놓는 대작업이 완성되었다. 죽을 고비를 넘긴 이 나무는 아직까지도 붕대를 풀지 못한 채로 있다. 공사비도 예상액을 초과하여 총 19억 8500만원이 소요되었다고 한다. 한 나무를 살리기 위해 치른 비용으로 세계에서 단연 최고가 아닐 수 없다.

범어사(梵魚寺)의 등나무 군생지(群生地)

영 명 Wistaria Population in the precincts of Beomeosa
학 명 *Wistaria floribunda* DC.
소재지 부산광역시 금정구 청룡동 산 2-1
지정일 1966. 1. 13.
지정 사유 생태학적 연구 자원
소 유 개인(금정구 관리)

군생지의 특징

면적 / 55,934 m^2

크기 / 높이 17m, 가슴높이줄기둘레(가장 큰 나무) 140cm

특징 / 금정산 중턱에 자리잡고 있는 범어사 입구의 계곡에는 집채 같은 바위가 널려 있다. 이 곳의 울창한 숲 속에 등나무 약 500여 그루가 소나무·팽나무·개서어나무·층층나무 등의 교목을 감고 올라가 뒤덮여 있다. 하층에는 조릿대가 무성하게 군락을 이루고 있으며, 내륙 지방에서는 희귀한 해변싸리가 함께 자라고 있다. 등나무가 이처럼 군생하고 있는 것은 매우 드문 경우이다.

등나무는 콩과에 속하는 덩굴성 식물로 봄에 보랏빛 꽃이 피며, 페르골라에 올려 그늘을 만드는 조경 소재로 많이 이용된다.

유래 및 보호상의 특징

범어사는 신라 문무왕 때 의상대사가 창건한 이래 여러 고승들이 선찰의 깊은 법리를 일깨웠던 곳이다. 등나무가 군생하는 계곡을 등운곡(藤雲谷)이라 하기도 하며, 금정산 절경의 하나로 꼽아 왔다.

그런데 이 등나무들이 감고 올라가는 소나무·팽나무 등 큰 나무들이 등나무로 인해 죽어 가는 현상이 곳곳에 나타났다. 특히 사찰 주변의 오래 된 소나무들은 범어사의 명물로서 역시 보호할 가치가 있을 만큼 훌륭한 숲을 이루고 있는데, 등나무로 인하여 큰 위협을 받았다. 그래서 오래 된 소나무에 한해서 등나무를 제거하거나 세력을 줄이는 작업을 실시하기도 했다.

범어사의 등나무 군생지

꽃

운문사(雲門寺)의 처진소나무

영 명 Weeping Japanese Red Pine in the precincts of Unmunsa
학 명 *Pinus densiflora* for. *pendula* Mayr
소재지 경상북도 청도군 운문면 신원리 1768-7
지정일 1966. 8. 25.
지정 사유 노거수
소 유 국가 및 개인(운문사 관리)

나무의 특징

크기 / 높이 6m, 가슴높이줄기둘레 2.9m,

가지 길이(동 8.4m, 서 9.2m, 남 10.3m, 북 10m)

면적 / 31,415m²

수령 / 미상

특징 / 신라 시대의 고찰인 운문사 경내에 자라고 있는데, 수관이 낮게 옆으로 퍼지는 모습 때문에 반송(盤松)이라 부르기도 했다. 보통 소나무는 위로 자라는데, 이 나무는 땅 위 2m쯤 되는 곳에서 많은 가지가 옆으로만 자란다. 우리 나라 처진소나무 중 최대의 것으로 많은 받침대가 가지를 받쳐 주고 있으며, 열매를 많이 맺는다.

유래 및 보호상의 특징

정확한 유래는 알려지지 않았으나 한 고승이 소나무 가지를 꺾어 심었다고 전해진다. 수령 역시 불명확하나 운문사가 1400년 전에 지어졌고 임진왜란 당시에 운문사의 건물은 불타 없어졌으나 이 나무만은 살아 남았다고 전해지므로 상당히 오래 된 나무로 추정하고 있다. 운문사 스님들은 이 소나무가 지금과 같은 모습을 가진 것은 수백 년 동안 고승들의 불경 소리를 듣고 도를 닦아 몸을 낮추는 도량을 가졌기 때문이라며 이 나무를 선정(禪定)에 든 나무라고 한다.

운문사의 처진소나무

　매년 단옷날에 막걸리 12말을 물 12말에 타서 뿌리에 부어 주는
데, 이것은 막걸리가 나무에 좋은 비료의 역할을 한다고 생각한 우
리 선조들의 지혜에서 나온 것이라고 한다.

한라산(漢拏山) 천연보호구역

영 명 Hallasan Nature Reserve
소재지 제주도 일원 산 100
지정일 1966. 10. 20.
지정 사유 학술 연구 자원, 생물 다양성의 보존
소 유 국가

천연보호구역의 특징

면적 / 83,000m²

특징 / 한라산 천연보호구역은 한라산을 중심으로 해발 800~1300m 이상의 구역을 말한다. 한라산은 해발 1950m로 360개의 기생 화산이 있어 특이한 경관과 생물상을 가지고 있다. 고도에 따라 다양한 식물 분포대를 이루는데, 산록 지대에는 참식나무·굴거리나무·사스레피나무·남오미자 등을 표지종으로 하는 난대 상록수림이 형성되어 있고, 중복부터는 졸참나무·서어나무·개서어나무·단풍나무·산벚나무·물참나무 등이 자라는 온대림이, 그 위로는 아한대림의 성격이 있어 구상나무·고채목·진달래·눈향나무·시로미·암매·들쭉나무·털진달래 등이 자란다.

특히 한라산은 우리 나라 특산 식물인 구상나무를 비롯하여 정상 부근의 고산 초원 지대나 암벽 지대에 시로미·암매·복수초·구름떡쑥·참꽃나무 등 다양한 희귀 식물이 분포하고 있는 생물 자원의 보고이다.

유래 및 보호상의 특징

한라산은 얼마 전부터 백록담을 중심으로 분화구에 균열이 생겨 물이 빠지고 계속적인 토양 침식이 일어나고 있어 이미 등산로가 폐쇄되었으며, 다각적인 복원 방법을 모색하고 있다. 또 최근 급속히 증가한 노루의 무리가 적정 수용력을 넘어, 먹이가 부족한 겨울에는 시로미를 비롯한 여러 희귀 식물까지 먹어치우고 있어 이에 대한 조처가 필요하다.

한라산 천연보호구역

구름떡쑥

참꽃나무

제주조릿대

검은구상나무

복수초

고창(高敞) 중산리(中山里)의 이팝나무

영 명 Asian Fringe Tree at Jungsan-ri, Gochang
학 명 *Chionanthus retusa* Lindley et Paxton
소재지 전라북도 고창군 대산면 중산리 313-1
지정일 1967. 2. 11.
지정 사유 노거수
소 유 국가 및 개인(고창군 관리)

나무의 특징

크기 / 높이 12m, 가슴높이줄기둘레 2.1m
면적 / 1256m²
수령 / 미상
특징 / 고창 중산리 마을 앞에 독립목으로 자라고 있으므로 수형은 자연 그대로 발달해 있다. 천연기념물로 지정된 이팝나무 가운데 작은 편에 속한다. 수관이 사방으로 고루 퍼져 자라고 있으며, 줄기는 지상 1m쯤 되는 곳에서 사방으로 갈라져 있다.

이팝나무는 물푸레나무과에 속하는 낙엽 교목이다. '이팝'이란 이름은 하얀 꽃이 이밥, 즉 쌀밥과 같다 하여 이팝나무가 되었다고도 하고, 입하(立夏)를 전후로 꽃이 피기 때문에 '입하목(立夏木)'이라고 부른 데서 유래하였다고도 한다.

유래 및 보호상의 특징

유래는 특별히 알려져 있지 않아 수령도 예측하기 어렵다. 이 나무 역시 한 해의 풍흉을 점치는 기상목으로 여겨져 지금까지 살아남은 것으로 보인다. 나무의 외관상 상태는 양호하지 못한 편이다. 지나가는 차량에 의한 먼지와 나무 뿌리 주변의 답압 등이 수세를 약하게 한 원인 중의 하나가 될 것이다. 또 나무 둘레를 싸고 있는 시멘트 석축 역시 토양을 너무 많이 덮고 있어 좋지 않은 영향을 줄 것으로 보인다.

고창 중산리의 이팝나무

정상적으로 자라고 있지 못한 잎

고창(高敞) 삼인리(三仁里)의 동백나무 숲

영 명 Camellia Forest at Samin-ri, Gochang
학 명 *Camellia japonica* L.
소재지 전라북도 고창군 아산면 삼인리 산 68
지정일 1967. 2. 11.
지정 사유 학술 연구 자원
소 유 선운사(고창군 관리)

숲의 특징

면적 / 16,529m²

특징 / 이 동백나무 숲은 선운사 뒤쪽의 비탈진 산자락 아래에 너비 30m의 기다란 띠 모양으로 발달되어 있다. 선운사 경내와 철책을 사이에 두고 있는데, 매우 높은 밀도로 나무가 자라 이 숲 속에는 광선 부족으로 다른 식물들이 자라지 못한다.

나무의 평균 높이는 약 6m이고, 수관은 약 8m로 퍼져 있다. 이 숲의 동백나무 가운데는 밑부분의 지름이 약 80cm 되는 것도 있다. 흉고직경은 평균 30cm 정도인데, 간혹 70cm인 것도 있다.

유래 및 보호상의 특징

선운사는 백제 성덕왕 24년에 창건된 절이다. 이 동백나무 숲이 언제 조성되었는지는 알 수 없으나 선운사가 창건된 뒤에 심어진 것으로 추측된다. 숲의 보존 상태와 건강 상태는 좋은 편이다.

고창 삼인리의 동백나무 숲

동백나무

김해(金海) 신천리(新泉里)의 이팝나무

영 명 Asian Fringe Tree at Sincheon-ri, Gimhae
학 명 *Chionanthus retusa* Lindley et Paxton
소재지 경상남도 김해시 한림면 신천리 484
지정일 1967. 7. 11.
지정 사유 노거수
소 유 국가 및 개인(김해시 관리)

나무의 특징

크기 / 높이 15m

면적 / 675m²

수령 / 600년

특징 / 김해 한림면 신천리 망천마을 한가운데에 자리잡고 있다. 수세가 좋은 편이며, 옆에는 마을을 가로지르는 작은 개천이 흐른다. 꽃이 많이 피며, 줄기는 1.2m 되는 곳에서 크게 둘로 갈라지고, 곳곳에 혹 같은 돌기가 나 있다.

유래 및 보호상의 특징

이 나무의 한쪽 가지는 길 건너 우물을 덮고 있는데, 마을 사람들은 이 나무가 식수를 공급하는 샘을 보호하고 있다고 믿어, 음력 12월 말에 치성을 드리며 감사를 표해 오고 있다. 또 매년 음력 정월 보름에는 나무 아래에서 마을의 풍년과 평안을 기원하는 제사를 지내며 음식을 나눠 먹는 잔치를 벌인다고 한다. 이 마을 사람들도 다른 노거수처럼 나무의 개화 상태로 그 해 농작의 풍흉을 예측한다. 전선이 지나고 있어 수관의 발달에 방해가 되는 것으로 보인다.

김해 신천리의 이팝나무

양산(梁山) 석계리(石溪里)의 이팝나무 – 해제

영 명 Asian Fringe Tree at Seokgye-ri, Yangsan
학 명 *Chionanthus retusa* Lindley et Paxton
소재지 경상남도 양산시 상북면 석계리 788
지정일 1967. 7. 11.
지정 사유 노거수
소 유 국가 및 개인(양산시 관리)
해제일 2000. 9. 18.
해제 사유 생육 환경 불량으로 자연 고사

나무의 특징

크기 / 높이 12m, 뿌리목 둘레 2.6m, 가지 길이(지름) 17m

면적 / 494m²

수령 / 170년

특징 / 양산 석계리 마을 안에 흐르는 작은 개천 가장자리의 언덕진 곳에 서 있다. 나무 전체가 개울 쪽으로 기울었는데, 특히 가운데 한 가지는 많이 기울어져 있으며, 전체적으로 수관이 잘 발달하여 아름답다. 근처 개울가에는 푸조나무의 노거목이 자라고 있다.

유래 및 보호상의 특징

이 나무의 유래는 이 동네에 살고 있던 정씨(鄭氏)의 선조가 100여 년 전 뒷산에서 캐다가 심은 것을 지금까지 3대에 걸쳐 보살펴 왔다고 한다.

현재 수세는 좋은 편이다. 그러나 길가에 있어 나무 주변을 시멘트로 모두 포장해 놓은 상태이며, 한쪽은 가옥들이, 다른 한쪽은 개천 둑이 가로막고 있어 오랜 세월이 지나면 뿌리 발달에 장애를 받을 것으로 보인다.

양산 석계리의 이팝나무

익산(益山) 신작리(新鵲里)의 곰솔

영 명 Japanese Black Pine at Sinjak-ri, Iksan
학 명 *Pinus thunbergii* Parl.
소재지 전라북도 익산시 망성면 신작리 518
지정일 1967. 7. 11.
지정 사유 노거수
소 유 국가 및 개인(익산시 관리)

나무의 특징

크기 / 높이 10.2m, 가슴높이줄기둘레 3.45m,
　　　　가지 길이(동 8.5m, 서 4.1m, 남 9.4m, 북 6.2m)

면적 / 10,392m²

수령 / 350년

특징 / 신작리의 약간 높은 언덕 위 평평한 곳에 독립수로 자리잡고 있다. 가지가 마치 처진소나무처럼 아래로 휘늘어져 아주 아름다운 수형을 만들고 있으며, 줄기 아래쪽에 큰 혹이 발달해 있는 것도 특징이다. 곰솔은 주로 바닷가에 분포하기 때문에 해송이라고도 하는데, 이 나무는 노거수이면서 육지 쪽에 자라고 있어 주목을 받고 있다.

유래 및 보호상의 특징

임진왜란 때 풍수지리에 능한 과객이 이 곳이 명당 자리임을 알고 이 나무를 심은 것으로 전해진다. 충청남도와 전라북도의 경계가 되는 부근에 있어서 음력 섣달 그믐이면 두 지역의 마을 사람들이 모두 모여 마을의 안녕을 기원하는 제를 올렸다고 한다.

생육 공간이 넓고 약간 높은 지역에 서 있으며, 주변 가까이에 도로가 없어 보호는 잘 이루어지고 있는 것으로 보인다. 현재 나무의 상태도 매우 양호하다.

익산 신작리의 곰솔

밑동

잎과 열매

성인봉(聖人峰)의 원시림(原始林)

영 명 Virgin Forest at Seonginbong
소재지 경상북도 울릉군 북면 나리리 산 44-1
지정일 1967. 7. 11.
지정 사유 특산 수종의 자생지, 원시림
소 유 국가(울릉군 관리)

숲의 특징

면적 / 178,513㎡

특징 / 울릉도는 약 200만 년 전 신생대 제
3기와 제4기 사이의 화산 활동으로 생겨났으며, 육지와 멀리 떨어져
있어 울릉도만의 독특한 식물상을 이루고 있다. 성인봉의 원시림은
울릉도 한가운데를 차지하고 있는 성인봉을 중심으로 나리령·말잔
등·미륵산·형제봉이 산줄기를 따라 형성된 숲을 말한다.

이 숲은 주종을 이루는 너도밤나무를 비롯해 조릿대·솔송나무·
섬단풍·섬피나무·두메오리나무·섬괴불나무 등 다양한 울릉도 특산
나무로 이루어져 있다. 그 밖에 헐떡이풀·섬말나리·산마늘·개종
용·섬남성 등 희귀 식물들도 분포한다.

유래 및 보호상의 특징

이 곳의 숲이 원시림의 형태로 보존된 것은 이 곳 주민의 수가 적
고 사람들의 접근이 거의 없었기 때문이다. 그러나 최근에는 울릉도
가 관광지화되면서 관광객이 찾아오고 도로가 발달하기 시작하여 큰
위협에 처해 있다. 현재 이 지역은 관광 정책에 치우쳐 1996년에는
성인봉으로 올라가는 중간에 정자까지 만들어 놓았다. 보전과 이용
의 현명한 조화를 위한 국가적인 대책이 필요한 실정이다.

성인봉의 원시림

두메오리나무

헐떡이풀

섬괴불나무

너도밤나무

섬말나리

섬단풍나무

제주도(濟州道)의 한란

영 명 Cymbidium Orchids in Jeju-do
학 명 *Cymbidium kanran* Makino
소재지 제주도 일원
지정일 1967. 7. 11.
지정 사유 학술 연구 자원

한란의 특징

한란은 난초과에 속하는 상록 다년초로 잎은 3~4개가 달리며, 꽃이 12~1월 추울 때 피어 한란(寒蘭)이라는 이름이 붙었다. 꽃이 매우 향기롭다. 한라산 남쪽에서 해발 700m 근처인 시오름과 선돌 사이의 상록수림과 돈내코 계곡의 입구 근처 등에서 자라는데, 이 일대는 한란이 스스로 자랄 수 있는 북쪽 한계에 해당한다. 한란 자체가 매우 희귀한 종이기 때문에 이를 보존해야 한다는 뜻에서 천연기념물로 지정했다. 식물 가운데 종 자체를 보존하는 것은 한란이 유일하다.

유래 및 보호상의 특징

한란은 워낙 귀해서 고가로 매매가 이루어지기 때문에 자생지에서는 대부분의 개체들이 남채되어 현재는 아주 어린 묘를 어렵게 볼 수 있을 정도라고 한다. 한때는 한란 자체를 제주도 밖으로 유출하는 일조차 금지하였고, 돈내코 입구의 서귀포시 상효동 마을 사람들이 돈을 모아 입구에 철책을 만들어 한란을 보호하고 있지만 남채의 손길을 피하기가 매우 어렵다. 최근 조직 배양으로 대량 증식하여 보급하고 있으므로 한란을 보호하는 데 기여할 것으로 보인다.

제주도의 한란 (사진 / 문순화)

청송(靑松) 신기동(新基洞)의 느티나무

영 명 Zelkova Tree at Singi-dong, Cheongsong
학 명 *Zelkova serrata* Makino
소재지 경상북도 청송군 파천면 신기리 659
지정일 1967. 7. 11.
지정 사유 노거수
소 유 국가 및 개인(청송군 관리)

나무의 특징

크기 / 높이 15 m, 가슴높이줄기둘레 7.3 m,
　　　가지 길이(동 10.7 m, 서 10.2 m, 남 9.6 m, 북 10.8 m)

면적 / 7785 m²

수령 / 150년

특징 / 청송의 송강초등학교 앞에서 오른쪽 길로 들어가면 나타나는 신기리 입구에 있다. 앞에는 모강내가 흐르고 건너편에는 섭밭산이 있다. 가지는 1.6 m 정도 높이에서 여러 갈래로 나누어져 있는데, 일부는 죽은 상태이다.

유래 및 보호상의 특징

마을을 지켜 주는 당산목(堂山木)으로 지금도 금줄이 매어져 있으며, 마을 사람들은 해마다 음력 정월 보름에 동제를 올려 왔다. 이 밖에도 마을의 정자목과 풍치수로서의 역할도 해 왔다. 그러나 현재 서남쪽 큰 가지는 완전히 죽었고, 원줄기의 밑부분이 썩어 수세가 매우 나쁜 편이며, 결실도 안 되고 있다.

청송 신기동의 느티나무

청송(靑松) 관동(官洞)의 왕버들

영 명 Glandulosa Willow at Gwandong, Cheongsong
학 명 *Salix glandulosa* Seem.
　　　 (*Salix chaenomeloides* Kimura)
소재지 경상북도 청송군 파천면 관동리 721
지정일 1968. 3. 4.
지정 사유 노거수
소 유 국가 및 개인(청송군 관리)

나무의 특징

크기 / 높이 18m, 가슴높이줄기둘레 5.64m,
　　　　 가지 길이(동 11.8m, 서 11m, 남 6.6m, 북 12.2m)
면적 / 7785m²
수령 / 미상
특징 / 청송에서 영양으로 가는 31번 국도변에 파천면 관동리와 덕동리의 경계 지점을 흐르는 용전천이 있는데, 그 시냇가 근처에 서 있다. 본래는 굵게 자란 나무였으나 줄기의 벌집을 꺼내기 위해 서쪽 가지를 자른 후, 그 부분으로 나무가 썩어 들어가기 시작하여 현재는 대부분이 죽은 상태이다. 줄기 중간에 맹아지 일부만이 살아남아 천연기념물 노거수로서의 위용을 잃어버렸다. 주변에 지름이 1m정도 되는 오래 된 소나무가 있다.

왕버들은 버드나무과에 속하는 낙엽성 교목으로 어린 새순 끝이 붉은 것이 특징이며, 잎이 타원형으로 버드나무류 가운데는 넓은 편에 속하고 큰 턱잎[托葉]이 있다.

유래 및 보호상의 특징

마을에서는 이 왕버들은 물론 옆의 늙은 소나무까지 당산목으로 삼아 음력 정월 14일에 나무 아래에서 동제를 지내 왔다. 특히 이 제사 때 사용된 종이로 글씨 연습을 하면 글씨를 잘 쓰게 되고, 또 이 종이를 태워 그 재를 물에 타서 마시면 머리가 좋아진다고 하여, 제사가 끝나면 서로 다투어 종이를 가져갔다고 한다.

청송 관동의 왕버들

잎

창덕궁(昌德宮)의 향나무

영 명 Chinese Juniper in the precincts of the
　　　 Changdeokgung, Seoul
학 명 *Juniperus chinensis* L.
소재지 서울특별시 종로구 와룡동 2-71
지정일 1968. 3. 4.
지정 사유 노거수
소 유 국가(문화재관리국 관리)

나무의 특징

크기 / 높이 6m, 가슴높이줄기둘레 4.3m,

　　　 가지 길이(동 5.5m, 서 6m, 남 2m, 북(고사) 3.5m)

면적 / 314 m²

수령 / 700년

특징 / 창덕궁 동남쪽 경내 잔디밭에 사각단(四角壇)이 있고, 그 안
에 오래 된 향나무가 서 있다. 이 나무는 마치 용이 하늘을 오르는
듯 줄기가 뒤틀려서 동서로 뻗어 있다.

유래 및 보호상의 특징

창덕궁은 태종 3년 왕실의 별궁으로 세워졌는데, 이 때 이미 다 자
란 큰 나무를 옮겨 심었을 것이므로 수령을 700년 이상으로 추정한
다. 나뭇가지가 아주 독특한 모습으로 발달하였다. 아래로 처진 가지
는 받침대로 받쳐져 있으며, 줄기의 일부는 상해 있다. 사람들의 출
입이 통제된 넓은 공간에 자리잡고 있으므로 보호상의 특별한 문제
는 없는 것으로 보인다.

창덕궁의 향나무

뒤틀린 줄기

밑동

보은(報恩) 속리산(俗離山)의 망개나무

영 명 Korean Berchemia in the Songnisan, Boeun
학 명 *Berchemia berchemiaefolia* Koidz.
소재지 충청북도 보은군 내속리면 사내리 산 1-1
지정일 1968. 6. 21.
지정 사유 희귀 수종
소 유 법주사(보은군 관리)

나무의 특징

크기 / 높이 12m, 가슴높이줄기둘레 0.78m,
　　　가지 길이(서 5.5m, 남 7m, 북 4m)

면적 / 5950m²

수령 / 미상

특징 / 법주사에서 2.5km 떨어진 탈골암 가는 왼쪽 계곡에 있다. 이 주변에는 계곡의 경사지 아래쪽에 천연기념물로 지정된 나무 외에도 간혹 망개나무가 분포하고 있다. 망개나무는 갈매나무과에 속하는 낙엽 교목으로 세계적인 희귀종이다. 우리 나라 외에도 중국, 일본에 극히 드물게 자란다. 예전에 이 나무를 땔감과 농기구로 이용하여 더욱 드물게 되었다.

유래 및 보호상의 특징

　이 나무 이전에 천연기념물 제207호로 지정되었던 망개나무가 법주사에서 가까운 상판리에 자라고 있었다. 그런데 이 나무의 가지를 만지면 아들을 낳는다는 믿음 때문에 많은 사람들이 가지를 꺾어 가 결국 나무가 고사하게 되었다. 그래서 현재의 나무를 천연기념물로 대신 지정하게 된 것이다.

보은 속리산의 망개나무

잎   수피

진도(珍島) 관매리(觀梅里)의 후박나무

영 명 Thunbergii Camphor Tree at Gwanmae-
ri, Jindo
학 명 *Machilus thunbergii* Sieb. et Zucc.
소재지 전라남도 진도군 조도면 관매리 106-2
지정일 1968. 11. 20.
지정 사유 노거수
소 유 공유(진도군 관리)

나무의 특징

크기 / 높이 18m, 가지 길이(동 12.3m),
가슴높이줄기둘레(2간성) 3.4m · 3.3m

면적 / 1349m²

수령 / 미상

특징 / 관매도는 진도의 남쪽 바다에 떨어져 있는 섬으로 목포에서 배를 타고 간다. 섬의 바닷가에는 백사장과 함께 울창한 소나무 숲이 어우러져 있으며, 그 안의 초등학교 옆에 서낭당과 함께 작은 숲이 있다. 그 속에 후박나무와 참느릅나무 2그루, 곰솔 3그루의 노거수가 있고, 주변에 애기등이 얽혀 자라고 있는 것도 하나의 특색이다.

유래 및 보호상의 특징

후박나무를 비롯한 이 숲은 마을의 성황림으로 잘 보호되고 있다. 매년 정월 초에 마을의 안녕과 번영을 기원하는 제를 올리는데, 12월 말에 마을 사람들 가운데 나쁜 일을 당하지 않은 깨끗한 사람을 선출하여 제주(祭主)로 정한다. 제주는 제가 있기 3일 전부터 서낭당 안에 들어가 지내다가 제가 진행되는 가운데 농악 소리에 따라 이곳에서 나와 제를 주관하게 된다. 제주는 제를 올린 후에도 1년 동안은 특별히 몸을 삼가고 조심하여 나쁜 일에 빠지지 않도록 해야 한다고 한다.

진도 관매리의 후박나무 （사진/오장근）

진안(鎭安) 평지리(平地里)의 이팝나무

영 명 Asian Fringe Tree at Pyeongji-ri, Jinan
학 명 *Chionanthus retusa* Lindley et Paxton
소재지 전라북도 진안군 마령면 평지리 1035-1
지정일 1968. 11. 20.
지정 사유 노거수
소 유 공유(진안군 관리)

나무의 특징

크기 / 높이 10m 내외,

　　　가슴높이줄기둘레 0.8~2.1m

면적 / 350㎡

수령 / 미상

특징 / 진안읍에서 마이산을 넘어 평지리에 가면 마령초등학교가 있다. 이 학교의 좌우 담장 옆으로 여러 그루의 이팝나무가 있는데, 크기는 높이 10m 정도, 가슴높이줄기둘레는 가장 큰 나무가 2m가 넘는다. 암나무 10그루, 수나무 3그루가 서 있다. 이팝나무는 해안의 경우 경기도 선갑도까지 북상되어 있지만, 내륙으로는 이 곳이 북한계(北限界)라는 점도 가치가 있다.

유래 및 보호상의 특징

본래 이 나무는 마을 안에서 보호되고 있었으나, 초등학교가 생기면서 학교 안으로 들어가게 되었다. 이 곳은 예전에 '아기사리'라고 불리는 아기의 무덤이 있던 곳이어서 나무가 보호된 것으로 추측된다. 이 지역 사람들은 이암나무 또는 뻣나무라고 부르기도 한다. 학교 운동장과 도로 사이에 석축과 울타리가 쳐져 있으나, 아이들이 울타리 안까지 들어오므로 답압에 의한 피해가 우려된다.

진안 평지리의 이팝나무

괴산(槐山) 추점리(楸店里)의 미선나무 자생지

영 명 Natural Habitat of White Forsythia at
        Chujeom-ri, Goesan
학 명 *Abeliophyllum distichum* Nak.
소재지 충청북도 괴산군 장연면 추점리 산 144-2
지정일 1970. 1. 6.
지정 사유 특산 수종의 자생지
소 유 개인(괴산군 관리)

자생지의 특징

면적 / 7798㎡

특징 / 농경지에 인접한 작은 야산의 아랫자락에 분포한다. 주변은 활잡목으로 이루어져 있으나 이 자생지는 경사가 급하고 토량이 적어 미선나무 외에 다른 큰 나무들은 전혀 없다. 이 지역은 미선나무 군락이라고 할 수 있을 만큼 미선나무가 전체적으로 분포하지만 밀생하고 있지는 않다. 그 밖에 사위질빵·쑥·나도국수나무·두릅나무·새·붉나무·칡·청미래덩굴·굴피나무·산딸기·개회나무·다래나무·개머루·노박덩굴·찔레·담쟁이덩굴·멍석딸기 등의 어린 나무들이 있다.

유래 및 보호상의 특징

울타리가 있어 주변 식생으로부터 보호받고 있으나, 군락이 크게 번성하지 못하는 이유는 아직도 남채가 계속되기 때문인 것으로 생각된다. 당장에 보호상의 큰 문제는 없으나 이러한 보존 의식에 대한 홍보가 필요하다.

괴산 추점리의 미선나무 자생지

꽃

괴산(槐山) 율지리(栗池里)의 미선나무 자생지

영 명 Natural Habitat of White Forsythia at Yulji-ri, Goesan
학 명 *Abeliophyllum distichum* Nak.
소재지 충청북도 괴산군 칠성면 율지리 산 12
지정일 1970. 1. 6.
지정 사유 특산 수종의 자생지
소 유 개인(괴산군 관리)

자생지의 특징

면적 / 14,400 m²

특징 / 괴산읍에서 동북쪽으로 15km 떨어진 칠성면 율지리 마을에서 멀지 않은 야산 중턱에 위치한다. 이 자생지는 바위들이 널려 있는 전석지(轉石地)이며, 뒤쪽에는 소나무와 활엽수들이 함께 있는 혼효림이 있고, 자생지 주변으로는 큰 나무 몇 그루만이 있다. 울타리로 보호되는 자생지 안쪽과 주변의 상층은 완전 소개된 낮은 관목들과 초본으로 이루어져 있다. 근처 식생은 짝자래나무·갈마가지나무·개암나무·조록싸리·졸참나무 및 떡갈나무의 맹아, 생강나무·땅비싸리·국수나무·쥐똥나무·으아리류·고사리·오이풀 등 다양한 식물이 보인다.

유래 및 보호상의 특징

남채되지 않는 한 당장의 특별한 위협 요인은 없는 것으로 보인다.

괴산 율지리의 미선나무 자생지

열매

영동(永同) 영국사(寧國寺)의 은행나무

영 명 Ginkgo Tree in the precincts of
      Yeongguksa, Yeongdong
학 명 *Ginkgo biloba* L.
소재지 충청북도 영동군 양산면 누교리 1395-14
지정일 1970. 4. 24.
지정 사유 노거수
소 유 국가 및 개인(영동군 관리)

나무의 특징

크기 / 높이 18m, 가슴높이줄기둘레 6.1m,

     가지 길이(동 7m, 서 7m, 남 13m, 북 6m)

면적 / 7851 m²

수령 / 약 500년

특징 / 천태산의 영국사에서 200m쯤 떨어진 길 한쪽에 있으며, 주변에는 영국사에서 경작하는 농경지가 있다. 수세는 왕성한 편이며, 암나무로서 매년 맺는 많은 열매는 약으로 쓴다고 한다. 높이 2m쯤 되는 곳에서 가지가 두 갈래로 갈라졌는데, 그 중 한 가지는 땅에 닿아 뿌리를 내려 독립된 나무로 자라며, 다른 큰 가지 하나는 원줄기와 연결되어 있다.

유래 및 보호상의 특징

유래는 알려져 있지 않으며, 산자락의 높은 곳에서 자라므로 특별한 훼손의 우려나 관리상의 어려움은 없는 것으로 보인다.

영동 영국사의 은행나무

밑동

선산(善山) 농소(農所)의 은행나무

영 명 Ginkgo Tree at Nongso, Seonsan
학 명 *Ginkgo biloba* L.
소재지 경상북도 구미시 옥성면 농소리 436
지정일 1970. 5. 28.
지정 사유 노거수
소 유 국가 및 개인(구미시 관리)

나무의 특징

크기 / 높이 30m,

　　　　가지 길이(동 10.2m, 서 8.3m, 남 11.4m, 북 8.6m)

면적 / 7851m²

수령 / 미상

특징 / 이 나무는 선산읍에서 25번 국도를 타고 예천 쪽으로 가다 보면 옥성면 농소 2리 마을 입구에 서 있다. 줄기는 높이 3m 정도에서 3개로 크게 갈라져 비슷한 높이로 자랐으며, 밑동 부분부터 크고 작은 맹아지(萌芽枝)가 많다. 그 가운데 일부는 아주 굵게 자라 전체적으로 큰 나무를 형성하고 있다. 수세는 아주 좋은 편이다.

유래 및 보호상의 특징

이 나무의 유래는 명확하지 않다. 그러나 뒷산에 있는 골짜기를 '굴바윗골 절터 양지'라고 부르고 있고, 이 곳에 도요지의 흔적과 돌담이 여기저기 흩어져 있는 점으로 보아 한때는 사찰이나 장터가 있었던 것으로 추측된다. 이 때의 사찰과 관련되어 은행나무를 심었을 것으로 유추하고 있다.

마을에서는 당산목으로 여겨 잘 보호해 왔으며, 매년 10월에 적당한 날을 골라 동제를 올린다. 이 나뭇가지에는 새도 앉지 않았다고 하며, 또 이 나무에 욕심이 나서 잔가지를 잘라 갔던 사람들은 곧 뉘우치고 제사를 드렸다고 한다. 현재는 꼭대기에 까치 둥지가 있다.

선산 농소의 은행나무

밑동

열매

215

양주(楊州) 양지리(陽地里)의 향나무

영 명 Chinese Juniper at Yangji-ri, Yangju
학 명 *Juniperus chinensis* L.
소재지 경기도 남양주시 진건면 양지리 530
지정일 1970. 11. 5.
지정 사유 노거수
소 유 국가 및 개인(남양주시 관리)

나무의 특징

크기 / 높이 13m, 가슴높이줄기둘레 3.25m,
　　　가지 길이(동 5.7m, 서 5.7m, 남 7.5m, 북 8.5m)

면적 / 7851 m²

수령 / 500년

특징 / 진접읍에서 동쪽으로 빠지는 소로를 따라 양지리로 나가면 경사가 완만한 야산의 남쪽 자락 평평한 곳에 자리잡고 있다. 앞에는 논밭과 농가가 있으며, 뒤로는 상수리나무와 소나무 등이 낮은 높이의 숲을 이루고 있다.

이 향나무는 독립수로 자라 수형이 둥글고 아름답다. 높이 2m쯤 되는 곳에서 줄기가 다섯 갈래로 갈라져, 굵은 가지는 사방으로 퍼져 있고 잔가지는 아래로 처져 있다.

유래 및 보호상의 특징

이 나무는 거창 신씨 선조의 묘를 쓰면서 함께 심은 나무이다. 주변에는 이 문중의 내력을 적은 비석과 기념관처럼 지은 관리 건물이 있다. 예전에는 제사 때 향나무의 줄기를 깎아 향으로 썼으므로 이로 인해 훼손된 흔적이 있다.

양주 양지리의 향나무

밑동

양산(梁山) 신전리(新田里)의 이팝나무

영 명 Asian Fringe Tree at Sinjeon-ri, Yangsan
학 명 *Chionanthus retusa* Lindley et Paxton
소재지 경상남도 양산시 상북면 신전리 95
지정일 1971. 9. 13.
지정 사유 노거수
소 유 국가 및 개인(양산시 관리)

나무의 특징

크기 / 높이 12m, 가슴높이줄기둘레 4.15m

면적 / 6433m²

수령 / 미상

특징 / 양산 통도사를 거쳐 내려오는 양산천과 영취산에서 내려오는 계곡의 물이 합쳐지는 곳 근처의 논 가운데에 서 있다. 나무가 아래에서부터 둘로 갈라져 있어서 마치 두 그루의 나무로 보인다. 근처에 또 하나의 큰 나무가 있다.

유래 및 보호상의 특징

마을의 당산목(堂山木)으로 지금도 금줄이 쳐져 있으며, 마을 사람들은 이 나무의 개화 상태로 한 해 경작의 풍흉을 점쳤다. 또 매년 음력 정월 보름날 나무 앞에 설치된 제단에서 한 해의 안녕을 비는 제사를 지낸다.

보호상의 특별한 문제점은 없는 것으로 보이나, 나무 앞에 만들어 놓은 제단이 나무의 생육에 장애가 될 것으로 보인다.

양산 신전리의 이팝나무

광양(光陽) 유당공원(柳唐公園)의 이팝나무

영 명 Asian Fringe Tree at Yudang Park, Gwangyang
학 명 *Chionanthus retusa* Lindley et Paxton
소재지 전라남도 광양시 광양읍 인동리 193-1
지정일 1971. 9. 13.
지정 사유 노거수
소 유 국가 및 개인(광양시 관리)

나무의 특징

크기 / 높이 17m, 가슴높이줄기둘레 3.1m

면적 / 16,293m²

수령 / 미상

특징 / 광양읍 남동쪽 외곽에 위치한 유당공원의 가장 안쪽에 돌성처럼 쌓아 놓은 축대 안에서 자라고 있다. 나무의 원줄기가 중간에서 크게 둘로 갈라져 전체적으로 아름다운 모양을 하고 있다.

유래 및 보호상의 특징

조선 시대 명종 때 광양읍 성을 축조하고 난 뒤 멀리 바다에서 성이 보이지 않도록 나무를 심었는데, 현재 공원 안에 있는 이 이팝나무를 비롯한 팽나무·느티나무·푸조나무·왕버들 등의 노거수들은 이 때에 심은 것으로 본다. 즉 조성의 목적은 군용림(軍用林)이었으며, 이 지역은 태풍이 상륙하는 곳으로 풍수해가 큰 지역이므로 방풍림의 역할도 하여 보호되었다고 한다. 현재 공원 내에 인공으로 작은 호수를 만들어 단장하는 등 시민들의 휴식 공간으로 개발하고 있다.

이 지역은 많은 사람들이 이용하기 때문에 답압으로 인하여 토양 조건이 비교적 불량한 편이다. 또 나무 주위에 석축이 있으나 뿌리의 노출, 동공(洞空) 발생 등으로 수세가 건전하지 못한 상태이므로 이에 대한 보완도 필요하다.

광양 유당공원의 이팝나무

고흥(高興) 금탑사(金塔寺)의 비자나무 숲

영 명 Torreya Forest in the precincts of
Geumtapsa, Goheung
학 명 *Torreya nucifera* Sieb. et Zucc.
소재지 전라남도 고흥군 포두면 봉림리 700
지정일 1972. 7. 31.
지정 사유 학술 연구 자원
소 유 금탑사(고흥군 관리)

숲의 특징

면적 / 97,181m²

특징 / 고흥읍에서 남동쪽에 위치한 포두 면소재지에서 약 6km 떨어진 곳에 금사마을이 있다. 이 마을 뒤쪽의 천등산 중턱에 자리잡은 금탑사 주변에 이 비자나무 숲이 펼쳐져 있다. 숲이 조성된 지역은 대체로 평탄하며 토양 조건도 양호한 편이다. 숲을 이루는 나무의 높이는 10m 정도이고, 흉고직경이 50cm나 되는 큰 나무도 있다.

사찰에서 풀베기 작업 등으로 숲을 관리하여 다른 교목성 수종과 경쟁이 없고, 생육 상태도 좋은 편이나 치수(稚樹)의 발생은 없다. 숲 주변에는 개서어나무·나도밤나무·까치박달·느티나무 및 갈참나무·졸참나무·굴참나무 등 참나무류가 번성하고 있으므로, 이를 방치할 경우 이입 가능성이 있다.

유래 및 보호상의 특징

금탑사는 신라 선덕여왕 6년에 원효대사가 창건했는데, 그 때 비자나무 숲이 암자 주변에까지 자라고 있었다는 것으로 미루어 창건 이후에 조성된 숲으로 보고 있다. 사찰에서는 보통 식용·약용·풍치수 등 다각적인 목적으로 비자나무 숲을 조성하는 예가 있다. 이 숲은 왜병의 침입, 광복 전후와 6·25전쟁을 거치는 동안 많이 파괴되었으나, 금탑사에서 잘 관리하여 현재의 모습으로 유지되고 있다.

고흥 금탑사의 비자나무 숲

열매

서울 용두동(龍頭洞) 선농단(宣農壇)의 향나무

영 명 Chinese Juniper at Seonnongdan in
Yongdu-dong, Seoul
학 명 *Juniperus chinensis* L.
소재지 서울특별시 동대문구 제기 2동 1158-1
지정일 1972. 7. 31.
지정 사유 노거수
소 유 국가(서울특별시 관리)

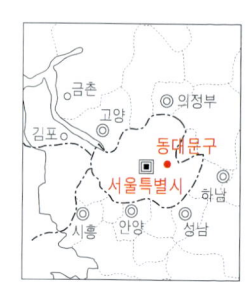

나무의 특징

크기 / 높이 10m, 가슴높이줄기둘레 2m,

　　　가지 길이(동 4.13m, 서 4.5m, 남 6.75m, 북 3.63m)

면적 / 397m²

수령 / 500년

특징 / 종암초등학교 남쪽의 언덕진 곳에 선농단이 있는데, 그 안에 있다. 약 2m 높이에서 첫째 번 굵은 줄기가 옆으로 아주 길게 자라 받침대로 받쳐 주고 있다. 주변에는 여러 그루의 향나무가 있으며, 그 밖에 수고 5~10m의 측백나무와 리기다소나무·물오리나무·아까시나무·잣나무·뽕나무·양버즘나무·현사시 등 50여 그루가 모여 작은 숲을 이루고 있다.

유래 및 보호상의 특징

우리 나라는 농사를 중히 여겨 조선 시대 태조 때부터 한양 동교(東郊)에 농사와 인연이 깊은 신농씨(神農氏)와 후직(后稷)을 주신으로 단을 쌓고 해마다 임금이 친히 나가 농사를 지어 보고 풍년을 기원하는 제사를 지냈다. 그래서 이를 행하던 단을 선농단(宣農壇)이라 한다. 이 단은 1392년에 지었으며, 향나무는 선농단이 축조될 당시에 심은 것으로 추정하고 있다. 이 곳에서 행해지던 제사는 1909년 이후 폐지되었다.

선농단의 제사가 끝나면 막걸리를 이 나무 주변에 뿌려 주었고,

쇠뼈를 곤 국물에 밥을 말아 참가한 농부들에게 나눠 준 것이 선농탕이며, 설렁탕의 기원이 되었다고 한다. 이 향나무가 자라는 제기동이란 동네 이름도 제사를 지내는 기본적인 터전〔基地〕이라는 뜻에서 생겼다고 한다.

서울 용두동 선농단의 향나무

해남(海南) 연동리(蓮洞里)의 비자나무 숲

영 명 Torreya Tree Forest at Yeondong-ri,
Haenam
학 명 *Torreya nucifera* Sieb. et Zucc.
소재지 전라남도 해남군 해남읍 연동리 산 27-1
지정일 1972. 7. 31.
지정 사유 학술림
소 유 개인(해남군 관리)

숲의 특징

면적 / 99,000㎡

특징 / 해남읍에서 남동쪽으로 연동리에 녹우당이라고 하는 해남 윤씨의 사당이 있는데, 그 뒤의 덕음산 중간에 비자나무가 숲을 이루고 있다. 이 숲에는 높이가 20m, 흉고직경이 1m 정도 되는 큰 나무도 있다. 주변의 숲은 참나무와 서어나무가 교목층을 이루고 있다.

유래 및 보호상의 특징

이 나무들은 해남 윤씨의 시조가 심은 것으로, 뒷산에 나무가 없어 바위가 드러나면 이 마을이 가난해진다는 시조의 유언 때문에 후손들이 특별히 숲을 보호하고 관리하여 오늘날과 같은 모습으로 남게 되었다고 한다.

해남 연동리의 비자나무 숲

줄기

열매

소백산(小白山)의 주목(朱木) 군락

영 명 Yew Population of Sobaeksan
학 명 *Taxus cuspidata* Sieb. et Zucc.
소재지 충청북도 단양군 가곡면 어의곡리
지정일 1973. 6. 20.
지정 사유 학술림
소 유 국가(단양군 관리)

숲의 특징

면적 / 329,310 m²

수령 / 200~500년

특징 / 소백산 연화봉에서 비로봉으로 가는 능선의 북서쪽에 이 군락이 있다. 덕유산을 비롯하여 다른 고산 지대에서도 주목의 노거수를 볼 수 있지만, 이 지역이 우리 나라에서 주목의 최대 집단 자생지이다. 약 1000여 그루의 주목이 군락을 이루고 있는데, 샘물이 솟는 숲 안쪽의 습기가 많은 곳에 노거수가 많다. 1992년에 표준 조사를 해 본 결과 주목의 평균 흉고직경은 45cm 정도이고, 한 나무가 여러 갈래로 나뉜 경우 줄기의 지름을 합쳐 보았더니 147cm로 나타났다. 특히 이 군락은 주목의 특징인 붉은 줄기를 잘 나타내고 있고, 수관이 기이하게 발달했는데, 이는 바람과 많은 적설량 때문인 것으로 추측된다.

주변에는 연화봉을 중심으로 철쭉 군락이 있으며, 그 사이에 노랑무늬붓꽃 군락, 모데미풀 군락 등 희귀 식물 군락들이 곳곳에 나타난다.

유래 및 보호상의 특징

주목 군락을 중심으로 울타리를 쳐 놓고 일반인들의 출입을 금하고 있으나, 샘물을 길으러 가는 통로로 등산객들이 들어가 주변이 다소 훼손되어 있다. 주목은 목재 또는 분재의 귀한 소재가 되기 때문에 철저한 관리가 없는 한 훼손될 우려가 많다.

소백산의 주목 군락

주목

줄기

대암산(大岩山), 대우산(大愚山) 천연보호구역

영 명 Nature Reserve of Daeamsan and Daeusan
소재지 강원도 양구군 동면 일부, 인제군 서화
　　　　면과 북면 일부
지정일 1973. 7. 10.
지정 사유 학술 연구 자원, 자연 생태계 보존
소 유 국가

천연보호구역의 특징

면적 / 약 30,743,940㎡

특징 / 이 천연보호구역은 대암산(1316m)
과 대우산(1179m)을 비롯하여 도솔산(1148m)과 가칠봉 일대, 그리고
이 산들이 둘러싸고 있는 해안펀치볼 등이 포함된다. 이 지역은 우
리 나라 중부의 서쪽 식물구계를 대표하는 지역으로 분지, 습원 등
지형적으로 다양한 특징을 지니고 있다. 특이 식물이 자생하고 있고,
동·식물의 남북한계도 동서 구분의 형상으로 나타나므로 귀한 생물
지리학적 연구 자원으로 여겨져 천연기념물로 지정되었다.

특히 대암산 서북쪽의 정상 부근은 우리 나라에서는 보기 드문 위
고층습원(僞高層濕原)이며, 독특한 식물상을 구성하고 있는 용늪이
자리잡고 있어 학계의 많은 관심을 모으고 있다. 용늪은 큰용늪〔大龍
浦〕과 작은용늪〔小龍浦〕으로 나누어진다. 작은용늪은 이미 그 원형을
상실한 상태이고, 큰용늪은 둘레 1045m, 면적 3.15ha 정도이며 이탄
층(泥炭層)이 쌓여 있다. 또 식물 군락은 물이끼 군락·삿갓사초 군
락·꼬리조팝나무 군락·꽃쥐손이풀 군락 등으로 구분할 수 있으며,
손바닥난초, 비로용담과 식충 식물인 끈끈이주걱 등 희귀 식물이 자
라고 있다.

그 밖에 식물성 플랑크톤 63종, 돌말 19종과 천연기념물인 산양과
검독수리가 관찰된 바 있으며, 도룡뇽·무당개구리·줄흰나비 등도
볼 수 있다. 또 이 지역과 이어진 두타연 계곡에서는 열목어를 비롯
한 특산 어류 10여 종이 조사되었다.

대암산의 용늪

손바닥난초

비로용담

끈끈이주걱

유래 및 보호상의 특징

　민통선 북방 지역이므로 일반인들의 출입에 의한 훼손 염려는 없으나, 군사 작전상 시계(視界) 청소 등으로 인하여 대부분의 산림 지역은 파괴된 상태이다. 용늪은 예전에 물길을 막은 적이 있어 생태계 원형 보존에 큰 지장을 준 바 있다고 한다. 천연보호구역 지정이 이 지역의 보존에 도움이 될 것으로 사료된다.

향로봉(香爐峯), 건봉산(乾鳳山) 천연보호구역

영 명 Nature Reserve of Hyangnobong and Geonbongsan
소재지 강원도 인제군 서화면, 고성군 간성읍
　　　　일부
지정일 1973. 7. 10.
지정 사유 학술 연구 자원, 생물 다양성 보존
소 유 국가

천연보호구역의 특징

면적 / 약 83,306,160 m^2

특징 / 이 천연보호구역은 강원도 고성군

과 인제군의 일부에 걸쳐 있다. 향로봉과 건봉산은 태백산맥을 동서로 가르는 분수령 지대로 우리 나라 중부 온대림의 특성을 지니고 있다. 편마암을 기반암으로 하고 있어 풍화에 대한 저항도가 강해 노출된 암반이 적고, 계곡 옆에는 평야가 발달되어 있다.

건봉사를 거쳐 건봉산으로 가는 고진동 계곡은 높은 가치의 천연 임상이 그대로 유지되고 있다. 신갈나무를 우점종(優占種)으로 하여 철쭉·산앵도나무·조록싸리·조릿대 등이 함께 출현하여 숲을 이루며, 지역에 따라서는 소나무·전나무·서어나무·층층나무도 자란다.

향로봉 지역은 해발 500 m부터 서어나무류 군락, 700 m부터 사스래나무와 함박꽃나무 군락이 특기할 만하다. 정상 부근은 시계 청소 작업으로 교목층은 제거되고 미역줄나무 등의 덩굴이 엉키거나 붉은 터리풀·하늘말나리·금강초롱 등의 희귀 식물 군락도 있다. 이 지역 역시 산세가 험하고 계곡이 깊어 해발 600 m를 넘는 일부 지역엔 낙엽 활엽수 자연림이 좋은 임상을 나타내고 있다.

계곡에는 칠성장어·산천어·금강모치·버들치·가는돌고기 등 특별한 보호가 필요한 어종들이 서식하며, 조류는 건봉산 지역에서 24종, 향로봉 지역에서 11종이 확인된 바 있다. 포유류는 모두 24종이 확인되었는데, 이 가운데 수달·사향노루·산양·곰·하늘다람쥐 등은 특별한 보호가 필요한 종이다.

향로봉, 건봉산의 천연보호구역 (사진 / 김태정)

붉은터리풀   하늘말나리

유래 및 보호상의 특징

　민통선 북방 지역이므로 일반인들의 출입이 통제되어 그에 따른 훼손의 염려는 없으나, 최근 건봉사 주변 지역을 금강산 가는 길목이라 하여 관광지화할 움직임이 있어 이에 대한 논의가 필요하다.

　이 지역의 특정한 동·식물 군락을 보호해야 함은, 훼손된 숲이 인간의 간섭이 없을 경우 변화하는 진행 과정을 관찰하는 등 여러 방면에 좋은 학술 자료가 되기 때문이다.

창덕궁(昌德宮)의 다래나무

영 명 Bower Actinidia in the precincts of
Changdeokgung, Seoul
학 명 *Actinidia arguta* Planchon et Miq.
소재지 서울특별시 종로구 와룡동 2-71
지정일 1975. 9. 2.
지정 사유 노거수
소 유 국가(문화재관리국 관리)

나무의 특징

크기 / 높이 6m, 길이 30m

수령 / 600년

특징 / 창덕궁 비원의 북쪽에 있는 대보단 옆에 깊숙이 들어가 자라고 있다. 특별히 타고 올라가는 지지대 없이 이리저리 엉키면서 자라고 있는 모습이 매우 독특하다. 또 줄기의 껍질이 얇게 벗겨져 일어나는 점도 특이하다. 높이 약 1m 부분에서 6개 정도의 굵은 줄기가 사방으로 뻗었고, 일부 줄기는 철제 구조물에 받쳐져 있다. 뿌리와 가까운 곳의 줄기는 지름이 70cm에 달하고, 아직 수세는 좋은 편이다.

유래 및 보호상의 특징

유래에 대해서는 원래부터 이 곳에 자연생으로 나 있었다는 견해와 창덕궁을 지을 당시 자연생 다래나무를 조경용으로 이 곳에 옮겨 심었다는 의견이 있다. 그러나 다래나무를 정원에 옮기는 일은 당시에 흔치 않았던 일이므로 이 궁을 지을 당시 그 자리에 자연생으로 있었을 것이라는 의견이 지배적이다. 다래나무로는 유일하게 천연기념물로 지정·보호되고 있는 나무이다.

창덕궁의 다래나무

겨울에 드러난 줄기

안동(安東) 구리(龜里)의 측백나무 자생지

영 명 Natural Habitat of Oriental Arbor-vitae
at Guri, Andong
학 명 *Thuja orientalis* L.
소재지 경상북도 안동시 남후면 광음리 산 1-1
지정일 1975. 9. 22.
지정 사유 자생지, 학술림
소 유 개인(이호원 관리)

자생지의 특징

면적 / 4998㎡

수령 / 100~200년

특징 / 안동에서 의성 방향으로 5번 국도를 따라 13km 정도 가면 낙동강 지류인 안망천을 끼고 무릉굴과 고산 서원을 지나 구리날마을이 있는데, 이 주변에 측백나무 자생지가 있다. 절벽의 바위 틈에 약 300여 그루가 관목상으로 자라고 있다. 측백나무가 자라는 이 암벽은 해발 250m 내외의 낮은 산자락이 강가까지 이어지며, 곳에 따라 70~80°의 급경사로 표토가 거의 유실되어 높이 100m 내외의 암벽만이 노출되어 있다. 주변에 조팝나무·붉나무 등의 관목류와 소나무·굴참나무·상수리나무·쉬나무·가죽나무 등의 교목이 혼생하고 있으며, 암벽 식생으로는 바위솔·돌단풍·바위기린초·부처손·금빛고사리·애기석위·바늘이끼와 같은 식물이 있다.

유래 및 보호상의 특징

측백나무는 독립수로 평지에서는 교목상으로 자라지만 이 지역에서는 관목상으로 자라고 있다. 수형이 많이 틀어지고 간신히 뿌리를 절벽에 박고 있어 생육 상태가 좋지 않은 편이다. 사람들의 접근이 불가능하여 인위적인 피해는 없으나, 이 자생지 암벽 아래로 터널이 만들어져 있으므로 차량 통행에 따른 매연 등 공해에 의한 피해가 우려된다.

안동 구리의 측백나무 자생지

이천(利川)의 백송(白松)

영 명 Lace Bark Pine at Icheon
학 명 *Pinus bungeana* Zucc.
소재지 경기도 이천시 백사면 신대리 산 32
지정일 1976. 6. 23.
지정 사유 노거수
소 유 개인(이천시 관리)

나무의 특징

크기 / 높이 15 m, 가슴높이줄기둘레 2.3 m

면적 / 314 m²

수령 / 200~300년

특징 / 이천 백사면 신대리 마을에서 약 1 km 떨어진 야산 자락에 있다. 가지는 아래에서부터 두 개로 갈라져 수형이 고르게 발달하였으며, 수세도 좋은 편이다.

유래 및 보호상의 특징

이 나무의 유래는 200여 년 전인 조선 시대에 전라 감사를 지낸 민정식(閔廷植)의 조부인 민달용(閔達鏞)의 묘소에 심은 것이라고 한다. 보호상의 특별한 문제점은 없는 것으로 보인다.

이천의 백송

수피

삼청동(三淸洞)의 등(藤)

영 명 Japanese Wistaria at Samcheong-dong, Seoul
학 명 *Wistaria japonica* Sieb. et Zucc.
소재지 서울특별시 종로구 삼청동 국무총리 공관
지정일 1976. 8. 6.
지정 사유 노거수
소 유 국가(총무처 관리)

나무의 특징

크기 / 길이 16m

수령 / 750~900년(추정)

특징 / 삼청동 국무총리 공관 안에서 자라고 있는데, 등가(藤架)에 올려져 정원수로 잘 가꾸어져 있다. 뿌리에서 나온 줄기가 옆으로 휘었다가 여러 갈래로 갈라져 올라가는데, 아래쪽 줄기는 둘레가 220cm이고, 땅에 누운 줄기는 윗부분이 썩어서 외과 시술을 받았으며, 아랫부분은 살아 있다.

유래 및 보호상의 특징

공관 안은 일반인의 출입이 통제되어 있고 잘 알려져 있지 않아 관리·보호 역시 잘 되고 있다. 현재 자생 여부 등 지정에 따른 논란이 많다.

삼청동의 등 (사진/노영대)

외과 시술을 받은 줄기

삼청동(三淸洞)의 측백나무

영 명 Oriental Arbor-vitae at Samcheong-dong, Seoul
학 명 *Thuja orientalis* L.
소재지 서울특별시 종로구 삼청동 국무총리 공관
지정일 1976. 8. 6.
지정 사유 노거수
소 유 국가(총무처 관리)

나무의 특징

크기 / 높이 11m, 가슴높이줄기둘레 2.25m

수령 / 300년

특징 / 삼청동 국무총리 공관의 정원 안에서 교목상으로 크게 자라고 있다. 줄기는 높이 2.5m 되는 곳에서 크게 5갈래로 갈라졌으며, 곳곳에 혹 같은 옹이가 있고, 뿌리목 부근의 줄기 둘레는 220cm에 달한다.

유래 및 보호상의 특징

총리 공관은 본래 조선 시대 말엽에 지어진 태화궁이었는데, 대한민국 정부 수립 후 국회의장 공관으로 쓰였다가 현재에 이르고 있다. 이 측백나무는 궁이 지어질 당시 큰 나무를 옮겼을 것으로 추정한다. 잘 보존되고 있으나 포장된 도로 옆에 있는 것이 생장에 저해가 될 수 있어 우려된다.

삼청동의 측백나무 (사진/노영대)

제주(濟州) 산굼부리 분화구

영 명 Vegetation developed at Sangumburi
　　　 Crater and the Crater itself in Jeju-do
소재지 제주도 북제주군 조천읍 교래리 166-1
　　　 외 5필
지정일 1979. 6. 18.
지정 사유 학술 연구 자원
소 유 개인

분화구의 특징

면적 / 464,947㎡

특징 / 산굼부리는 한라산의 기생 화산으로, 화산이 폭발하기 이전에 마그마 안에 있는 가스나 수증기의 폭발로 인하여 화구 주위에 쇄설물(瑣屑物)이 쌓여서 생긴 것이다. 이러한 분화구를 마르(maar)라고 하는데, 우리 나라에서는 산굼부리 분화구가 유일한 것이고, 세계적으로는 일본과 독일에 몇 개가 알려져 있다.

분화구는 바깥 둘레 2067m, 안쪽 둘레 756m, 높이 100~146m의 원추형 절벽을 이루며 바닥 넓이는 26,448㎡ 정도이다. 화구 주위는 높이 400m의 평지이고, 가장 높은 언덕이 438m이다. 식생은 제주도 식생의 구성과 유사하지만 한라산과 격리 군락(隔離群落)을 이루고 있다. 수평 분포를 보면 바닥에는 용가시나무·털진달래·청미래덩굴 등이 벼과식물들과 함께 자라며, 물매화·오이풀·용담도 볼 수 있다. 남쪽의 사면은 졸참나무·물참나무 등 낙엽 활엽수종이 많고, 암벽이 돌출한 부근에는 상록 활엽수종이 자라고 있다. 또 북쪽의 사면은 동백나무·구실잣밤나무·붉가시나무·종가시나무·먼나무·센달나무·식나무·참식나무·생달나무·흰새덕이·사스레피나무 등의 상록 활엽수종이 군락을 형성하고 있다. 그 밖에 변산바람꽃·금새우난·새우난·개족도리 등과 같은 희귀 식물도 서식하고 있다.

제주 산굼부리 분화구

유래 및 보호상의 특징

　산굼부리는 제주도의 유명한 관광지 가운데 하나로, 분화구 속에
는 예전에 사람이 살았던 집터의 흔적이 있다. 출입이 통제되어 있
어 인위적인 파괴는 적으나 바닷의 덩굴성 잡목들이 상록수림에 침
입하지 않도록 해야 한다.

산굼부리 분화구 안의 식생

산굼부리 표석

구실잣밤나무

종가시나무

개족도리

금새우난

247

용주사(龍珠寺)의 회양나무(회양목) – 해제

영 명 Korean Box Tree in the precincts of Yongjusa
학 명 *Buxus microphylla* var. *koreana* Nak.
소재지 경기도 화성군 태안읍 송산리 188
지정일 1979. 12. 11.
지정 사유 노거수
소 유 용주사(용주사 관리)
해제일 2002. 6. 29.
해제 사유 주변 환경 악화로 인한 고사

나무의 특징

크기 / 높이 4.6m, 가슴높이줄기둘레 53cm

면적 / 10㎡

수령 / 300년

특징 / 용주사 대웅전 앞에 있는데, 회양나무로서는 유일하게 천연기념물로 지정된 나무이다. 천연기념물로 지정된 다른 나무보다 작은 편이지만 회양나무 가운데서는 크고 오래 된 나무이며, 또 회양나무로서는 드물게 교목상으로 자라고 있다.

유래 및 보호상의 특징

지금의 용주사 터는 일찍이 문성왕 때 염거화상이 창건한 갈량사라는 사찰이었으나, 병자호란 때 소실되어 폐사되었다가 정조가 사도세자의 원침(原寢)을 화산(華山)으로 옮기면서 능사(陵寺)로 다시 일으킨 유서 깊은 사찰이다. 화산의 서북쪽에 사도세자와 세자비 홍씨의 융릉이 있고, 서남쪽에 조선 왕조 정조와 효의왕후 김씨의 건릉이 자리잡고 있다. 낙성식을 할 즈음, 정조의 꿈에 용이 여의주를 물고 승천하여 사찰의 이름이 용주사가 되었다고 전해진다.

이 나무는 용주사를 중창할 당시 기념수로 심은 것이라고 전해지는데, 용주사의 대웅전이 1790년에 세워졌고 식수 당시 상당히 큰 나무였을 것으로 생각되어 수령을 약 300년으로 추정하고 있다.

1990년 여름부터 해충에 의한 피해가 있어 치료를 받은 바 있다.

248

용주사의 회양나무

잎

괴산(槐山) 사담리(沙潭里)의 망개나무 자생지

영 명 Natural Habitat of Korean Berchemia at Sadam-ri, Goesan
학 명 *Berchemia berchemiaefolia* Koidz.
소재지 충청북도 괴산군 청천면 사담리 8-1 외 2필
지정일 1980. 9. 29.
지정 사유 희귀 수종 자생지
소 유 국가(괴산군 관리)

자생지의 특징

면적 / 1,116,046 m²

특징 / 청천면의 신월천을 따라가는 37번 도로 양쪽에 있는 남산과 덕가산 주변의 계곡에서 주로 자생한다. 남산 북쪽에 위치한 운덕암으로 오르는 계곡 주변에 특히 많은데, 냇가의 전석지와 바위 틈에서 400그루 정도가 자라고 있다.

유래 및 보호상의 특징

속리산 국립공원 경계 주변에 있으므로 현재 특별한 보호 조처 없이 자생하고 있다. 자생지 부근의 계곡이 유원지화될 가능성이 있으므로 이에 대한 보호 조처가 필요하다.

괴산 사담리의 망개나무 자생지

꽃

열매 (사진／오병훈)

장흥(長興) 용산면(蓉山面)의 푸조나무

영 명 Muku Tree at Yongsan-myeon, Jangheung
학 명 *Aphananthe aspera* Planchon
소재지 전라남도 장흥군 용산면 어산리 289-2
지정일 1982. 11. 4.
지정 사유 노거수
소 유 국가 및 공유(장흥군 관리)

나무의 특징

크기 / 높이 23m, 가슴높이줄기둘레 6m,

   가지 길이(동 18.5m, 서 14m, 남 17.5m, 북 18m)

면적 / 1762m²

수령 / 400년

특징 / 장흥에서 23번 국도를 따라 관산 방향으로 가다 보면 어산리 마을 앞의 논과 경계가 되는 부근에 자리잡고 있다. 줄기에 굴곡이 많으며, 가장 아래쪽의 굵은 가지가 옆으로 길게 발달한 것이 특색 있다.

유래 및 보호상의 특징

오래 전에는 이 부근에 여러 그루의 나무가 있었는데, 그 가운데 서 유독 이 나무가 크고 모양이 아름다워 다른 나무는 없애고 이 나 무만 남겨 마을의 정자목으로 이용했다고 한다. 또 마을 사람들은 매년 봄 이 나무의 잎이 일시에 고루 돋아 피면 그 해에는 풍년이 든다고 믿었다고 한다.

장흥 용산면의 푸조나무

잎

부산(釜山) 수영동(水營洞)의 곰솔

영 명 Japanese Black Pine at Suyeong-dong, Busan
학 명 *Pinus thunbergii* Parl.
소재지 부산광역시 수영구 수영동 229-1 외 1필
지정일 1982. 11. 4.
지정 사유 노거수
소 유 공유(이임무 관리)

나무의 특징

크기 / 높이 22m, 가슴높이줄기둘레 4.5m,

　　　가지 길이(동 8m, 서 11m, 남 9.6m, 북 12.1m)

면적 / 314m²

수령 / 400년

특징 / 부산의 수영동 수영공원 안에 있는데, 앞에 아치형의 석문이 있다. 수고가 높아 지하고(枝下高)만 12m나 되며, 수피가 거북의 등처럼 갈라져 있다.

유래 및 보호상의 특징

　조선 시대에는 이 곳에 좌수영이 있었는데, 그 당시 이 나무를 군신목(軍神木)으로 삼아 군사들이 무사하기를 기원했다고 한다. 옆에 당집과 장승이 서 있고, 앞쪽에 곰솔 노거수가 한 그루 더 있다.

부산 수영동의 곰솔

서울 신림동(新林洞)의 굴참나무

영 명 Oriental Cork Oak Tree at Sillim-dong, Seoul
학 명 *Quercus variabilis* Blume
소재지 서울특별시 관악구 신림동 산 112-1
　　　　 외 2필
지정일 1982. 11. 4.
지정 사유 노거수
소 유 개인(서울특별시 관리)

나무의 특징

크기 / 높이 17m, 가슴높이줄기둘레 2.5m,
　　　　가지 길이(동서 20m, 남북 8.4m)

면적 / 324m²

수령 / 1000년

특징 / 신림동의 아파트 단지 내에 있다. 경사지에 터를 잡아 아파트를 신축했기 때문에 이 나무는 마치 아래로 내려앉아 자라는 것처럼 보인다. 나무는 아주 큰 편이 아니어서 1m 정도 높이에서 긴 줄기가 하나 발달하고, 이보다 2m 정도 위에서 가지가 퍼진다. 지금도 도토리가 열린다.

유래 및 보호상의 특징

강감찬 장군이 이 곳을 지나다가 지팡이를 꽂았는데 그것이 자라 오늘의 굴참나무가 되었다는 이야기가 있다. 따라서 이 시기를 기준으로 수령을 추정하고 있으나, 나무의 굵기 등 여러 특성상 이보다 훨씬 나이가 적다는 견해도 있다. 예전에는 마을에서 매년 음력 정월 보름에 마을의 평안을 비는 제사를 지내기도 했다고 한다.

아파트가 건립될 당시 나무에 미치는 영향 평가로 문제가 있었는데, 지금도 광선을 가리는 시간이 많아 문제가 되고 있다. 또 나무 아래쪽이 아파트 입구로 가는 길이어서, 여름에는 나무 아래로 주민들이 많이 찾아와 답압(踏壓)에 의하여 토양이 단단해져 있다. 이에 대한 보완이 시급하다.

서울 신림동의 굴참나무

잎

삼척(三陟) 하장면(下長面)의 느릅나무

영 명 Japanese Elm Tree at Hajang-myeon, Samcheok
학 명 *Ulmus davidiana* var. *japonica* Nak.
소재지 강원도 삼척시 하장면 갈전리 415-1
　　　　외 3필
지정일 1982. 11. 4.
지정 사유 노거수
소 유 개인(삼척시 관리)

나무의 특징

크기 / 높이 31m, 가슴높이줄기둘레 3m

면적 / 1681 m²

수령 / 400년

특징 / 산골 마을 한쪽에 독립수로 심어져 있으며 주변은 밭이다. 높이 3m쯤 되는 곳에서 가지가 크게 갈라져 있는데, 갈라져 나간 가지는 현재 죽어 있어 수형이 전체적으로 기울어져 있다. 수세가 그리 왕성하지 못하다.

유래 및 보호상의 특징

　갈전 남씨의 조상이 이 곳에 터를 잡으면서 100년생 느릅나무를 심었던 것이 자란 것이라고 전해진다. 그러나 예전에 이런 느릅나무가 한 그루 더 있었고, 주변에 이 나무와 비슷한 굵기의 음나무·갈참나무 등이 있는 것으로 보아 이 나무도 원래 있었던 것일 가능성도 있다.

　이 나무는 마을의 서낭목으로 마을 사람들은 정월 보름에 이 나무 아래에서 제를 올린다. 나무에 왜가리가 찾아와서 서식하고 새끼를 치기 때문에 더욱 신성시하는 것으로 보인다. 그러나 왜가리의 수가 많고 배설물이 잎과 가지에 떨어져 이로 인해 나무가 약해져 있다.

삼척 하장면의 느릅나무 (사진/전정일)

영주(榮州) 안정면(安定面)의 느티나무

영 명 Zelkova Tree at Anjeong-myeon,
　　　Yeongju
학 명 *Zelkova serrata* Makino
소재지 경상북도 영주시 안정면 단촌리 184 등
　　　6필
지정일 1982. 11. 4.
지정 사유 노거수
소 유 국가 및 개인(영주시 관리)

나무의 특징

크기 / 높이 16.5m, 가슴높이줄기둘레 10m,

　　　가지 길이(동 10.2m, 서 11.5m, 남 14m, 북 10.5m)

면적 / 400m²

수령 / 500년

특징 / 안정면 단촌리 마을의 논 한가운데의 작은 단 위에서 자라고
있다. 주변에 막힌 것이 없어 수관이 둥글게 잘 발달해 있다. 밑동의
굵기로 보아 아주 큰 노거수인데, 굵은 가지 여러 개가 잘려서 수관
을 이루는 가지는 밑동에 비해 가늘다.

유래 및 보호상의 특징

　이 나무와 관련된 특별한 유래는 없으나 마을의 정자목과 수호목
으로 보호받고 있다. 음력 8월 보름이면 온 마을 사람들이 나무 아
래에 모여서 마을의 평안과 풍년을 기원하는 동제를 지낸다.

　최근 조기 낙엽 현상이 있으며, 나무 주변에 낮은 울타리가 있으
나 답압으로 토양이 단단하게 굳어 있다.

영주 안정면의 느티나무

잎

밑동

261

영주(榮州) 순흥면(順興面)의 느티나무

영 명 Zelkova Tree at Sunheung-myeon, Yeongju
학 명 *Zelkova serrata* Makino
소재지 경상북도 영주시 순흥면 태장리 303-1 등 5필
지정일 1982. 11. 4.
지정 사유 노거수
소 유 국가 및 개인(영주시 관리)

나무의 특징

크기 / 높이 18m, 가슴높이줄기둘레 8.7m,
　　　　가지 길이(동 11.5m, 서 14.1m, 남 12.4m, 북 11.5m)

면적 / 400㎡

수령 / 450년

특징 / 순흥면 태장리 마을로 들어가는 입구에 인삼밭과 논 옆에서 자라고 있다. 줄기는 높이 2m 정도 되는 곳에서 5갈래로 갈라져 있는데, 줄기의 일부와 나무의 가운데 부분은 죽어 있으며, 상처 등으로 인한 혹이 발달해 있다.

유래 및 보호상의 특징

이 나무에 대해 알려진 유래는 없고, 마을의 정자목과 마을을 지키는 신목으로 보호받고 있다. 마을 사람들은 매년 정월 보름에 나무 아래에 마련된 제단에서 동제를 올리며 마을의 안녕과 풍년을 기원한다. 수세는 아직 좋은 편이며, 나무에 비해 축대와 철책이 작아 보인다.

영주 순흥면의 느티나무

줄기

밑동에 발달한 혹과 제단

안동(安東) 녹전면(祿轉面)의 느티나무

영 명 Zelkova Tree at Nokjeon-myeon, Andong
학 명 *Zelkova serrata* Makino
소재지 경상북도 안동시 녹전면 사신리 256
  외 3필
지정일 1982. 11. 4.
지정 사유 노거수
소 유 국가 및 개인(안동시 관리)

나무의 특징

크기 / 높이 32m, 가슴높이줄기둘레 9.5m,
  가지 길이(동 16.8m, 서 15.9m, 남 15.9m, 북 12.8m)

면적 / 314m²

수령 / 700년

특징 / 이 나무는 녹전면 사신리 산골 마을 한가운데서 자라고 있다. 아래에서 크게 둘로 갈라지고 위에서 다시 둘씩 갈라졌는데, 한쪽의 큰 가지는 일제 말기에 잘라졌다고 한다. 아직까지 풍성하고 아름다운 수형으로 열매도 많이 맺고 있다.

유래 및 보호상의 특징

이 나무의 유래는 알려져 있지 않으며, 마을의 정자목과 신목으로 큰 사랑을 받아 왔다. 마을 사람들은 음력 정월 보름이면 이 나무 아래에 모여 마을의 안녕과 풍년을 기원하는 동제를 올린다. 마을 입구의 집 옆에 붙어 있어서 보호상의 어려움이 있으며, 주위에 둘러친 축대 역시 너무 작다. 토양도 답압을 받은 상태여서 나무에 좋지 않을 것 같으나, 사유지에 접해 있어 보호대를 늘릴 수도 없는 형편이다.

안동 녹전면의 느티나무

줄기

답압으로 다져진 토양

남해(南海) 고현면(古縣面)의 느티나무

영 명 Zelkova Tree at Gohyeon-myeon, Namhae
학 명 *Zelkova serrata* Makino
소재지 경상남도 남해군 고현면 갈화리 732 외 3필
지정일 1982. 11. 4.
지정 사유 노거수
소 유 국가 및 개인(남해군 관리)

나무의 특징

크기 / 높이 17.5m, 가슴높이줄기둘레 9.3m,

가지 길이(동 9.6m, 서 14.5m, 남 14.5m, 북 13.5m)

면적 / 314m²

수령 / 500년

특징 / 남해 대교를 건너 1024번 지방 도로로 서쪽 해안을 따라가다가 갈화리 마을로 들어가면 논 가운데에 서 있다. 1995년 태풍으로 인해 주가지는 부러졌다. 주변에 작은 개천이 흐르고 있으며, 현재 굵은 가지들이 많이 상한 상태이다.

유래 및 보호상의 특징

지금으로부터 약 500여 년 전 이 마을에 살던 유씨 집안의 9대조인 유동지(劉同旨)란 사람이 심은 것으로 전해진다. 마을의 정자목으로서, 마을을 지켜 주는 신목으로서 사랑을 받고 있다. 마을 사람들은 이 나무 아래에 모여 동네 일을 계획하고 뜻을 모으며, 매년 음력 정월 보름에 동제를 지낸다. 나무의 온전한 모습이 남아 있지 않으므로 천연기념물에서 해제될 가능성이 있다.

남해 고현면의 느티나무

주가지가 부러진 밑동

양주(楊州) 남면(南面)의 느티나무

영 명 Zelkova Tree at Nam-myeon, Yangju
학 명 *Zelkova serrata* Makino
소재지 경기도 양주군 남면 황방리 136 외 2필
지정일 1982. 11. 4.
지정 사유 노거수
소유 국가 및 개인(양주군 관리)

나무의 특징

크기 / 높이 21m, 가슴높이줄기둘레 7.3m,
　　　　가지 길이(동서 27m, 남북 27.3m)

면적 / 1084㎡

수령 / 850년

특징 / 마을 입구의 냇가와 도로 옆의 평평한 지역에 자리잡고 있으며, 앞에는 논이 있다. 줄기가 아래에서부터 여러 갈래로 갈라져 있고, 중심 부분은 썩어서 동공(洞空)이 생겼으나 아직까지 수세는 비교적 좋은 편이다.

유래 및 보호상의 특징

이 나무는 이 마을에 살던 밀양 박씨의 선조가 심은 것이며, 후손들의 보살핌 덕분에 큰 나무로 자랐다고 한다. 마을의 정자목 구실을 하고 있다.

양주 남면의 느티나무

외과 시술을 받은 밑동

원성(原城) 흥업면(興業面)의 느티나무

영 명 Zelkova Tree at Heungeop-myeon, Wonseong
학 명 *Zelkova serrata* Makino
소재지 강원도 원주시 흥업면 대안리 2230 외 2필
지정일 1982. 11. 4.
지정 사유 노거수
소 유 국가 및 개인(원주시 관리)

나무의 특징

크기 / 높이 22m, 가슴높이줄기둘레 7.6m,
　　　가지 길이(동서 25m, 남북 24m)

면적 / 346m²

수령 / 400년

특징 / 원주시에서 서남쪽으로 7km쯤 떨어져 있는 대안리 마을의 야산에 서 있는데, 독립수로 가지가 사방으로 잘 퍼져 있다. 뿌리목 줄기둘레가 9.8m에 이르며, 줄기의 가운데 부분이 썩고 불에 탄 흔적이 있다. 현재는 수술을 하여 가운데가 비어 있는 상태이다.

유래 및 보호상의 특징

전해 오는 특별한 유래는 없으며, 마을의 정자목 구실을 하고 있다. 보호상의 문제점은 보이지 않는다.

원성 흥업면의 느티나무

잎

밑동

271

김제(金堤) 봉남면(鳳南面)의 느티나무

영 명 Zelkova Tree at Bongnam-myeon, Gimje
학 명 *Zelkova serrata* Makino
소재지 전라북도 김제시 봉남면 행촌리 230-2
　　　　외 3필
지정일 1982. 11. 4.
지정 사유 노거수
소 유 국가 및 개인(김제시 관리)

나무의 특징

크기 / 높이 15m, 가슴높이줄기둘레 7.9m,
　　　뿌리목 줄기 둘레 17m,
　　　가지 길이(동 6m, 서 7.4m, 남 7.8m, 북 9m)

면적 / 4569m²

수령 / 600년

특징 / 행정상으로는 김제 봉남면 행촌리의 느티나무이나, 구정리에 있는 동영마을로 들어가야 만날 수 있다. 마을의 정자목으로 높이가 5m쯤 되는 곳에서 원줄기 없이 가지가 갈라져 매우 독특한 가지 발달을 보이고 있다. 줄기 밑부분에는 지름 2m 정도의 큰 구멍이 있다.

유래 및 보호상의 특징

이 나무 옆에는 약 30cm 높이의 암반이 있는데, 사람들은 이 암반 높이가 조금만 더 높았더라면 역적이 날 뻔했다는 이야기를 한다. 마을 사람들은 이 나무를 '당산(堂山) 나무'라 부르며, 매년 정월 보름에 동제를 지내고 나무 줄기에 동아줄을 매어 줄다리기를 한다고 한다. 한때 큰 나뭇가지가 부러져, 이를 사겠다는 사람이 찾아왔으나 신목으로 여기는 마을 사람들은 팔지 않았다고 한다.

나무 옆에는 정자가 하나 있는데, 옛날에 이 곳을 지나가던 배풍이란 풍수지리사가 익산대(益山臺)라 이름하여 불려 내려왔으나, 지금은 반월정(半月亭)이라고 부른다.

김제 봉남면의 느티나무

밑동의 구멍과 제단

안내판

남원(南原) 보절면(寶節面)의 느티나무

영 명 Zelkova Tree at Bojeol-myeon, Namwon
학 명 *Zelkova serrata* Makino
소재지 전라북도 남원시 보절면 진기리 495 외 3필
지정일 1982. 11. 4.
지정 사유 노거수
소 유 개인(남원시 관리)

나무의 특징

크기 / 높이 19m, 가슴높이줄기둘레 7.7m,
　　　　가지 길이(동 11.7m, 서 12.6m, 남 13m, 북 12.8m)

면적 / 314㎡

수령 / 600년

특징 / 보절면 진기리 마을의 폐쇄된 사당 옆에 서 있는데, 수관이 부채처럼 잘 퍼진 아름다운 나무이다. 수세도 좋고 열매도 많이 맺는다. 근계(根系)의 발달이 드러나 보이며, 줄기에는 혹처럼 돌출한 부분이 많이 있다.

유래 및 보호상의 특징

　조선 세조 때 적개공신삼등(敵愾功臣三等)과 경상좌도 수군절도사를 지낸 우공이라는 무관이 있었는데, 그는 기골이 장대한 장사여서 마을 사람들이 모두 무서워했다. 어느 날 그는 마을 뒷산에서 아름드리 나무를 맨손으로 뽑아 어깨에 메고 와 심었다. 그리고 마을을 떠나면서 '누구든 이 나무를 다치게 하면 가만두지 않겠다.'고 하여 그 때부터 이 나무는 보호되었다고 한다. 후에 따로 사당을 지어 한식날이면 추모제를 올리고, 옆에는 우씨 종가의 열녀문도 있다.

　그러나 현재 크게 돌보지 않아 뿌리가 많이 드러나 있으며, 주변에 둘러친 시멘트 축대가 뿌리 발달에 장애가 되고 있다.

남원 보절면의 느티나무

줄기

뿌리의 발달을 막는 시설물

영암(靈岩) 군서면(郡西面)의 느티나무

영 명 Zelkova Tree at Gunseo-myeon, Yeongam
학 명 *Zelkova serrata* Makino
소재지 전라남도 영암군 군서면 월곡리 747–2
　　　　외 7필
지정일 1982. 11. 4.
지정 사유 노거수
소 유 국가 및 개인(영암군 관리)

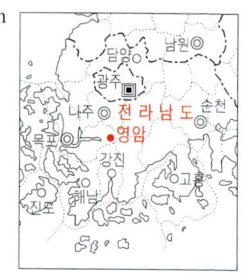

나무의 특징

　크기 / 높이 21m, 가슴높이줄기둘레 6.9m,
　　　　가지 길이(동서 28.5m, 남북 30m)
　면적 / 1106m²
　수령 / 500년
　특징 / 영암읍에서 819번 지방로를 따라 남서쪽으로 6km쯤 가면
월출산을 뒤에 두고 도로변의 경작지 한가운데에 서 있다. 높이 4m
정도에서 사방으로 가지가 뻗어 있으며, 일부 가지는 땅에 닿을 정
도로 아래로 처져 있어서 받침대로 받쳐져 있다.

유래 및 보호상의 특징

　이 나무의 유래는 밝혀져 있지 않으며, 마을의 정자목과 신목으로
보호받고 있다. 음력 정월 보름에는 나무에 금줄을 치고 풍악 놀이
를 벌이며 동제를 지낸다고 한다.

영암 군서면의 느티나무

줄기

담양(潭陽) 대전면(大田面)의 느티나무

영 명 Zelkova Tree at Daejeon-myeon, Damyang
학 명 *Zelkova serrata* Makino
소재지 전라남도 담양군 대전면 대치리 787-1
지정일 1982. 11. 4.
지정 사유 노거수
소 유 개인(한재초등학교 관리)

나무의 특징

크기 / 높이 25m, 가슴높이줄기둘레 7.8m,
　　　　가지 길이(동 14m, 서 13.6m, 남 12.8m, 북 13m)

면적 / 314m²

수령 / 600년

특징 / 담양 대전면의 한재초등학교 운동장 안에 있다. 아주 크고 수관이 모난 데 없이 잘 발달한 훌륭한 나무이다. 줄기는 끝이 손에 닿을 정도로 아래까지 골고루 발달해 있으며, 수세도 좋은 편이다.

유래 및 보호상의 특징

이 나무가 서 있는 곳은 옛날에 한재골이라는 마을이었다. 조선 태조가 전국의 명산에 치성을 드리고 다니던 중 이 곳에 왔다가 기념으로 이 나무를 심었다고 한다. 당시에는 이 곳이 한양으로 가는 길목이어서 이 고장의 명물로 보호되어 왔으며, 지금도 마을 사람들의 쉼터로 사랑을 받고 있다.

담양 대전면의 느티나무

줄기

느티나무의 유래를 알리는 돌비석

영주(榮州) 단산면(丹山面)의 갈참나무

영 명 Oriental White Oak at Dansan-myeon, Yeongju
학 명 *Quercus aliena* Blume
소재지 경상북도 영주시 단산면 병산리 산 338
지정일 1982. 11. 4.
지정 사유 노거수
소 유 개인(영주시 관리)

나무의 특징

크기 / 높이 15m, 가슴높이줄기둘레 3m

면적 / 400㎡

수령 / 300년

특징 / 갈참나무 가운데 유일하게 천연기념물로 지정된 나무이며, 한쪽 가지는 손에 닿을 듯이 언덕 아래까지 길게 뻗어 내려와 있다. 가을에 결실 상태도 좋다.

유래 및 보호상의 특징

이 나무는 창원 황씨의 봉례공(奉禮公) 황전(黃纏)이 조선 세종 8년에 선무랑 통례원 봉례(宣務郎通禮院奉禮)의 벼슬을 할 때 이 마을에 와서 심었다고 한다. 마을 사람들은 이 나무를 마을을 지켜 주는 신목으로 여겨, 지금도 매년 정월 보름이면 나무 아래에 모여 마을의 안녕과 풍년을 비는 동제를 올린다. 나무 밑동을 둘러싸고 있는 시멘트 포장과 나무에 기생하는 겨우살이(한때 제거를 했으나 또 발생했다.)가 있어 생육에 지장을 주고 있다.

나무에 기생하는 겨우살이

영주 단산면의 갈참나무

밑동

잎

파주(坡州) 적성면(積城面)의 물푸레나무

영 명 Korean Ash at Jeokseong-myeon, Paju
학 명 *Fraxinus rhynchophylla* Hance
소재지 경기도 파주시 적성면 무건리 465
지정일 1982. 11. 4.
지정 사유 노거수
소 유 개인(파주시 관리)

나무의 특징

크기 / 높이 13.5m, 가슴높이줄기둘레 2.7m,
　　　　가지 길이(동 5.3m, 서 5.8m, 남 4.2m, 북 5.2m)

면적 / 441m²

수령 / 150년

특징 / 파주시 법원읍에서 적성면 방향으로 가는 307번 국도를 따라가다 오른쪽으로 1.2km쯤 더 가면 무건리라는 마을이 있는데, 이 마을에 전국에서 가장 큰 물푸레나무가 서 있다. 이 나무는 물푸레나무 중 천연기념물로 지정된 유일한 나무로 줄기가 위로 자라 마치 2층으로 된 듯한 수관을 형성하고 있다.

물푸레나무는 물푸레나무과에 속하는 낙엽성 교목으로 목재는 단단하고 수피는 약으로 사용된다. 잎을 따서 물에 담그면 파란색이 흘러나와 이름이 물푸레나무가 되었다.

유래 및 보호상의 특징

이 나무에 대한 특별한 유래는 없다. 예전에 이 곳은 100여 가구가 모여 살던 마을로 이 나무가 정자목의 구실을 하였다. 그러나 현재 이 곳은 군의 사격장이 되어 집들은 사라지고 나무만이 남아 있다. 비포장 도로 옆에 인접해 있어서 주변에서 발생하는 먼지 외에 특별한 위험 요소는 없다.

파주 적성면의 물푸레나무

사천(泗川) 곤양면(昆陽面)의 비자나무

영 명 Torreya Tree at Gonyang-myeon, Sacheon
학 명 *Torreya nucifera* Sieb. et Zucc.
소재지 경상남도 사천시 곤양면 성내리 194-9
　　　　외 3필
지정일 1982. 11. 4.
지정 사유 노거수
소 유 개인(사천시 관리)

나무의 특징

　크기 / 높이 21m, 가슴높이줄기둘레 3.8m,
　　　　　가지 길이(동 5.4m, 서 7.6m, 남 4m, 북 5m)
　면적 / 494 m²
　수령 / 300년
　특징 / 사천시 곤양 면사무소 앞마당에 서 있다. 수형은 옆으로 퍼지지 않고 위로 올라가 있으며, 밑동에는 수많은 맹아지(萌芽枝)의 흔적이 남아 있다. 이 나무는 본래 암나무로 알려져 있으나 최근 일부 가지에 수꽃이 달리기 시작했다는 기록이 있으며, 10m쯤 떨어진 옆에 작은 수나무가 한 그루 서 있다.

유래 및 보호상의 특징

　이 나무는 조선 시대 때에는 곤양 군청 정문에 서 있었으나 현재는 면사무소 안에 들어와 있다. 두 비자나무 사이에 배구 네트가 매어져 있고, 아주 가까운 곳에 은행나무 등이 식재되어 있어 이 나무의 생육을 저해하고 있다.

사천 곤양면의 비자나무

밑동

안동(安東) 임동면(臨東面)의 굴참나무

영 명 Oriental Cork Oak Tree at Imdong-myeon, Andong
학 명 *Quercus variabilis* Blume
소재지 경상북도 안동시 임동면 대곡리 583
지정일 1982. 11. 4.
지정 사유 노거수
소 유 개인(안동시 관리)

나무의 특징

크기 / 높이 18m, 가슴높이줄기둘레 5.1m,
가지 길이(동서 26.2m, 남북 26.8m)

면적 / 314m²

수령 / 400~500년

특징 / 경북 안동에서 영덕으로 가는 34번 국도를 가다 임동마을에서 919번 비포장 지방 도로를 따라 30km쯤 달리면 대곡리에 이른다. 굴참나무는 이 마을 북서쪽 300m 정도 높이의 산비탈에서 마을을 내려다보며 서 있다. 현재 보호되고 있는 굴참나무 중에서 가장 수세가 강건하고 수형이 잘 발달한 나무이다. 이 지역에서는 굴참나무를 참나무, 열매인 도토리를 꿀밤이라고 한다.

유래 및 보호상의 특징

이 나무는 400년 전 안동 김씨가 이 곳에 마을을 형성하며 심었다고 전해진다. 마을에서는 농사일을 마친 음력 7월 중 적당한 날을 택하여 논길을 보수하고 잡초를 베는 초연(草宴)을 행하는데, 일이 끝나면 온 동네 사람들이 이 나무 아래에 모여 제를 올리고 음식을 나누어 먹는다고 한다. 봄에 이 나무에 소쩍새가 와서 울면 풍년이 든다는 믿음도 있다.

나무 옆에 쌓아 놓은 돌제단이 나무 한쪽 줄기의 생장에 장애가 되는 것으로 보이며, 주변에는 후계목이 될 만한 작은 나무 한 그루가 자라고 있다.

안동 임동면의 굴참나무

밑동

열매

287

합천(陝川) 묘산면(妙山面)의 소나무

영 명 Japanese Red Pine at Myosan-myeon, Hapcheon
학 명 *Pinus densiflora* Sieb. et Zucc.
소재지 경상남도 합천군 묘산면 화양리 835 외 1필
지정일 1982. 11. 4.
지정 사유 노거수
소 유 국가 및 개인(합천군 관리)

나무의 특징

크기 / 높이 17.5m, 가슴높이줄기둘레 5.5m,

　　　　가지 길이(동 12m, 서 13m, 남 12m, 북 11.4m)

면적 / 2116m²

수령 / 400년

특징 / 합천에서 해인사 쪽으로 가는 26번 국도에서 다시 산으로 난 길을 따라 끝까지 올라가면 해발 500m 정도 되는 곳에 나곡마을이 있는데, 이 마을의 논 가운데에 서 있다. 가지가 약 1m 높이에서 갈라져 다시 아래로 처지듯 발달하였는데, 그 모습이 매우 독특하고 수려하다. 특히 나무 껍질이 거북 등처럼 갈라져 있고, 가지가 적절히 굽어 용처럼 생겼다 하여 구룡목(龜龍木)이라고도 한다. 옆에는 지름 20cm 정도의 소나무가 함께 자라고 있다.

유래 및 보호상의 특징

이 마을에는 연안 김씨의 후손들이 살고 있는데, 그들에 의하면 조선 광해군 4년에 연흥 부원군 김제남이 영창 대군을 추대하려 한다는 무고를 받고 역적으로 몰려 삼족이 멸하게 되자, 재종형 되는 사람이 화를 피하여 이 소나무 아래에 초막을 짓고 살기 시작하여 일가를 이루었다고 한다. 마을 사람들은 이 나무를 마을을 지켜 주는 신목으로 여기고 있다.

합천 묘산면의 소나무

줄기

289

괴산(槐山) 청천면(靑川面)의 소나무

영 명 Japanese Red Pine at Cheongcheon-
　　　myeon, Goesan
학 명 *Pinus densiflora* S. et Z.
소재지 충청북도 괴산군 청천면 삼송리 250
지정일 1982. 11. 4.
지정 사유 노거수
소 유 개인(괴산군 관리)

나무의 특징

크기 / 높이 12.5m, 가슴높이줄기둘레 4.7m,

　　　 가지 길이(동 11m, 서 11m, 남 12m, 북 12m)

면적 / 3849m²

수령 / 600년

특징 / 마을에서 산 쪽으로 올라가다 보면 마을이 한눈에 내려다보이는 언덕에 작은 소나무 숲이 있는데, 그 가운데에 이 소나무가 서 있다. 이 숲에서 가장 굵어 왕소나무라고도 하며, 줄기의 모습이 마치 용이 꿈틀거리는 듯이 보인다 하여 용송(龍松)이라고도 한다. 줄기는 색깔이 매우 붉으며, 2m 정도 높이에서 두 갈래로 갈라지고 좀 더 위에서 다시 갈라져 전체적으로 우산처럼 아름다운 수관을 형성한다.

유래 및 보호상의 특징

예전에는 이 나무 외에 2그루의 소나무가 더 있어서 마을의 이름도 삼송리가 되었다고 한다. 이 나무는 마을의 신목, 당산목으로 잘 보호되고 있다. 수세는 좋은 편이며 결실도 양호하다.

괴산 청천면의 소나무

줄기

무주(茂朱) 설천면(雪川面)의 반송

영 명 Multistemmed Japanese Red Pine at Seolcheon-myeon, Muju
학 명 *Pinus densiflora* for. *multicaulis* Uyeki
소재지 전라북도 무주군 설천면 삼공리 31
　　　　외 1필
지정일 1982. 11. 4.
지정 사유 노거수
소 유 개인(무주군 관리)

나무의 특징

크기 / 높이 17m, 가슴높이줄기둘레 5.3m,
　　　가지 길이(동서 14.3m, 남북 16.4m)

면적 / 248m²

수령 / 300년

특징 / 구천초등학교가 있는 보안마을에서 뒤로 난 산길을 따라 올라가면 경사진 언덕의 편평한 곳에 이 반송이 서 있다. 가지가 부챗살처럼 사방으로 갈라져 반송의 특징을 가장 잘 나타내는 큰 나무 중 하나이다. 붉은 줄기를 가지고 있으며, 결실 상태도 좋다.

유래 및 보호상의 특징

옛날에 이 마을에 살던 이주식(李周植)이라는 사람이 다른 곳에 있던 굵은 나무를 지금의 자리에 옮겨 심었다고 전해진다. 옛날에는 이 자리에 횡천면의 치소(治所)가 있었다고 한다. 마을에 들어서면 멀리서도 이 나무가 보이므로 구천동의 상징목이라는 뜻에서 구천송(九千松)이라고도 하고, 가지가 많이 발달하여 만지송(萬枝松)이라고도 한다.

무주 설천면의 반송

문경(聞慶) 농암면(籠岩面)의 반송

영 명 Multistemmed Japanese Red Pine at
　　　Nongam-myeon, Mungyeong
학 명 *Pinus densiflora* for. *multicaulis* Uyeki
소재지 경상북도 문경시 농암면 화산리 942
　　　외 3필
지정일 1982. 11. 4.
지정 사유 노거수
소 유 국가 및 개인(문경시 관리)

나무의 특징

크기 / 높이 24m, 가슴높이줄기둘레 5m,
　　　가지 길이(동서 20m, 남북 23.7m)

면적 / 376m²

수령 / 400년

특징 / 화산리에서 계곡을 끼고 산길로 올라가면 논이 끝나고 산길
로 이어지는 경계 부분에 서 있다. 나무의 줄기가 여섯 갈래로 갈라
져 있어서 육송(六松)이라 부르기도 한다.

유래 및 보호상의 특징

특별히 알려진 유래는 없으며, 이 나무를 베면 천벌을 받아 죽는
다는 믿음이 있어 보호되었던 것으로 보인다. 가지가 사방으로 갈라
져 벌어지는 것을 방지하기 위한 철제 지지물이 있다.

문경 농암면의 반송

상주(尙州) 화서면(化西面)의 반송

영 명 Multistemmed Japanese Red Pine at
Hwaseo-myeon, Sangju
학 명 *Pinus densiflora* for. *multicaulis* Uyeki
소재지 경상북도 상주시 화서면 상현리 50-1
외 2필
지정일 1982. 11. 4.
지정 사유 노거수
소 유 개인(상주시 관리)

나무의 특징

크기 / 높이 16.5m,

가슴높이줄기둘레(3간성) 2.2m · 3.3m · 4.6m,

가지 길이(동서 23.7m, 남북 25.4m)

면적 / 314m²

수령 / 400년

특징 / 이 나무는 마을 건너편에 있는 다락논 가운데 평지에서 자란다. 지면 부근에서 크게 둘로 갈라져 있어서 바라보는 장소에 따라 한 그루 같기도 하고 두 그루처럼 보이기도 한다. 전체적으로 우산 모양으로 줄기가 갈라져 수관이 매우 아름답다. 나무의 모양이 탑같이 보인다고 해서 탑송(塔松)이라고도 한다.

유래 및 보호상의 특징

마을 사람들은 이 나무를 매우 신성하게 여겨, 나무를 다치게 하는 것은 물론 낙엽만 긁어 가도 천벌을 받는다고 믿었다. 또 나무 속에 이무기가 살고 있어 안개가 낀 날에는 나무 주변이 구름에 덮인 듯이 보이고 그 속에서 이무기의 소리가 들리는 것 같다고 한다. 매년 정월 보름이면 이 나무 아래에 모여 마을의 안녕과 풍년을 기원하는 동제를 지낸다.

상주 화서면의 반송

열매

줄기

예천(醴泉) 감천면(甘泉面)의 석송령(石松靈)

영 명 Seoksongryeong at Gamcheon-myeon, Yecheon
학 명 Pinus densiflora Sieb. et Zucc.
소재지 경상북도 예천군 감천면 천향리 804 외 3필
지정일 1982. 11. 4.
지정 사유 노거수
소 유 석송령(예천군 관리)

나무의 특징

크기 / 높이 10m,

가슴높이줄기둘레(2간성) 1.9m · 3.6m,

가지 길이(동서 23.3m, 남북 30m)

면적 / 314m²

수령 / 600년

특징 / 예천에서 영주로 가는 28번 국도를 따라가다 왼쪽으로 감천면 천향리 석평마을의 마을 회관 앞에 서 있다. 굵은 밑동의 아래쪽에서부터 발달한 가지가 수평으로 넓게 퍼져 있어 수형이 독특하다.

유래 및 보호상의 특징

이 나무의 유래는 약 600년 전 풍기 지방에 큰 홍수가 났을 때, 석간천을 따라 떠내려오던 소나무를 지나가던 과객이 건져서 이 자리에 심었다고 한다. 그 뒤 이 마을에 살던 이수목(李秀睦)이라는 사람이 '석평마을에 사는 영검 있는 소나무'란 뜻으로 '석송령(石松靈)'이라는 이름을 지어 주고, 자신의 토지 6600m²를 상속하여 등기까지 내 주어 나무로서는 특별하게 재산을 소유하게 되었다. 토지 대장에는 주민 등록 번호 3750 - 00248, 성명 '석송령'으로 기재되어 있으며, 해마다 재산세는 물론 방위세까지 납부하고 있다. 석송령 소유의 토지를 경작하는 사람들은 일정한 소작료를 내며, 고 박정희 대통령이 석송령에게 일금 500만원을 하사한 바 있다. 이 돈과 소작료를

예천 감천면의 석송령

밑동

기금으로 장학금을 주고 있으며, 마을 회관도 건립하였다.

　마을에서는 60세 이상의 노인들이 석송계(石松契)를 조직하여, 석송령의 재산으로 나무와 자식이 없는 이수목 노인의 묘소 관리와 봉제사를 지내고 있으며, 매년 음력 정월 대보름에 석송령 앞에서 마을의 안녕을 비는 제사를 지낸다.

청도(淸道) 매전면(梅田面)의 처진소나무

영 명 Weeping Japanese Red Pine at
　　　　Maejeon-myeon, Cheongdo
학 명 *Pinus densiflora* for. *pendula* Mayr
소재지 경상북도 청도군 매전면 동산리 146-1
　　　　외 2필
지정일 1982. 11. 4.
지정 사유 노거수
소 유 개인(청도군 관리)

나무의 특징

크기 / 높이 14m, 가슴높이줄기둘레 1.9m,

　　　　가지 길이(동 5.5m, 서 4.8m, 남 2.9m, 북 6.2m)

면적 / 340m²

수령 / 200년

특징 / 청도에서 운문사 방향으로 가는 20번 국도변, 하천과의 사이에 서 있다. 수관폭은 좁으나 위로 많이 자랐으며, 가지가 아래로 축축 늘어져 있어서 매우 독특하고 아름다운 모양이다. 늘어진 가지가 버드나무를 닮았다고 하여 유송(柳松)이라고도 한다. 이 소나무도 새로 난 가지는 항상 위로 향하지만 이듬해가 되면 아래로 처진다고 한다. 운문사의 처진소나무는 옆으로 퍼진 반면 이 나무는 위로 높이 자란 것이 큰 차이점이다.

유래 및 보호상의 특징

옛날 어느 정승이 이 나무 앞을 지나는데, 갑자기 큰 절을 하듯이 가지가 밑으로 처지더니 다시 일어서지 않았다는 이야기가 전한다. 또 이 나무 옆에는 고성 이씨의 묘가 있어 이와 연유되었거나 신목으로 여겼던 나무라는 이야기도 있다. 종자 결실량은 보통이며 신초(新梢)의 생장은 왕성하다.

청도 매전면의 처진소나무

김제(金堤) 봉남면(鳳南面)의 왕버들

영 명 Glandulosa Willow at Bongnam-myeon, Gimje

학 명 *Salix glandulosa* Seem.
  (*S. chaenomeloides* Kimura)

소재지 전라북도 김제시 봉남면 종덕리 299-1
  외 7필

지정일 1982. 11. 4.

지정 사유 노거수

소유 국가 및 개인(김제시 관리)

나무의 특징

크기 / 높이 16m, 가슴높이줄기둘레 5.6m,
  가지 길이(동 10.3m, 서 10.4m, 남 12m, 북 8m)

면적 / 314m²

수령 / 300년

특징 / 김제군 봉남 면소재지에서 원평리 쪽으로 200m 정도 가다가 오른쪽으로 시멘트 포장 도로를 따라 1.3km 간 지점에서 다시 왼쪽 비포장 도로로 400m쯤 가면 성덕마을이다. 이 마을의 넓은 평야 사이에 원평천이 흐르고 그 둑 옆에 이 나무가 자라고 있다. 높이 2m 정도에서 줄기가 갈라지는데, 중심부가 썩어 마치 원줄기가 없는 나무처럼 보인다. 왕버들 옆에는 2그루의 느티나무가 있다.

유래 및 보호상의 특징

나무의 유래는 밝혀져 있지 않으며, 마을의 정자목 역할을 한다. 마을 사람들은 매년 음력 3월 3일에 이 나무 아래에서 고사를 지내며 마을의 안녕을 기원하고, 음력 7월 7일에는 풍물 놀이 잔치를 벌인다고 한다. 마을 사람들은 이 나무를 신성시하여 나뭇가지 하나만 잘라도 집안에 동티가 든다는 믿음이 있어 나무를 더욱 보호하게 되었다.

김제 봉남면의 왕버들

잎

청송(靑松) 부곡동(釜谷洞)의 왕버들 – 해제

영 명 Glandulosa Willow at Bugok-dong, Cheongsong
학 명 *Salix glandulosa* Seem.
　　　(*S. chaenomeloides* Kimura)
소재지 경상북도 청송군 청송읍 부곡리 735 외 3필
지정일 1982. 11. 4.
지정 사유 노거수
소 유 국가 및 개인(청송군 관리)
해제일 2002. 11. 27.
해제 사유 태풍 피해로 유실

나무의 특징

크기 / 높이 19m, 가슴높이줄기둘레 4.2m,
　　　가지 길이(동 13.2m, 서 11.9m, 남 16.2m, 북 8.9m)

면적 / 400 m²

수령 / 300년

특징 / 달기 약수로 유명한 청송 부곡리 입구의 마을 하천변에 있는 여러 그루의 왕버들 가운데 한 나무이다. 줄기와 수관이 하천변으로 기울어져 자라고 있다.

유래 및 보호상의 특징

이 나무와 관련된 유래는 알려져 있지 않으며, 냇가에서 토양 유실을 막는 호안수(護岸樹)로서 또는 풍치수로서 보호되어 온 것으로 보인다.

현재 특별한 보호 조처 없이 방치되어 있으며, 줄기 옆에 있는 석축이 생장에 큰 장애가 되고 있다. 특히 주변에 자라고 있는 지름 40 ~50cm 정도의 아까시나무와 비슬나무 등이 생장에 치명적인 영향을 줄 것으로 보인다.

청송 부곡동의 왕버들

맹아지

청도(淸道) 각북면(角北面)의 털왕버들

영 명 Hairy Glandulosa Willow at Gakbuk-
　　　myeon, Cheongdo
학 명 *Salix glandulosa* Seem. var. *pilosa* Nak.
　　　(*S. chaenomeloides* Kimura var. *pilosa* Nak.)
소재지 경상북도 청도군 각북면 덕촌리 561-1
　　　외 3필
지정일 1982. 11. 4.
지정 사유 노거수
소 유 국가 및 개인(청도군 관리)

나무의 특징

　크기 / 높이 15m, 가슴높이줄기둘레 4.9m,

　　　　가지 길이(동 10m, 서 11.2m, 남 11.6m, 북 8m)

　면적 / 340m²

　수령 / 200년

　특징 / 청도군 각북면 덕촌 2리 덕산 초등학교 옆 냇가에 자리잡고
있다. 털왕버들은 잎자루와 새가지에 털이 있는 것이 특징이다. 줄
기는 크게 둘로 갈라져 수관이 사방으로 고루 퍼져 있으며, 수세는
좋은 편이다.

유래 및 보호상의 특징

　마을의 정자목으로 보호되고 있다. 한쪽 줄기는 시멘트로 포장된
길에 접해 있고, 다른 한쪽 줄기는 하천변 석축에 연결되어 있다. 이
러한 시설이 생육에 장애를 줄 것으로 보인다.

청도 각북면의 털왕버들

밑동

남해(南海) 창선면(昌善面)의 왕후박나무

영 명 Obovata Machilus Tree at Changseon-
myeon, Namhae
학 명 *Machilus thunbergii* var. *obovata* Nak.
소재지 경상남도 남해군 창선면 대벽리 669-1
외 5필
지정일 1982. 11. 4.
지정 사유 노거수
소 유 국가 및 개인(남해군 관리)

나무의 특징

크기 / 높이 9.5m, 가슴높이줄기둘레 1.1~2.8m,

가지 길이(동 10.4m, 서 7m, 남 7.7m, 북 12m)

면적 / 314m²

수령 / 500년

특징 / 남해읍에서 동북쪽에 있는 창선도의 대벽리 단항(丹項)마을
에 있다. 푸른 바다를 배경으로 농경지 한가운데에 반원상의 수관을
형성하며 아름다운 모양으로 자라고 있다. 왕후박나무는 후박나무보
다 잎이 더 넓으며, 두꺼운 혁질(革質)의 잎에 거치(鋸齒)가 없는 것
이 특징이다. 지금도 꽃이 피고 많은 열매를 맺고 있다.

유래 및 보호상의 특징

약 500년 전 이 마을에 고기잡이를 하며 살아가는 노부부가 있었
다. 이들은 어느 날 큰 고기를 잡았는데, 고기의 뱃속에서 이상한 씨
앗이 나와 그것을 뜰에 뿌렸더니 지금의 왕후박나무로 자랐다는 것
이다.

임진왜란 때에는 이순신 장군이 왜병을 물리치고 이 나무 밑에서
식사를 하며 쉬었다는 이야기도 있다. 마을 사람들은 섣달 그믐날에
나무 아래에서 풍어제를 올렸으나 현재는 명맥이 끊어졌다. 수형이
아주 아름다웠는데, 1995년 4월에 태풍으로 서쪽의 위쪽 가지를 잃
어버렸다.

남해 창선면의 왕후박나무

밑동

잎과 열매

금릉(金陵) 대덕면(大德面)의 은행나무

영 명 Ginkgo Tree at Daedeok-myeon, Geumreung
학 명 *Ginkgo biloba* L.
소재지 경상북도 김천시 대덕면 조룡리 산 51
　　　 외 2필
지정일 1982. 11. 4.
지정 사유 노거수
소 유 개인(김천시 관리)

나무의 특징

　크기 / 높이 28m, 가슴높이줄기둘레 11.6m,
　　　　가지 길이(동 6.8m, 서 12.3m, 남 9.1m, 북 13.4m)

　면적 / 400㎡

　수령 / 420년

　특징 / 이 나무는 금릉 대덕면의 섬계서원(剡溪書院) 뒤쪽 울타리 안에 자라고 있다. 수세가 왕성하고 가지가 많이 발달하였으며, 암나무로서 결실량도 많은 편이다.

유래 및 보호상의 특징

　섬계서원은 조선 순조 2년(1802)에 충의공 김문기 선생 등을 배향(配享)하기 위하여 세운 것이라고 한다. 섬계서원이란 명칭은 예전에 이 마을의 이름이 섬계리여서 붙은 이름이라고 한다.

섬계서원

금릉 대덕면의 은행나무

청도(淸道) 이서면(伊西面)의 은행나무

영 명 Ginkgo Tree at Iseo-myeon, Cheongdo
학 명 *Ginkgo biloba* L.
소재지 경상북도 청도군 이서면 대전리 638
　　　　외 2필
지정일 1982. 11. 4.
지정 사유 노거수
소 유 국가 및 개인(청도군 관리)

나무의 특징

크기 / 높이 29m, 가슴높이줄기둘레 8.5m,
　　　　가지 길이(동 14m, 서 13.2m, 남 11m, 북 13m)

면적 / 340m²

수령 / 400년(또는 1300년)

특징 / 청도 대전리 작은 마을의 한가운데에 있으며, 주위에 작은 집들이 연이어 있어 마치 집 안에 서 있는 것같이 보인다. 굵고 울퉁불퉁한 원줄기가 있고, 맹아지가 왕성하게 자라고 있다. 7~8m 길이의 유주가 있으며, 수나무로서 결실하지 않는다.

유래 및 보호상의 특징

1300여 년 전 지금의 은행나무가 있는 자리에 우물이 있었는데, 그 곳에서 한 도사가 물을 마시려다가 빠져 죽은 후 은행나무가 자라나기 시작했다고 한다. 또 한 여인이 이 우물에서 물을 마시려다가 빠져 죽었는데, 그 여인이 가지고 있던 은행에서 싹이 터 지금의 은행나무로 자랐다고도 한다. 신라 말경에 행정 구역 변경이 있을 때 경계수로 심었다는 이야기도 있다.

마을 사람들은 이 나무의 잎이 떨어지는 모습을 보고 다음 해 농사의 풍흉을 점쳤는데, 한꺼번에 낙엽이 지면 풍년이 든다고 믿었다. 현재 수세는 좋은 편이나, 작은 마을의 통로에 있으므로 이에 대한 보호 방법이 강구되어야 한다.

청도 이서면의 은행나무

밑동

313

의령(宜寧) 유곡면(柳谷面)의 은행나무

영 명 Ginkgo Tree at Yugok-myeon, Uiryeong
학 명 *Ginkgo biloba* L.
소재지 경상남도 의령군 유곡면 세간리 808
　　　　외 3필
지정일 1982. 11. 4.
지정 사유 노거수
소 유 국가 및 개인(의령군 관리)

나무의 특징

　크기 / 높이 21m, 가슴높이줄기둘레 10.3m,
　　　　가지 길이(동 14m, 서 12m, 남 13m, 북 13.2m)
　면적 / 326m²
　수령 / 550년
　특징 / 유곡 면소재지에서 3km 떨어진 세간리 마을의 경작지 한가운데에 서 있다. 높이 2m쯤 되는 곳에서 줄기가 옆으로 퍼져 수형이 전체적으로 넓게 발달한 나무이다. 얼마 전 민가에서 난 불이 옮겨붙어 일부가 탔으나 지금은 회복된 상태이다.

유래 및 보호상의 특징

　유래는 알 수 없으나 근처에 있는 느티나무와 함께 마을의 당산목(堂山木)으로 보호받고 있다. 매년 음력 정월이면 길일을 택해 마을의 평안과 풍년을 기원하는 제사를 지내고, 그 마을의 대소사를 의논·결정한 후 잔치를 하는 풍속이 있다고 한다. 젖이 잘 나오지 않는 산모가 이 나무에 치성을 드리는 풍속도 있다.

의령 유곡면의 은행나무

밑동

화순(和順) 이서면(二西面)의 은행나무

영 명 Ginkgo Tree at Iseo-myeon, Hwasun
학 명 *Ginkgo biloba* L.
소재지 전라남도 화순군 이서면 야사리 182-1
　　　　외 4필
지정일 1982. 11. 4.
지정 사유 노거수
소 유 국가 및 개인(화순군 관리)

나무의 특징

크기 / 높이 31 m, 가슴높이줄기둘레 9.4 m,
　　　　가지 길이(동 7.3 m, 서 9 m, 남 13.2 m, 북 9.2 m)

면적 / 314 m²

수령 / 800년

특징 / 동복호에 동복댐이 생기면서 호수 주변의 일부 지역이 수몰
되었는데, 이 나무는 수몰된 지역 옆 민가 마당을 가득 채우며 자라
고 있다. 중심부는 비어 있으나 맹아지가 많이 나와 있으며, 긴 유주
가 발달되어 있다. 수세는 좋은 편이다.

유래 및 보호상의 특징

이 나무는 조선 성종 때 이 곳에 부락이 형성되면서 심은 것이라
고 한다. 신통력이 있어 나무의 모습을 바꾸어 가며 국운의 융성과
나라의 평화를 알리고, 또 우는 소리를 내어 전쟁과 나라의 불운을
미리 알려 준다고 한다. 마을 사람들은 이 나무를 신목으로 여겨 매
년 음력 정월 대보름이면 당산제(堂山祭)를 지내며 보호하고 있다.

화순 이서면의 은행나무

유주

강화(江華) 서도면(西島面)의 은행나무

영 명 Ginkgo Tree at Seodo-myeon, Ganghwa
학 명 *Ginkgo biloba* L.
소재지 인천광역시 강화군 서도면 볼음도리
　　　　산 186 외 1필
지정일 1982. 11. 4.
지정 사유 노거수
소 유 개인(강화군 관리)

나무의 특징

　크기 / 높이 25m, 가슴높이줄기둘레 8m,
　　　　밑동 둘레 9.7m, 가지 길이(동 13.5m, 서 12.2m, 남 12.8m, 북 10.3m)
　면적 / 314㎡
　수령 / 미상
　특징 / 강화도에서 서쪽으로 떨어져 있는 주문도·볼음도·아차도·
말도 등 서도의 4개 섬 가운데 볼음도의 북서쪽 내촌 바닷가에 서
있다. 수나무로 수세가 왕성한 편이다.

유래 및 보호상의 특징

　800여 년 전에 홍수에 떠내려온 것을 심었다고 전해 온다. 마을의
정자목과 당산목으로 매년 1월 30일에 마을 사람들은 나무 아래에
모여 마을의 안녕과 풍어를 비는 동제를 지냈다. 그러나 휴전선이
생기고 민통선 지역이 된 후 어업이 금지되자 동제도 중단되었다.
　마을 사람들은 은행나무 가지를 태우면 나무의 신이 진노해서 재
앙을 내린다고 믿고 있으며, 아침과 저녁에 줄기 속에서 벌레 우는
소리가 들린다고 한다. 예전에는 염해로 나무가 그리 강건하지 못했
으나, 앞쪽 바닷가에 방파제가 생겨 바닷물의 범람을 막은 후 잘 자
라고 있다고 한다. 나무를 보호하기 위해 만들어 놓은 주변의 콘크
리트 계단이 뿌리의 생장에 장애가 될 것으로 보인다.

강화 서도면의 은행나무

줄기

청원(淸原) 강외면(江外面)의 음나무

영 명 Castor Aralia at Gangoe-myeon,
Cheongwon
학 명 *Kalopanax pictus* Nak.
소재지 충청북도 청원군 강외면 공북리 318-2
지정일 1982. 11. 4.
지정 사유 노거수
소 유 개인(청원군 관리)

나무의 특징

크기 / 높이 8.5m, 가슴높이줄기둘레 4.5m,

가지 길이(동 10.6m, 서 10.6m, 남 9.6m, 북 9.6m)

면적 / 314m²

수령 / 700년

특징 / 강외면 공북 초등학교의 좌측으로 50m쯤 떨어진 마을 뒤쪽의 약간 높은 곳에 서 있다. 3m쯤 되는 높이에서 가지가 크게 둘로 갈라져 있다. 이 가지들은 다시 둘로 갈라지는데, 그 중 한 가지는 절단되었다.

유래 및 보호상의 특징

이 나무의 유래는 알려져 있지 않으며, 마을을 지켜 주는 신목으로 여겨 보호 상태는 양호한 편이나 일부 가지에 받침대가 필요하다.

청원 강외면의 음나무

잎

밑동

무주(茂朱) 설천면(雪川面)의 음나무 – 해제

영명 Castor Aralia at Seolcheon-myeon, Muju
학명 *Kalopanax pictus* Nak.
소재지 전라북도 무주군 설천면 양곡리 284
　　　　외 1필
지정일 1982. 11. 4.
지정 사유 노거수
소유 국가 및 개인(무주군 관리)
해제일 2000. 2. 3.
해제 사유 생육 환경 불량으로 자연 고사

나무의 특징

크기 / 높이 15m, 가슴높이줄기둘레 3.5m,
　　　　가지 길이(동서 21.5m, 북 15m)

면적 / 314m²

수령 / 350년

특징 / 작은 마을의 계곡 건너에 자리잡고 있다. 3m쯤 되는 높이에서 줄기가 사방으로 벌어져 큰 수관을 형성한다. 음나무로서는 매우 큰 편이며, 지금도 꽃이 피고 열매를 맺고 있다. 주변에는 느티나무·소나무 등 자연 식생이 이어진다.

유래 및 보호상의 특징

예로부터 음나무는 나쁜 귀신을 막아 주는 나무라고 여겨 가지를 문에 걸어 두었는데, 이 나무 역시 마을을 지켜 주는 신목으로 여겨져 보호된 것으로 보인다. 매년 정월 초이튿날에 마을의 안녕을 기원하는 동제를 지낸다고 한다.

이 나무로 인하여 주변의 개발이 어려워 나무에 어떤 액을 넣어 죽이려고 했다는 소문이 돌 만큼 어느 날부터 나무가 급속히 쇠약해져 1995년에 수술을 받았다. 현재 수세가 매우 약한 편이므로, 주변에 있는 배롱나무를 제거해 주는 것이 이 나무의 생육에 도움을 줄 것으로 보인다.

무주 설천면의 음나무

줄기

김해(金海) 주촌면(酒村面)의 이팝나무

영 명 Asian Fringe Tree at Juchon-myeon, Gimhae
학 명 *Chionanthus retusa* Lindley et Paxton
소재지 경상남도 김해군 주촌면 천곡리 885
　　　외 4필
지정일 1982. 11. 4.
지정 사유 노거수
소 유 개인(김해군 관리)

나무의 특징

크기 / 높이 17.2m, 뿌리목 줄기 둘레 7m,

　　　가슴높이줄기둘레(2간성) 4.2m · 3.5m,

　　　가지 길이(동 10.2m, 서 8m, 남 9m, 북 11m)

면적 / 1260m²

수령 / 500년

특징 / 강과 논이 내려다보이는 마을 뒤 약간 언덕진 곳에 위치해 있다. 줄기는 아래에서 크게 둘로 갈라져 양쪽으로 벌어졌으며, 전체적으로 커다란 수관을 형성한다.

유래 및 보호상의 특징

이 나무의 유래는 알려져 있지 않으며, 이 나무 역시 한 해 경작의 풍흉을 점치는 기상목으로 이용된다. 마을 사람들은 이 나무의 동쪽에 꽃이 많이 피면 동쪽 들에 풍년이 들고, 반대로 서쪽에 꽃이 많이 피면 서쪽 들에 풍년이 든다고 믿고 있다.

김해 주촌면의 이팝나무

받침대와 뿌리 부분의 구조물

부산(釜山) 구포동(龜浦洞)의 팽나무

영 명 Japanese Hackberry at Gupo-dong, Busan
학 명 *Celtis sinensis* var. *japonica* Nak.
소재지 부산광역시 북구 구포동 639 외 5필
지정일 1982. 11. 4.
지정 사유 노거수
소 유 국가 및 개인(부산광역시 북구 관리)

나무의 특징

크기 / 높이 17m, 가슴높이줄기둘레 5.5m,

가지 길이(동 10.2m, 서 11.2m, 남 11.4m, 북 12m)

면적 / 314 m²

수령 / 500년

특징 / 구포역의 철길을 육교로 건너 백양산 방향으로 동네 길을 따라 30m쯤 가면 주택가가 끝나는 곳에서 동네와 낙동강을 한눈에 내려다보고 서 있다. 줄기는 아래쪽에서 기이하게 돌출해 있고, 가지는 여러 갈래로 발달하여 웅장한 수관을 형성한다.

유래 및 보호상의 특징

이 나무의 유래는 알려져 있지 않다. 마을의 당산목으로 해마다 정월 보름이면 동민 중에서 정결한 사람을 제주(祭主)로 뽑아 마을의 평안과 풍어를 기원하는 제사를 지낸다. 나무 아래에 당집 두 채가 있으며, 예전부터 나무 주변에 토담이 있어 잘 보호되어 왔다. 그러나 구포동이 개발되면서 집들이 들어서 나무 주변이 상당히 지저분하고, 나무의 위용이 잘 드러나지 않게 되었다. 현재는 생육 공간이 넓은 공지에 위치하고 있으나, 이 나무에 인접해서 택지가 개발될 것이 우려된다.

부산 구포동의 팽나무

무안(務安) 현경면(玄慶面)의 팽나무 - 해제

영 명 Japanese Hackberry at Hyeongyeong-myeon, Muan
학 명 *Celtis sinensis* var. *japonica* Nak.
소재지 전라남도 무안군 현경면 가입리 214-1
지정일 1982. 11. 4.
지정 사유 노거수
소 유 개인(무안군 관리)
해제일 2001. 9. 10.
해제 사유 태풍 피해로 가지 찢어져 수형 훼손

나무의 특징

크기 / 높이 14m, 가슴높이줄기둘레 5.4m,
　　　 가지 길이(동서 24m, 남북 24m)

면적 / 214m²

수령 / 400년

특징 / 가입리 마을 입구에 독립수로 자리잡고 있다. 작은가지까지 사방으로 잘 발달되어 있으며, 굴곡 있는 줄기가 매우 아름다운 수형을 이룬다.

유래 및 보호상의 특징

오래 전부터 마을 사람들은 이 나무를 당산목(堂山木)으로 정하고 매년 초에 마을의 안녕과 풍년을 기원하는 제를 올리고 있다. 또 3년마다 한 번씩 볏짚으로 옷을 만들어 나무에게 입히고 있다.

나무 둘레에 마련된 콘크리트 축대가 나무에 비해서 너무 협소해 보인다.

무안 현경면의 팽나무

부산(釜山) 수영동(水營洞)의 푸조나무

영 명 Muku Tree at Suyeong-dong, Busan
학 명 *Aphananthe aspera* Planchon
소재지 부산광역시 수영구 수영동 271 외 4필
지정일 1982. 11. 4.
지정 사유 노거수
소 유 공유 및 개인(부산광역시 수영구 관리)

나무의 특징

크기 / 높이 18.1 m, 가슴높이줄기둘레 8.5 m,
　　　　　가지 길이(동 13.3 m, 서 9.5 m, 남 10.2 m, 북 8.3 m)

면적 / 314 m²

수령 / 500년

특징 / 부산광역시 수영동의 서쪽 비탈면에 서 있다. 전체적으로 옆으로 기울어져 자라는데, 줄기에는 상처의 흔적과 많은 혹이 발달해 있다. 원줄기의 끝은 죽어 있으나 전체적으로 웅대한 수형을 이루고 있다.

유래 및 보호상의 특징

이 나무의 유래는 알려져 있지 않다. 마을을 지키는 당산목으로서 마을 사람들은 나무에 할머니의 넋이 깃들어 있어 마을을 지켜 주고, 나무에서 떨어져도 다치지 않는다고 믿고 있다. 이 곳에서는 지신목(地神木)이라고 한다.

부산 수영동의 푸조나무

울진(蔚珍) 화성리(花城里)의 향나무

영 명 Chinese Juniper at Hwaseong-ri, Uljin
학 명 *Juniperus chinensis* L.
소재지 경상북도 울진군 울진읍 화성리 산 190
　　　　외 1필
지정일 1982. 11. 4.
지정 사유 노거수
소 유 개인(울진군 관리)

나무의 특징

　크기 / 높이 14m, 가슴높이줄기둘레 4.2m,
　　　　　가지 길이(동서 10m, 남북 16m)

　면적 / 314m²

　수령 / 500년

　특징 / 울진군 화성 2리 꽃방마을이라고 부르는 곳의 뒷산 언덕에
자리잡고 있다. 결이 잘 발달한 줄기는 3m쯤 되는 높이에서 갈라져
옆으로 길게 발달하여 독특한 모습의 수관을 형성하고 있다. 수세도
강건하고 결실량도 좋은 편이다.

유래 및 보호상의 특징

　이 나무의 유래에 관해서는 알려진 것이 없다. 보호상의 특별한
문제점은 나타나지 않았다.

울진 화성리의 향나무

줄기

청송(靑松) 안덕면(安德面)의 향나무

영 명 Chinese Juniper at Andeok-myeon, Cheongsong
학 명 *Juniperus chinensis* L.
소재지 경상북도 청송군 안덕면 장전리 산 18 외 1필
지정일 1982. 11. 4.
지정 사유 노거수
소 유 개인(청송군 관리)

나무의 특징

크기 / 높이 7.5m,

가슴높이줄기둘레(4간성) 2.2m · 1.7m · 1.6m · 1.5m,

가지 길이(동 7.7m, 서 8.3m, 남 9.5m, 북 8.4m)

면적 / 406m²

수령 / 400년

특징 / 남씨 문중의 사람들이 모여 사는 장전리 마을 뒤쪽의 약간 언덕진 곳에 자리잡고 있다. 아래에서부터 여러 갈래로 갈라진 줄기들이 이리저리 방향을 틀며 땅에 닿을 듯 옆으로 퍼져 있어, 멀리서 보면 마치 눈향나무처럼 보이기도 한다. 결실된 종자는 없었다.

유래 및 보호상의 특징

이 나무는 약 400년 전, 이 곳에 살고 있던 영양 남씨들이 조상의 은덕을 기리기 위해 입향 시조인 남계조(南繼曹) 묘의 비각 왼쪽에 심어서 가꾸어 온 것이라고 한다.

청송 안덕면의 향나무

줄기

안동(安東) 와룡면(臥龍面)의 뚝향나무

영 명 Horizontal Juniper Tree at Waryong-
　　　　myeon, Andong
학 명 *Juniperus chinensis* var. *horizontalis* Nak.
소재지 경상북도 안동시 와룡면 주하리 634
　　　　외 1필
지정일 1982. 11. 4.
지정 사유 노거수
소 유 개인(안동시 관리)

나무의 특징

　크기 / 높이 3.3m, 가슴높이줄기둘레 2.3m,
　　　　가지 길이(동서 12m, 남북 11.2m)

　면적 / 314㎡

　수령 / 600년

　특징 / 안동의 와룡면 주하리 이씨 종가집 앞에 서 있다. 줄기는 아
래에서부터 엿가락을 꼬듯 틀어져 올라가다가 1.3m 되는 높이에서
가락을 풀 듯 사방으로 벌어져 거의 수평에 가까운 상태로 수관이
발달해 있다. 사람들은 나무의 모양이 마치 용이 꿈틀거리며 하늘로
올라가는 듯한 형상이라고 한다. 옆으로 뻗은 줄기는 16개의 받침대
가 떠받치고 있으며, 꽃이 많이 핀다.

유래 및 보호상의 특징

　이 나무는 조선 세종 때 진성(眞城) 이정(李禎)이 정주 판관으로 있
을 당시 평안북도 약산성(藥山城)의 축조를 끝내고 고향으로 돌아오
면서 3그루의 향나무를 가지고 와 심었는데, 그 중 한 나무가 이것
이라고 한다. 이러한 사실은 이 나무의 보호 일지인 노송운첩(老松韻
帖)에 기재되어 있다고 한다.

안동 와룡면의 뚝향나무

밑동

이씨 종가집

인천(仁川) 신현동(新峴洞)의 회화나무

영 명 Chinese Scholar Tree at Sinhyeon-dong, Incheon
학 명 *Sophora japonica* L.
소재지 인천광역시 서구 신현동 135 외 11필
지정일 1982. 11. 4.
지정 사유 노거수
소 유 개인(인천광역시 관리)

나무의 특징

크기 / 높이 22m, 가슴높이줄기둘레 5.3m,
    가지 길이(동 12.6m, 서 7.6m, 남 12.7m, 북 11.8m)

면적 / 656.35m²

수령 / 500년

특징 / 인천 신현동 주택가의 공터에서 자라고 있다. 원줄기는 높이 3m 정도에서 갈라졌으나 아래쪽에 굵은 2개의 줄기가 있다. 원줄기에 동공(洞空)이 있고 일부 가지는 고사했다.

유래 및 보호상의 특징

이 나무의 유래에 대해서는 알려진 것이 없고, 마을 사람들의 휴식터인 정자목으로, 농사의 풍흉을 점치는 기상목으로 사랑을 받고 있다. 마을 사람들은 나무에 꽃이 필 때 수관의 위쪽에서 먼저 피어 아래로 내려 피면 풍년이 오고, 아래쪽에서 꽃이 먼저 피면 흉년이라고 예측했다 한다.

인천 신현동의 회화나무

꽃

당진(唐津) 송산면(松山面)의 회화나무

영 명 Chinese Scholar Tree at Songsan-myeon, Dangjin
학 명 *Sophora japonica* L.
소재지 충청남도 당진군 송산면 삼월리 52
지정일 1982. 11. 4.
지정 사유 노거수
소 유 개인(당진군 관리)

나무의 특징

크기 / 높이 18.5m, 가슴높이줄기둘레 5.54m,

가지 길이(동 16.2m, 서 16.2m, 남 18.1m, 북 18.1m)

면적 / 294m²

수령 / 700년

특징 / 송산 면소재지에서 지방 도로를 따라 북쪽으로 1km쯤 가면 삼월리인데, 이 곳에서 송산중학교 쪽으로 농로를 따라 300m쯤 가면 볼 수 있다. 수형이 위와 옆으로 골고루 퍼져 수려한 모양을 하고 있다.

유래 및 보호상의 특징

이 나무는 조선 인조 때 영의정을 지낸 이용재가 인조 25년(1647)에 이 곳 삼월리에 내려와 집을 지을 때 가문과 자손의 번영을 기원하며 심은 것이라고 전해진다.

주변이 주차장으로 이용되고 폐기물이 쌓여 있어서 답압이 우려된다.

당진 송산면의 회화나무

밑동

월성(月城) 안강읍(安康邑)의 회화나무

영 명 Chinese Scholar Tree at Angang-eup, Wolseong
학 명 *Sophora japonica* L.
소재지 경상북도 경주시 안강읍 육통리 1428
　　　　외 3필
지정일 1982. 11. 4.
지정 사유 노거수
소 유 국가 및 개인(경주시 관리)

나무의 특징

크기 / 높이 17m, 가슴높이줄기둘레 6m,
　　　　가지 길이(동서 19.8m, 남북 19m)

면적 / 314m^2

수령 / 400년(또는 600년)

특징 / 안강읍 육통마을 한가운데의 길 옆에 서 있다. 몇 개의 주가지는 죽고, 줄기는 2m쯤 되는 높이에서 두 갈래로 갈라져 있다. 줄기의 많은 부분이 상하여 수관은 고르지 못하다.

유래 및 보호상의 특징

고려 공민왕 때 이 마을에 김영동이란 젊은이가 살았는데, 당시 북쪽에서는 홍건적이, 남쪽으로는 왜구가 침입하여 양민을 학살하고 노략질을 일삼고 있었다. 그는 19세의 나이로 외적과 싸우러 나갈 것을 결심하고 출전하기 전에 이 회화나무를 심어, 부모님께 자신이 돌아오지 못하더라도 이 나무를 자식으로 생각하고 돌보아 달라는 말을 남기고 떠났다. 그 후 김영동은 왜구와 싸우다 장렬하게 전사하였고, 그의 부모는 아들의 뜻대로 나무를 잘 가꾸기 시작하여 오늘의 모습과 같이 되었다고 한다.

매년 음력 정월 보름이면 육통리 마을 주민들은 가장 정결한 사람을 제주로 정하여 한 해의 안녕과 풍년을 기원하는 동제를 지낸다. 이 나무는 마을 한가운데의 길 옆에 있어서 생육 공간이 협소하고 답압의 피해가 우려된다.

월성 안강읍의 회화나무

잎

밑동

함안(咸安) 칠북면(漆北面)의 회화나무

영 명 Chinese Scholar Tree at Chilbuk-myeon, Haman
학 명 *Sophora japonica* L.
소재지 경상남도 함안군 칠북면 영동리 749-1 외 4필
지정일 1982. 11. 4.
지정 사유 노거수
소 유 국가 및 개인(함안군 관리)

나무의 특징

크기 / 높이 26m, 가슴높이줄기둘레 6m,

가지 길이(동 9.6m, 서 12.7m, 남 11m, 북 12m)

면적 / 1710m²

수령 / 500년

특징 / 가지가 옆으로 매우 크게 발달해 있으나, 원줄기를 비롯한 많은 가지가 절단되어 전체적으로 수관이 고르지 못하다.

유래 및 보호상의 특징

이 나무의 유래는, 1482년 광주 안씨의 17대조이며 성균관 훈도를 지낸 안여거(安汝居)가 영동리에 정착하면서 심은 것이라고 한다. 마을 사람들은 이 나무가 마을을 지켜 주는 신목이라고 믿고 있으며, 매년 음력 10월 초하룻날에는 소나 돼지를 잡아 동제를 지내 왔다. 한때는 이 나무 뿌리목에서 수액이 흘러 나와 그 수액을 속병 치료에 썼다고 한다.

함안 칠북면의 회화나무

열매

부여(扶餘) 내산면(內山面)의 은행나무

영 명 Ginkgo Tree at Naesan-myeon, Buyeo
학 명 *Ginkgo biloba* L.
소재지 충청남도 부여군 내산면 주암리 148-1
　　　 외 4필
지정일 1982. 11. 4.
지정 사유 노거수
소 유 국가 및 개인(부여군 관리)

나무의 특징

　크기 / 높이 30m, 가슴높이줄기둘레 9m,
　　　　 가지 길이(동서 30m, 남북 30m)

　면적 / 1158㎡

　수령 / 800년

　특징 / 부여 주암리 마을의 뒤쪽에 서 있다. 암나무로 줄기에는 아
주 작은 유주가 나타나며, 수세가 약하여 이른 시기에 잎이 진다.

유래 및 보호상의 특징

　이 나무의 유래는 백제 성왕 16년 사비천도(泗泚遷都)를 전후하여
당시의 좌평(佐平) 맹씨(孟氏)가 심었다고 한다. 마을의 신목으로, 정
자목으로 보호되어 왔는데, 전염병이 돌 때 이 나무의 영험한 힘으
로 마을이 화를 면했다고 믿고 있다. 땅으로 늘어진 가지에 받침대
가 있고, 생육 공간은 너무 협소해 보인다.

부여 내산면의 은행나무

잎과 가지

연기(燕岐) 봉산동(鳳山洞)의 향나무

영 명 Chinese Juniper at Bongsan-dong, Yeongi
학 명 *Juniperus chinensis* L.
소재지 충청남도 연기군 조치원읍 봉산동 128
    외 1필
지정일 1982. 11. 4.
지정 사유 노거수
소 유 개인(연기군 관리)

나무의 특징

크기 / 높이 3.9m, 가슴높이줄기둘레 2.5m,
    가지 길이(동서 11.2m, 남북 11m)
면적 / 314.2㎡
수령 / 400년(또는 460년)
특징 / 조치원 봉산동 개인집 옆에 자리잡고 있다. 큰 줄기가 갈라져 용틀임을 하듯 서로 꼬여 자라다가 2m 정도의 높이에서 작은 가지들이 갈라져 완전히 수평으로 퍼져 나가 있다. 사방으로 뻗은 가지는 여러 받침대가 받쳐 주고 있다.

유래 및 보호상의 특징

조선 중종 때 이 마을에 정착한 최완이라는 사람이 죽자 그의 아들 최중룡이 서울에서 내려와 초막을 짓고 살면서 후손들에게 효를 보여 주기 위해 이 향나무를 심었다고 전해진다. 마을 사람들은 이 나무가 왕성하게 자라면 온 마을이 평화롭고, 나무에 병이 들어 쇠약해지면 불길한 일이 생긴다고 믿어 잘 보호하고 있다.

연기 봉산동의 향나무

밑동

제원(堤原) 송계리(松界里)의 망개나무

영 명 Natural Habitat of Korean Berchemia
at Songgye-ri, Jewon
학 명 *Berchemia berchemiaefolia* Koidz.
소재지 충청북도 제천시 한수면 송계리 46-1
지정일 1983. 8. 19.
지정 사유 노거수
소 유 국가(제천시 관리)

나무의 특징

크기 / 높이 20m, 가슴높이줄기둘레 1.5m,
가지 길이(동 6m, 서 6.3m, 남 7m)

면적 / 1256m²

수령 / 150년

특징 / 송계리의 골미라는 마을에서 가파른 산길을 따라 30분쯤 올라가면 송계 3구에서 2구로 가는 고개마루에 서 있는데, 이 곳은 월악산 국립공원인 동시에 충북대학교 연습림에 해당한다. 나무 아래한 줄기는 고사했다. 주변은 헌사시나무 조림지로서 옆에는 굵은 굴참나무가 서 있다. 망개나무는 세계적인 희귀 수종으로, 우리 나라에는 이 밖에도 속리산·주흘산·주왕산 등지에서 매우 드물게 볼 수 있다.

유래 및 보호상의 특징

예전에는 이 나무가 서 있는 곳이 옆 마을로 가는 길목이었으나 현재는 도로가 발달하여 사람의 통행이 거의 없다. 주변 지역도 잘 정리되어 있어 특별한 보호상의 문제는 없는 것으로 보이며, 수세도 양호한 편이다.

제원 송계리의 망개나무

망개나무 잎

완도(莞島) 예송리(禮松里)의 감탕나무

영 명 Bird-lime Holly at Yesong-ri, Wando
학 명 *Ilex integra* Thunberg
소재지 전라남도 완도군 보길면 예송리 98-1
지정일 1983. 8. 19.
지정 사유 노거수
소 유 개인(완도군 관리)

나무의 특징

크기 / 높이 15m, 가슴높이줄기둘레 2.7m,
　　　가지 길이(동서 24m, 남북 26m)

면적 / 2그루 208m²

수령 / 300년

특징 / 완도군 보길도에서 바닷길로 1km쯤 떨어진 곳에 예작도라는 작은 섬이 있는데, 이 섬의 경사진 언덕에서 바다와 접하여 자라고 있다. 감탕나무로서는 유일한 천연기념물이다. 나무는 3m 정도의 높이에서 갈라지기 시작하여 옆으로 커다란 수관을 형성한다.

유래 및 보호상의 특징

이 나무는 200여 년 전 이 마을에 처음 들어온 공씨와 김씨가 이 나무 아래에서 마을의 평안과 풍어를 비는 제를 올리기 시작하면서 보호되기 시작하였다고 한다. 그 뒤 이 제는 마을의 동제로 발전하여 지금도 매년 음력 섣달에는 몸과 마음이 정결한 남녀 노인을 뽑고, 돼지를 잡아 제사를 올린다고 한다. 이 나무에서 100m 떨어진 곳에는 큰 소나무가 한 그루 있는데, 마을 사람들은 이 소나무를 할아버지당, 감탕나무를 할머니당으로 부른다고 한다.

완도 예송리의 감탕나무

밑동

잎과 열매

완도(莞島) 미라리(美羅里)의 상록수림

영 명 Broad-leaved Evergreen Forest at Mira-ri, Wando
소재지 전라남도 완도군 소안면 미라리 472
지정일 1983. 8. 19.
지정 사유 학술림
소 유 국가(완도군 관리)

숲의 특징

면적 / 16,000 m²

특징 / 완도읍에서 남서쪽으로 25km 떨어진 완도군 소안면 미라리의 바닷가에 위치하고 있다. 상층 임관(林冠)은 수고 18m, 흉고직경 20~30cm 정도의 후박나무가 주를 이루며, 그 밖에 모밀잣밤나무·돈나무 등의 상록 활엽수와 느티나무·초피나무·팽나무와 같은 낙엽 활엽수가 섞여 자란다. 특히 칡덩굴이 무성하여 일부 후박나무의 상층 수관까지 완전히 덮고 있다. 중층에는 생달나무가 가장 많으며, 그 밖에 동백나무도 함께 자란다. 초본층에는 자금우가 가장 높은 피도(被度)를 나타내며, 그 다음으로 주름조개풀 및 송악이 많다. 해안가를 따라서는 흉고직경이 30~60cm, 크게는 1m에 달하는 곰솔이 줄나무로 잘 자라고 있다. 1993년 조사에서 전체 식물 57속 66종류 가운데 상록수는 17속 18종류가 조사되었다.

유래 및 보호상의 특징

이 숲은 서남쪽 해안가에 위치하여 방풍·방조림의 역할을 하고 있다. 음력 정월 초에 마을 사람들은 이 곳에 모여 마을의 번영과 농경의 풍작, 해사의 안전을 기원하는 동제를 올린다.

현재 소안중학교 운동장과 경계를 이루고 있어 학생들의 놀이터로 이용되고 있을 뿐 아니라, 체육 시설물과 쓰레기장이 보호 구역 내에 설치되어 있다. 또 숲과 인접해 있는 바다는 미역·김 양식장이기 때문에 양식장에서 사용된 폐기물이 숲으로 밀려오고, 어장에 필요

완도 미라리의 상록수림

초피나무

돈나무

생달나무

한 장비 및 자재를 쌓아 두는 적치 장소로 이용되고 있다. 따라서 수림 내에는 상록수림의 전형적인 종조성(種造成)이 보이지 않고, 환경 변화에 적응력이 강한 질경이·환삼덩굴·쇠무릎·닭의 장풀·개여뀌·미국자리공·쑥 등이 우세하게 자라고 있는 실정이다.

자금우

355

완도(莞島) 맹선리(孟仙里)의 상록수림

영 명 Broad-leaved Evergreen Forest at
Maengseon-ri, Wando
소재지 전라남도 완도군 소안면 맹선리 370-1
외 4필
지정일 1983. 8. 19.
지정 사유 학술림
소 유 국가 및 개인(완도군 관리)

숲의 특징

면적 / 8506㎡

특징 / 완도읍에서 남서쪽으로 25km 떨어진 완도군 소안면 맹선리의 바닷가에 위치한다. 마을 앞을 지나 해안가로 이어지는 도로가 상록수림 길이의 1/3 되는 곳을 관통하여 수림은 두 개로 분리되어 있다. 상층 임관은 흉고직경 40~50cm, 수고 16m 정도의 후박나무가 주수종이며, 그 다음으로 생달나무가 많다. 도로가 있는 반대쪽 끝의 1/3 되는 부분은 나무 높이가 20m에 달하는 구실잣밤나무가 상층 임관을 구성하고, 중간에 팽나무 대경목도 섞여 자란다. 가장 큰 구실잣밤나무는 흉고직경이 약 90cm에 달한다.

유래 및 보호상의 특징

이 숲은 마을 앞 바닷가 사면에서 방조·방풍림으로 큰 가치가 있어 보존되어 왔다. 또 경사가 급한 지역에 형성되어 있으므로 토양의 유실을 막는 데도 큰 역할을 한 것으로 보인다. 그러나 현재 초본층이 잘 형성될 만한 공간이 너무 비좁고, 일부에서 토양이 유실되고 있다. 게다가 양식업에 필요한 자재나 장비가 상록수림 거의 전 지역에 쌓여 있다. 또 주변에는 환경 변화에 적응력이 강한 도깨비바늘·쇠무릎·명아주·쑥·짚신나물·바랭이·강아지풀 등이 높은 빈도로 출현하고 있으므로 적절한 보호 조치가 요망된다.

완도 맹선리의 상록수림

구실잣밤나무 열매

구실잣밤나무

상록수림 내부

욕지면(欲知面)의 모밀잣밤나무 숲

영 명 Eastern Chinquapin Forest in Yokji-myeon
학 명 *Castanopsis cuspidata* var. *thunbergii*
　　　Nak.(*C. uspidata* (Thunb.) Schottky)
소재지 경상남도 통영시 욕지면 동항리 108-1
　　　외 1필
지정일 1984. 11. 19.
지정 사유 자생지, 학술림
소 유 공유 및 개인(통영시 관리)

숲의 특징

면적 / 18,817m²

특징 / 충무의 남서쪽에 있는 욕지도의 해안 마을 뒷산에 형성되어 있는데, 100여 그루의 모밀잣밤나무가 숲을 이루고 있다. 그 가운데는 수고 20m, 가슴높이줄기둘레가 2m를 넘는 큰 나무도 있다. 이 숲에는 모밀잣밤나무 외에도 굴참나무·굴피나무·개서어나무·팔손이·자금우·사스레피나무·보리밥나무·모람·생달나무·마삭줄·광나무·애기등·해변싸리 등의 목본 식물과 소엽맥문동·마·억새·하늘타리·애기나리 등의 초본 식물이 자라고 있다.

유래 및 보호상의 특징

어부림(魚付林)과 마을 사람들의 휴식처 구실을 하는 숲이었으나, 최근 임상이 파괴되는 경향이 있으므로 이에 대한 보존 대책이 시급하다.

욕지면의 모밀잣밤나무 숲

잎과 꽃

우도(牛島)의 생달나무와 후박나무

영 명 Japanese Cinnamon Tree and Thunbergii
Camphor Tree at Udo

학 명 *Cinnamomum japonicum* Sieb. and
Machilus thunbergii S. et Z.

소재지 경상남도 통영시 욕지면 연화리 203

지정일 1984. 11. 19.

지정 사유 노거수

소 유 개인(통영시 관리)

숲의 특징

면적 / 727㎡

특징 / 연화도 바로 위의 우도라는 작은 섬에서 자라고 있다. 마을 뒤에 나무 높이가 약 20m에 이르는 생달나무 3그루와 후박나무 1그루가 천연기념물로 지정·보호되고 있다. 이 가운데 가장 큰 생달나무 1그루는 줄기가 다섯 갈래로 갈라졌는데, 서쪽의 가장 큰 가지의 가슴높이줄기둘레는 3m가 넘으며, 수령은 약 400년으로 추정된다. 다른 2그루의 생달나무는 가슴높이줄기둘레가 각각 2m, 1.9m이다. 후박나무는 줄기가 두 갈래로 갈라졌는데 굵은 줄기의 가슴높이줄기둘레는 4.2m이고, 수령은 500년으로 추정하고 있다.

나무 밑에 계요등·섬딸기 등이 자라고 있으며, 주변에 작은 동백나무 숲이 있다.

유래 및 보호상의 특징

이 숲이 보존된 것은 성황림으로 마을 사람들이 신성시했기 때문이며, 소규모이지만 많은 식물들이 밀생하고 있다. 마을 뒤에 서낭당과 숲이 일부 남아 있는 것으로 미루어, 이 나무들도 그 일부가 따로 남아 보존된 것으로 추측된다.

우도의 생달나무와 후박나무

생달나무의 줄기

추도(楸島)의 후박나무

영 명 Thunbergii Camphor Tree at Chudo
학 명 *Machilus thunbergii* S. et Z.
소재지 경상남도 통영시 산양읍 추도리 508
지정일 1984. 11. 19.
지정 사유 노거수
소 유 개인(통영시 관리)

나무의 특징

크기 / 높이 10m, 가슴높이줄기둘레 3.67m,

가지 길이(동 8m, 서 7.2m, 남 7m, 북 7.4m)

면적 / 724m²

수령 / 약 500년

특징 / 통영의 추도라는 작은 섬의 바닷가 언덕에 자라고 있다. 줄기는 중간에서 갈라져 하나는 수평으로 바다를 향해 뻗고, 다른 하나는 위로 자라는데, 우리 나라의 후박나무 중에서 가슴높이줄기둘레가 가장 크다.

후박나무가 서 있는 바닷가 경사면에는 흉고직경이 20cm에 달하는 돈나무와 천선과나무·느티나무·예덕나무·까마귀쪽나무·꾸지나무·보리밥나무·개머루·송악·계요등·하늘타리 등이 섞여 자라고 있다.

유래 및 보호상의 특징

마을 사람들은 이 후박나무도 마을을 보호해 주는 나무로 여기고 있으며, 이를 사대(四大)나무라고 부르고 있다. 이 나무의 북쪽에는 이 나무보다 더 큰 팽나무가 서 있으며, 마을 뒤쪽 길가에는 서낭목으로 보존된 큰 모밀잣밤나무도 있다. 현재는 개인집의 한 면을 차지하고 있으며, 다른 한 면은 축대에 의지하고 있어 입지가 불안해 보인다. 제대로 된 보존이 필요하다.

추도의 후박나무

후박나무가 서 있는 마을의 원경

363

함안(咸安) 법수면(法守面)의 늪지 식물

영 명 Marsh Plants at Beopsu-myeon, Haman
소재지 경상남도 함안군 법수면 대송리 883-1
지정일 1984. 11. 19.
지정 사유 학술 연구 자원
소 유 개인(함안군 관리)

숲의 특징

면적 / 33,911㎡

특징 / 함안 법수면 일대의 늪지에는 다양한 수생 식물들이 자라고 있다. 특히 가시연꽃·자라풀·통발·노랑어리연꽃 등은 희귀종이며, 이 밖에도 물옥잠·줄·세모고랭이·방울고랭이·생이가래·뚜껑덩굴·마름 등 다양한 수생 식물을 볼 수 있다.

유래 및 보호상의 특징

이 늪지의 대부분은 광주 안씨의 소유로서 안씨 선조의 묘지가 있는 곳이다. 후손이 번창하려면 이 늪지대가 있어야 한다는 풍수지리설 때문에 지금까지 논으로 개간되지 않고 보존될 수 있었다. 그러나 오늘날은 후손의 번창보다도 경제적인 중요성이 보다 높게 평가됨으로써 늪지의 보전이 점차 어려워지고 있다. 본래 이 늪지는 한쪽에서 맑은 물이 흘러들어와 다양한 수생 식물과 어류는 물론 조류도 살던 곳이었으나, 늪 한쪽에 댐이 건설된 후로 흐르는 물이 없어 괸 물이 썩어 가는 상태이며, 늪지로서의 가치를 점차 상실하고 있는 실정이다.

가시연꽃

함안 법수면의 늪지

노랑어리연꽃

자라풀

마름

반론산(半論山)의 철쭉나무와 분취류 자생지

영 명 Natural Habitat of Royal Azalea and
Saussureas at Banronsan
학 명 *Rhododendron schlippenbachii* Max. and
Saussurea seoulensis Nak.
소재지 강원도 정선군 북면 고양리, 여량리,
임계리, 봉정리
지정일 1986. 4. 17.
지정 사유 노거수, 학술 연구 자원
소 유 국가(정선군 관리)

나무의 특징

크기 / 높이 5m, 가슴높이줄기둘레 78cm,
줄기 밑둘레 108cm

면적 / 96,450m²

수령 / 200년

특징 / 정선군 반론산 정상 조금 못 미처 해발 1040m 지점에 오래
된 철쭉나무와 분취류가 자라고 있다. 철쭉나무는 본래 낙엽성 관목
으로, 이 곳의 철쭉나무는 원줄기가 매우 굵은 노거수로서 우리 나
라 최대의 철쭉나무이다. 특히 다른 철쭉꽃이 질 때쯤이 5월 말경에
피는 흰색에 가까운 엷은 분홍색 꽃이 매우 아름답다. 주변에는 다
양한 북방계 식물들이 자라고 있어 주목을 받고 있는데, 특히 특산
종인 사창분취·당분취를 비롯하여 각시서덜취·북분취 등이 자라고
있다. 주변 식생은 신갈나무 순림이며, 그 밖에 산솜다리·구름체
꽃·노랑투구꽃·노랑갈퀴·산새콩·산앵도나무·벌깨풀·참배암차조
기·댕강나무·흰큰용담·정선댕강나무 등 희귀종이 많이 자라고 있
어 학술상의 가치가 인정된다.

유래 및 보호상의 특징

이 철쭉나무는 1983년 김남기 씨에 의하여 발견되었으며, 1989년
폭설로 큰 가지 두 개가 부러져 보다 철저한 보호가 요구된다.

반론산의 철쭉나무와 분취류 자생지 (사진/김건옥)

철쭉나무의 줄기

철쭉나무의 꽃

영월(寧越)의 관음송(觀音松)

영 명 Gwaneumsong at Yeongwol
학 명 *Pinus densiflora* Sieb. et Zucc.
소재지 강원도 영월군 남면 광천리 산 67-1
지정일 1988. 4. 30.
지정 사유 노거수
소 유 국가(영월군 관리)

나무의 특징

크기 / 높이 30m, 가슴높이줄기둘레 5m,
　　　 가지 길이(동서 23.3m, 남북 20m)

면적 / 225㎡

수령 / 600년

특징 / 영월읍에서 남서쪽으로 3km 떨어진 남면 광천리의 청령포 (淸泠浦) 안에 있다. 이 곳은 삼면이 강물로 둘러싸여 있고, 한쪽은 험한 절벽이므로 배를 타고 강을 건너가야 한다. 관음송은 1.2m 되 는 높이에서 줄기가 두 갈래로 갈라져 하나는 위로, 다른 하나는 서 쪽으로 기울어져 자라고 있다. 수피가 유난히 붉고, 줄기 중간에 잔 가지가 없이 수관이 위쪽으로 형성된 매우 아름다운 소나무이다.

유래 및 보호상의 특징

청령포는 세조 2년에 왕위를 빼앗긴 단종이 노산군으로 격하되어 유배되었던 곳이다. 단종은 유배 생활을 하면서 둘로 갈라진 이 나 무 줄기에 앉아 시간을 보냈다고 한다. 나무의 이름은 단종의 비참 한 모습을 보았으며〔觀〕, 단종의 슬픈 말소리〔音〕를 들었다고 하여 붙여진 것이라고 한다.

관음송 근처에는 '청령포금표비(淸泠浦禁標碑)'와 '단묘재본부시유 지(端廟在本府時遺址)'라는 비가 있다. 이 나무는 나라의 큰 일이 있 을 때마다 나무 껍질이 검은색으로 변하여 나라의 변고를 알려 주었 다고 한다. 그래서 마을 사람들은 이 나무를 귀히 여기고 있다.

영월의 관음송

단종 유지비

369

명주(溟州) 삼산리(三山里)의 소나무

영 명 Japanese Red Pine at Samsan-ri, Myeongju
학 명 *Pinus densiflora* Sieb. et Zucc.
소재지 강원도 강릉시 연곡면 삼산리 116
지정일 1988. 4. 30.
지정 사유 노거수
소 유 삼산 2리 내동 새마을회(강릉시 관리)

나무의 특징

크기 / 높이 21m, 가슴높이줄기둘레 3.6m,
　　　가지 길이(동서 19.1m, 남북 21m)

면적 / 200㎡

수령 / 450년

특징 / 오대산 소금강으로 들어가는 매표소 근처의 냇가에 서 있어 길에서도 잘 볼 수 있다. 금강송으로서 붉은 줄기가 휘지 않고 곧게 뻗어 있으나, 3m 정도의 높이에서 둘로 갈라져 있다.

유래 및 보호상의 특징

이 소나무가 보존된 것은 서낭목으로서 사람들의 보호를 받았기 때문이며, 주변에는 떡갈나무와 물푸레나무 등으로 이루어진 작은 임총(林叢)이 서낭당 숲으로 유지되고 있다.

명주 삼산리의 소나무

답압으로 다져진 토양

설악동(雪嶽洞)의 소나무

영 명 Japanese Red Pine at Seorak-dong
학 명 *Pinus densiflora* Sieb. et Zucc.
소재지 강원도 속초시 설악동 20-5 외 1필
지정일 1988. 4. 30.
지정 사유 노거수
소 유 국가(속초시 관리)

나무의 특징

크기 / 높이 16m, 가슴높이줄기둘레 4m,
　　　가지 길이(동서 21m, 남북 19m)

면적 / 138 m²

수령 / 500년

특징 / 속초에서 설악동으로 가는 길목의 국립공원 관리공단 사무소 건너편에 자리잡고 있다. 줄기는 높이 2m 정도에서 크게 세 갈래로 갈라져 있으나, 2개는 죽고 현재 1개의 굵은 줄기가 전체 수관을 형성하고 있다.

유래 및 보호상의 특징

이 소나무의 유래는 알려져 있지 않고, 서낭목으로서 지금까지 잘 보호되었다. 나무 밑동 근처에는 돌이 많이 쌓여 있는데, 여기에 돌을 쌓으면 오래 산다는 말이 전해지고 있다.

372

설악동의 소나무 (사진/고강석)

속리(俗離) 서원리(書院里)의 소나무

영 명 Japanese Red Pine at Seowon-ri, Songni
학 명 *Pinus densiflora* Sieb. et Zucc.
소재지 충청북도 보은군 외속리면 서원리 49-4
　　　 외 1필
지정일 1988. 4. 30.
지정 사유 노거수
소 유 개인(보은군 관리)

나무의 특징

크기 / 높이 15m, 가슴높이줄기둘레 4.7m,
　　　가지 길이(동서 24m, 남북 23m)

면적 / 570m²

수령 / 600년

특징 / 속리산 남쪽의 서원리와 삼가천을 옆에 끼고 뻗은 505번 지방 도로 옆에 서 있다. 줄기는 높이 1m 정도에서 크게 갈라져 있으며, 전체적으로 수관이 우산 모양으로 퍼져 아름답다.

유래 및 보호상의 특징

마을 사람들은 속리산 입구에 있는 정2품송과 이 소나무를 '부부 나무'라고 하는데, 정2품송은 외줄기로 곧게 자라 남편 나무이며, 이 소나무는 줄기가 둘로 갈라져 아내 나무라는 것이다.

마을 사람들은 매년 음력 정월 초이튿날에 마을의 평안을 기원하는 제사를 지내고 있는데, 제주는 이틀 동안 술과 여자를 가까이 하지 않고, 얼음을 깬 찬물에 목욕 재계를 하며 정성을 다한다고 한다.

속리 서원리의 소나무

밑동

잎과 열매

서천(舒川) 신송리(新松里)의 곰솔

영 명 Japanese Black Pine at Sinsong-ri, Seocheon
학 명 *Pinus thunbergii* Parl.
소재지 충청남도 서천군 서천읍 신송리 262-3
지정일 1988. 4. 30.
지정 사유 노거수
소 유 국가(서천군 관리)

나무의 특징

크기 / 높이 17m, 가슴높이줄기둘레 4.6m,
        가지 길이(동서 35.2m, 남북 33m)

면적 / 231㎡

수령 / 400년

특징 / 서천 신송리의 마을 뒤 언덕진 곳에 고립목으로 자라고 있
다. 줄기는 높이 2m 정도에서 크게 둘로 갈라졌으며, 곁가지가 아래
쪽으로 처진 듯이 발달하였다. 수형은 우산 모양으로 균형이 잡힌
아름다운 모습이다. 곰솔 가운데 매우 큰 노거수이며, 북쪽에서 자라
는 나무로 의미가 있다.

유래 및 보호상의 특징

마을 사람들에 의하면 예전에는 이 나무 옆에 한 그루의 곰솔이
더 있어서 암수 그루가 함께 있었으나, 암나무는 일제 말기에 쓰
러져 수나무만 남은 것이라고 한다. 그러나 본래 곰솔은 암수한그
루이므로 정확한 이야기라고는 할 수 없다. 마을의 서낭목으로, 지
금도 음력 정월에 이 나무 아래에서 당산제(堂山祭)를 지내고 있
다.

서천 신송리의 곰솔

나무 아래의 제단

고창(高敞) 삼인리(三仁里)의 장사송(長沙松)

영 명 Jangsasong at Samin-ri, Gochang
학 명 *Pinus densiflora* for. *multicaulis* Uyeki
소재지 전라북도 고창군 아산면 삼인리 산 97
지정일 1988. 4. 30.
지정 사유 노거수
소 유 선운사(고창군 관리)

나무의 특징

크기 / 높이 23m, 가슴높이줄기둘레 2.95m,
가지 길이(동서 16.8m, 남북 16.7m)

면적 / 495m²

수령 / 600년(추정)

특징 / 고창 선운사에서 도솔암으로 올라가는 길가 진흥굴 바로 앞에서 자라고 있다. 반송으로 높이 2m 정도에서 줄기가 크게 둘로 갈라지고, 그 위로 다시 여러 갈래로 갈라져 부챗살처럼 퍼져 있다.

유래 및 보호상의 특징

고창 사람들은 이 나무를 '장사송' 또는 '진흥송'이라고 하는데, 장사송은 이 지역의 옛 이름이 장사현이었던 것에서 유래한 것이며, 진흥송은 진흥굴 앞에 있어서 붙여진 이름이라고 한다. 편평한 산자락에 충분한 생육 공간을 확보하여 잘 자라고 있다.

고창 삼인리의 장사송

전주(全州) 삼천동(三川洞)의 곰솔

영 명 Japanese Black Pine at Samcheon-dong, Jeonju
학 명 *Pinus thunbergii* Parl.
소재지 전라북도 전주시 완산구 삼천동 14-1
　　　외 2필
지정일 1988. 4. 30.
지정 사유 노거수
소 유 인동 장씨 종친회(전주시 관리)

나무의 특징

크기 / 높이 12m, 가슴높이줄기둘레 9.6m,
　　　가지 길이(동서 34.5m, 남북 29m)

면적 / 706m²

수령 / 250년

특징 / 전주 시내의 아파트 신축 단지 내에 서 있다. 아래에서 보면 원줄기가 하나로 올라가다가 높이 2m 정도에서부터 수평으로 가지가 펼쳐져, 마치 한 마리의 학이 땅을 차고 날아가려는 형상처럼 보인다. 굵은 가지들이 옆으로 길게 퍼지면서 끝부분이 지면에 닿을 정도로 내려와 받침대로 받쳐져 있다.

　곰솔은 주로 해안가에서 자라는데, 이 나무는 상당히 내륙으로 들어와 있다. 예전에는 근처 익산까지 배가 들어왔다고 하므로 해양성 기후일 당시에 자라던 곰솔이 지금까지 살아 남은 것으로 추정된다.

유래 및 보호상의 특징

　인동 장씨 조상의 묘 앞에 표송(表松)으로 심었다고 전해지며, 장씨 문중에서 보호해 왔다. 예전에는 이 나무 주변이 경사진 농경지였으나, 최근 대단위 택지로 개발되면서 8차선 도로가 바로 옆으로 나 있다. 이러한 주변 환경의 악화로 곰솔은 노쇠해지면서 나무 껍질이 썩어 가고 있다. 또 지름 3.8m에 이르는 밑동도 부분적으로 구멍이 팰 정도로 썩어 가 보호상의 많은 어려움이 있다.

전주 삼천동의 곰솔

장흥(長興) 관산읍(冠山邑)의 효자송(孝子松)

영 명 Hyojasong at Gwansan-eup, Jangheung
학 명 *Pinus thunbergii* Parl.
소재지 전라남도 장흥군 관산읍 옥당리 166-1
지정일 1988. 4. 30.
지정 사유 노거수
소 유 개인(장흥군 관리)

나무의 특징

크기 / 높이 12m, 가슴높이줄기둘레 4.1m,
가지 길이(동서 27m, 남북 25m)

면적 / 664㎡

수령 / 150년

특징 / 장흥읍에서 남쪽으로 18km쯤 떨어진 옥당리에서 남쪽으로 좁고 구불구불한 마을 길을 따라 가면 천관산 밑에 당동마을이 있는데, 이 마을의 밭 중간에서 자라고 있다. 높이 1m 되는 부분에서 크게 세 갈래로 갈라져 있으며, 줄기 밑둘레는 각각 2.7m, 2.5m, 2.2m이다. 수관은 사방으로 잘 퍼져 있다.

유래 및 보호상의 특징

지금으로부터 150년 전 당동마을에 위윤조, 백기충, 정창주라는 효성이 지극한 세 청년이 살았다고 한다. 이들은 자신들의 어머니가 노약하신 몸으로 무더위 속에서 일하시는 모습을 보고, 그늘을 만들어 쉬시게 하고자 위씨는 소나무를, 백씨는 2m 떨어진 곳에 감나무를, 정씨는 10m 떨어진 곳에 소태나무를 심었는데, 지금은 이 곰솔만이 왕성하게 자라고 있다. 그 후로 마을 사람들은 이 나무를 효자송으로 부르게 되었다고 한다.

특별한 보호 시설이 없어, 현재 소나무 주변은 답압으로 인하여 지피 식생이 전무한 상태이다.

장흥 관산읍의 효자송

세 갈래로 갈라진 줄기

선산(善山) 독동리(禿洞里)의 반송(盤松)

영 명 Multistemmed Japanese Red Pine
at Dokdong-ri, Seonsan
학 명 *Pinus densiflora* for. *multicaulis* Uyeki
소재지 경상북도 구미시 선산읍 독동리 539
외 2필
지정일 1988. 4. 30.
지정 사유 노거수
소 유 개인(선산읍 관리)

나무의 특징

크기 / 높이 13m,

가슴높이줄기둘레(2간성) 2.4m · 2.6m,

가지 길이(동서 19.2m, 남북 20.2m)

면적 / 482m²

수령 / 400년

특징 / 선산 독동리의 농로 옆에 고립목으로 서 있는 반송이다. 나무의 줄기가 아래에서부터 여러 갈래로 갈라져 전체적으로는 부챗살처럼 퍼진 전형적인 반송의 모습을 하고 있다.

유래 및 보호상의 특징

안강 노씨가 이 마을에 처음 들어올 때부터 자라던 나무라고 하는데, 자세한 유래는 알려진 것이 없다.

선산 독동리의 반송

줄기

함양(咸陽) 목현리(木峴里)의 구송(九松)

영 명 Gusong at Mokhyeon-ri, Hamyang
학 명 *Pinus densiflora* for. *multicaulis* Uyeki
소재지 경상남도 함양군 휴천면 목현리 854
지정일 1988. 4. 30.
지정 사유 노거수
소 유 국가(함양군 관리)

나무의 특징

크기 / 높이 12m, 뿌리목 줄기 둘레 3.5m,
　　　가지 길이 (동서 17.1m, 남북 16.9m)

면적 / 904m²

수령 / 270년

특징 / 함양읍에서 진주 방향으로 4km쯤 떨어진 휴천면 목현리의 서주천변에서 자라고 있다. 가지가 밑부분에서 9개로 갈라져 구송이라고 하는데, 그 중 2개는 죽고 현재 7개의 굵은 가지가 남아 있다.

유래 및 보호상의 특징

약 270년 전 이 마을에 처음 들어온 진양 정씨 화산공이 심은 것이라고 한다. 그 후 문중의 뜻있는 젊은이들이 자연 속에서 풍류를 즐기고 호연지기를 기르기 위해서 이 나무를 가꾸어 왔으며, 나무 옆에 구송대(九松臺)를 만들어 유계(儒契)를 하고, 시조와 글짓기를 하는 등 도덕과 예절 있는 생활을 닦아 왔다고 한다.

현재 그을음병이 침입한 흔적 등이 나타나므로 이에 대한 방제 대책이 요망된다.

함양 목현리의 구송

잎

갈라진 줄기

의령(宜寧) 성황리(城隍里)의 소나무

영 명 Japanese Red Pine at Seonghwang-ri, Uiryeong
학 명 *Pinus densiflora* Sieb. et Zucc.
소재지 경상남도 의령군 정곡면 성황리 산 34-1
지정일 1988. 4. 30.
지정 사유 노거수
소 유 개인 (의령군 관리)

나무의 특징

크기 / 높이 11m, 가슴높이줄기둘레 4.7m,
　　　가지 길이 (동서 23.1m, 남북 23.6m)

면적 / 1140m²

수령 / 300년

특징 / 의령 성황리 마을 뒷산의 경사면에 자라고 있는데, 수관이 옆으로 펼쳐져 넓은 수형을 만들고 있다. 높이 1.7m 정도에서 원줄기가 4갈래로 갈라졌으나, 그 가운데 하나는 죽었다.

유래 및 보호상의 특징

이 나무의 유래는 알려져 있지 않다. 북쪽에는 묘소가 있고, 마을 앞 산기슭에는 의령 남씨의 사당이 있어 이와 관련되었을 것으로 추측하고 있다. 예전에 이 소나무의 북쪽에 있는 다른 소나무의 가지가 뻗어 이 나무의 가지와 맞닿게 되면 우리 나라가 광복이 된다는 말이 전해졌는데, 그러한 현상이 일어난 후 정말로 광복이 되었다고 한다.

의령 성황리의 소나무

땅 위로 노출된 뿌리

고흥(高興) 봉래면(蓬萊面)의 상록수림

영 명 Broad-leaved Evergreen Forest at Bongnae-myeon, Goheung
소재지 전라남도 고흥군 봉래면 신금리 산 1
지정일 1989. 1. 14.
지정 사유 상록수림
소 유 개인(고흥군 관리)

숲의 특징

면적 / 21,998m²

특징 / 고흥읍에서 남동쪽으로 25km 떨어진 외나로도의 봉래 면소재지로부터 동북쪽으로 1km 떨어진 곳에 있다. 이 숲은 바닷가에 인접한 구릉지에 형성되어 있으며, 중앙에 서낭당이 있어서 잘 보존되어 온 수림이다. 나무 높이 16m 정도, 흉고직경 20~40cm의 구실잣밤나무가 우세하며, 그 밖에 후박나무·팽나무·상수리나무·개서어나무 등이 섞여 상층 임관을 이루고 있다. 중층에는 동백나무가 우점 상태를 이루고 있으며, 하층은 다양하지 않다. 그 밖에 보리밥나무·감탕나무·송악·개산초·폭이사초·갯까치수영도 특기할 만하다. 1993년에 총 91속 114종류의 식물이 조사되었다.

유래 및 보호상의 특징

마을 사람들은 이 숲이 마을을 수호해 주는 신령스러운 존재라 여겨 보호해 왔으며, 해마다 정초에 제사를 지냈다. 그러나 지금은 남쪽에 신금해수욕장이 있어 여름이면 많은 피서객이 몰려들고, 숲에 인접해 있던 봉래중학교가 다른 곳으로 이전해 학교 건물이 부서진 채 방치되어 있으며, 다른 시설로 전환·이용이 논의되어 숲을 보존하는 데 많은 어려움이 있다.

고흥 봉래면의 상록수림

감탕나무

구실잣밤나무

갯까치수영

개산초

391

삼척(三陟) 근덕면(近德面)의 음나무

영 명 Castor Aralia at Geundeok-myeon, Samcheok
학 명 *Kalopanax pictus* Nak.
소재지 강원도 삼척시 근덕면 궁촌리 452
지정일 1989. 9. 16.
지정 사유 노거수
소 유 선흥마을(삼척시 관리)

나무의 특징

크기 / 높이 20m, 가슴높이줄기둘레 5.2m,
가지 길이(동 20m, 서 15m)

면적 / 324㎡

수령 / 1000년

특징 / 삼척에서 남쪽으로 20km쯤 가면 근덕면 궁촌리 궁촌해수욕장 입구가 보이고, 그 곳에서 오른쪽으로 들어가면 선흥마을 끝지점에 음나무 노거수가 있다. 줄기는 아래에서부터 크게 둘로 갈라졌는데, 큰 줄기는 다시 여러 줄기로 나뉘어 수관을 형성하고, 작은 줄기는 옆으로 기울어져 있다. 나무를 중심으로 둥글게 돌담을 쌓아 보호하고 있는데, 담 안에는 고욤나무와 뽕나무가 있고, 담 밖에는 큰 고욤나무·향나무·소나무가 서 있다.

유래 및 보호상의 특징

이 나무는 오래 전부터 마을을 지키는 수호신으로 여겨져 나무에 금줄을 치고 부정한 사람이 나무 가까이 오지 못하게 하였다고 한다. 또 매년 음력 정월의 길일과 단옷날에 마을의 평안을 기원하는 제사를 지내는데, 특히 단오 때는 제사를 지내고 나서 그네뛰기, 널뛰기, 농악 놀이 등 단오 잔치를 벌인다고 한다.

봄에 싹이 틀 때 동쪽 가지의 잎이 먼저 돋아나면 영동 지방, 서쪽 가지의 잎이 먼저 돋아나면 영서 지방의 농사가 잘 된다는 말이 전해진다.

삼척 근덕면의 음나무

잎

영동(永同) 매천리(梅川里)의 미선나무 자생지

영 명 Natural Habitat of White Forsythia at
Maecheon-ri, Yeongdong
학 명 *Abeliophyllum distichum* Nak.
소재지 충청북도 영동군 영동읍 매천리 산 4-4
지정일 1990. 8. 2.
지정 사유 희귀 식물 자생지
소 유 영동군(영동군 관리)

숲의 특징

면적 / 20,000㎡

특징 / 영동 읍내와 백천내라는 큰 내를 사이에 두고 용두봉(龍頭峰)이라는 작은 산이 있는데, 이 산의 북서쪽 경사면에 우리 나라 특산 식물인 미선나무가 드물게 자라고 있다. 아까시나무가 많은 일반적인 야산이지만 가침박달·분꽃나무 등과 같은 특별한 식물도 있으며, 그 밖에 참나무류·국수나무·인동·느티나무·찔레·산사나무·굴피나무·줄딸기·골잎원추리 등 다양한 식물이 자라고 있다.

유래 및 보호상의 특징

이 미선나무 자생지는 훼손되어 복구한 것이 아닌 자연생 그대로 보존되어 있는 집단이다. 그러나 전체적으로 수관이 울폐(鬱閉)되어 미선나무 개체군이 크게 줄어들었으므로, 전체적인 수관의 울폐도 조절이나 주변 식생의 정리 등이 필요하다.

영동 매천리의 미선나무 자생지

잎

금산(錦山) 보석사(寶石寺)의 은행나무

영 명 Ginkgo Tree in the precincts of Boseoksa, Geumsan
학 명 *Ginkgo biloba* L.
소재지 충청남도 금산군 남이면 석동리 709
지정일 1990. 8. 2.
지정 사유 노거수
소 유 보석사(금산군 관리)

나무의 특징

크기 / 높이 40m, 가슴높이줄기둘레 10.4m,
        가지 길이(동서 28m, 남북 29m)

면적 / 1122㎡

수령 / 1000년 이상

특징 / 금산의 보석사 입구에서 줄지어 선 전나무 길을 따라 올라가다 보면 산에서 내려오는 계류를 사이에 두고 보석사 맞은편에 있다. 열매를 맺는 암나무로 나무의 원줄기 끝이 상하지 않고 제대로 올라가 수관을 형성하고 있다.

유래 및 보호상의 특징

보석사는 앞산에서 금을 캐서 불상을 주조하였다 하여 얻은 이름이나, 이 은행나무의 유래에 관해서는 알려진 것이 없다. 마을을 지켜 주는 신목으로 큰 재앙이 있을 때 이를 미리 알려 준다는 이야기가 전해진다.

금산 보석사의 은행나무

담양(潭陽)의 관방제림(官防堤林)

영 명 Gwanbang River Bank Protection Woods at Damyang
소재지 전라남도 담양군 담양읍 객사리, 남산리 일원
지정일 1991. 11. 27.
지정 사유 학술 연구 자원(저명한 줄나무)
소 유 국가(담양군 관리)

숲의 특징

면적 / 102,921m²

특징 / 담양 읍내에서 남서쪽에 위치한 남산리 · 천변리 · 황금리를 거쳐 이어지는 영산강 상류천 주변에 관방제(官防堤)가 있는데, 이 제방의 양쪽에 200~300여 년의 수령을 자랑하는 노거수가 울창한 줄나무 숲을 이루고 있다. 천연기념물로 지정된 구역 내에는 약 185그루가 서 있는데, 주요 수종은 푸조나무 · 팽나무 · 느티나무 · 벚나무 · 음나무 · 개서어나무 · 곰의말채 · 갈참나무 등인데, 특히 푸조나무가 많은 것이 특징이다. 푸조나무 가운데 큰 나무는 흉고직경이 130cm에 달한다.

유래 및 보호상의 특징

이 관방제림은 1648년 성이성(成以性) 부사(府使)가 수해를 막기 위해 법령을 만들어 매년 봄마다 제방을 축조하면서 처음 조성되었다. 그 후 철종 5년에 황종림 부사가 부임하면서 매년 관비 3만여 명을 동원하여 완성하였는데, 이 때문에 '관방제'라는 이름이 붙었다고 한다. 그 뒤 몇 년에 걸쳐 보수를 하면서 700여 그루의 나무를 더 심었으나, 지금은 420여 그루만 남아 있다.

우리 나라에서 보기 드문 제방림으로, 아름다운 경치와 녹음을 제공해 주고, 방풍 등 다양한 역할을 한다. 1934년에 담양교 옆에 '관방제'라고 새겨진 표석을 세우고, 1980년에는 느티나무를 더 보식하여 관방제림수(官防堤林藪)를 관방제림(官防堤林)으로 고쳤다.

담양의 관방제림

푸조나무

느티나무

제방 위의 모습

399

고창(高敞) 삼인리(三仁里)의 송악

영 명 Japanese Ivy at Samin-ri, Gochang
학 명 *Hedera rhombea* (Miq.) Bean
소재지 전라북도 고창군 아산면 삼인리 산 17-1
지정일 1991. 11. 27.
지정 사유 노거수(자생 북한지)
소 유 개인(고창군 관리)

숲의 특징

면적 / 330㎡

특징 / 고창 선운사로 들어가는 길 왼쪽으로 도솔천 건너편 산의 절벽 아래쪽에 뿌리를 내리고 있다. 이 곳의 송악은 덩굴 줄기가 해발 약 60m까지 암벽을 따라 위로 올라가 자라고 있다. 줄기는 아래부터 그물처럼 여러 갈래로 갈라져 바위에 붙어 있으며, 높이 5m 정도부터는 푸른 잎이 왕성하게 달려 있다.

송악은 난대성 상록의 덩굴식물로서 이 곳이 육지로서는 북한계(北限界)에 가깝고, 가장 큰 노거수로서 의미가 있다. 부챗살 모양으로 구불구불하게 여러 갈래로 갈라져 암벽에 붙은 덩굴 줄기와 무성한 녹색의 잎이 매우 인상적이다.

유래 및 보호상의 특징

사람의 접근이 용이하지 않고, 생육이 왕성하여 보존에는 큰 어려움이 없는 것으로 보인다. 절벽 위쪽에 흙이 무너진 곳이 있고, 그 곳의 송악 덩굴은 부착할 곳을 잃어 아래로 처져 있는데, 이것을 고정시켜 줄 필요가 있다.

고창 삼인리의 송악(원경)

열매

고창 삼인리의 송악(근경)

401

흑산도(黑山島) 진리(鎭里)의 초령목 – 해제

영 명 Compressa Michelia at Jin-ri,
　　　 Heuksando
학 명 *Michelia compressa* (Maxim.) Sarg.
소재지 전라남도 신안군 흑산면 진리 1구 산 77
지정일 1992. 10. 26.
지정 사유 희귀종의 노거수
소 유 개인(신안군과 진리 1구 마을 주민이 관리)
해제일 2001. 11. 30.
해제 사유 고사 후에도 방부 처리를 하여 보존하
　　　　 였으나 수피 등의 훼손이 심하여 해제

나무의 특징

　크기 / 높이 20m, 가슴높이줄기둘레 3.1m,
　　　　 가지 길이(동 10m, 서 15m, 남 15m, 북 10m)
　면적 / 100㎡
　수령 / 150~300년(추정)
　특징 / 대흑산도 진리의 바다가 보이는 야트막한 야산에 자라고 있
다. 초령목(超靈木)은 제주도 등지에서 어린 나무가 발견된다는 기록
이 있으나, 우리 나라의 유일한 노거수로서 의미를 가진다. 근처에
는 당옥이 있으며, 곰솔과 소나무들이 우거져 있다. 그런데 현재 이
초령목은 완전히 고사한 상태이고, 주변에 어린 나무 10여 그루가
자라고 있다.

유래 및 보호상의 특징

　'초령목'이라는 이름은 이 나무의 가지를 신전에 놓고 신령을 불
렀다고 해서 붙여진 것이라고 한다. 천연기념물로 지정된 나무가 고
사하였으므로 이에 대한 적절한 조처가 요망된다.

흑산도의 초령목 노거수

잎

부안(扶安)의 미선나무 군락지

영 명 Community of White Forsythia in Buan

학 명 *Abeliophyllum distichum* Nak.

소재지 전라북도 부안군 변산면 중계리 산 19-4 및 상서면 청림리 산 228, 229

지정일 1992. 10. 21.

지정 사유 학술 연구 자원

소 유 국가 및 개인(부안군 관리)

군락지의 특징

면적 / 2330m²

특징 / 부안군 변산면 군막동 근처에서부터 상서면 청림리까지 직소천과 백천의 냇가를 따라 산기슭 전석지와 평평한 곳에 나타난다. 우리 나라 미선나무 군락지로서는 면적이 가장 넓고 개체수도 가장 많은 지역이다. 또 미선나무 자생지 가운데 가장 남단에 위치한 곳이기도 하다. 주변에는 굴참나무·느티나무·쥐똥나무·광대싸리·칡·주름조개풀과 같은 식물들이 함께 자라고 있다.

유래 및 보호상의 특징

최근 부안댐이 건설되어 직소천의 수위가 높아지면서 다행히 천연기념물로 지정된 미선나무 자생지는 수몰 지역에서 벗어났지만 일부 지역의 상당한 개체군이 물 속에 잠길 처지에 놓여 인근 지역에 이식하여 보호하고 있다.

미선나무 꽃

404

부안의 미선나무 군락지

수몰지에서 이식한 미선나무 군락지

영일(迎日) 발산리(發山里)의 모감주나무·병아리꽃나무 군락지

영 명 Community of Golden Rain Tree and
White Kerria at Balsan-ri, Yeongil
학 명 *Koelreuteria paniculata* Laxm. and
Rhodotypos scandens Makino
소재지 경상북도 포항시 남구 동해면 발산 2리
산 13
지정일 1992. 12. 23.
지정 사유 학술 연구 자원
소 유 공유(포항시 관리)

군락지의 특징

면적 / 9917m²

특징 / 이 군락지는 동해가 내려다보이는 영일만 해안 일대의 경사
약 30°의 험준한 사면의 암석지에 발달해 있다. 이 곳의 모감주나무
는 큰 것이 나무 높이 약 15m, 가슴높이줄기둘레 1.2m, 수령 120～
130년이다. 큰 나무에서 작은 나무까지 약 300여 그루가 군락을 이
루어 자라고 있다. 또 하층에 병아리꽃나무가 군락을 이루고 있어
생태적, 학술적 가치를 인정받고 있다.

특히 이 모감주나무 군락은 크기가 우리 나라에서 가장 크며, 동
해안에서 발견되었다는 점에서도 의의가 있다.

유래 및 보호상의 특징

비교적 최근에 발견된 자생 군락으로 특별한 보호 조처는 없지만
현재 잘 자라고 있다. 그러나 두 종 모두 관상적 가치가 있어 훼손될
우려도 있다.

영일 발산리의 모감주나무·병아리꽃나무 군락지 (사진/이삼우)

병아리꽃나무

모감주나무

407

양구(楊口)의 개느삼 자생지

영 명 Natural Habitat of Korean Echinoso-
phora in Yanggu
학 명 *Echinosophora koreensis* Nak.
소재지 강원도 양구군 동면 임당리 산 148, 149
및 양구군 양구읍 한전리 산 54
지정일 1992. 12. 23.
지정 사유 학술 연구 자원(희귀 특산종)
소 유 공유 및 개인(양구군 관리)

자생지의 특징

면적 / 13,200 m²

특징 / 양구의 비봉 공원과 대암산 기슭 등지에 분포한다. 개느삼은
희귀 식물인 동시에 1속 1종만이 있는 우리 나라 특산 식물이다. 주
로 평안남도 맹산, 함경남도 북청 등에 분포하는 북방계 식물로서
이 지역의 군락은 남한계 지역으로서도 가치가 있다.

유래 및 보호상의 특징

양구의 한 초등학교 학생이 제출한 식물 표본에서 발견해 처음 자
생지를 찾아 냈다고 한다. 양지바른 숲 가장자리에서 자라는 식물이
므로 숲이 우거질 경우 군락이 위축될 확률이 높다. 그러므로 적절
한 자생지 관리가 필요하다.

양구의 개느삼 자생지

구좌읍(舊左邑)의 비자림 지대

영 명 Torreya Forest at Gujwa-eup
학 명 *Torreya nucifera* Sieb. et Zucc.
소재지 제주도 북제주군 구좌읍 평대리 산 15
지정일 1967. 7. 11.
지정 사유 학술 연구 자원(희귀 임상)
소 유 국가(북제주군 관리)

자생지의 특징

면적 / 448,165㎡

특징 / 북제주군 평대리에서 서남쪽으로 6km쯤 떨어진 곳에 비자나무가 집단적으로 순림을 이루고 있다. 이 숲의 수령은 300∼600년 정도이며, 흉고직경이 110cm나 되는 노거수 2570그루가 주를 이루고 있다.

특히 비자나무 노거수 줄기에는 지네발란·거미란·혹란·나도풍란·콩짜개란·비자란 등 우리 나라의 대표적인 희귀 착생 난초가 자라고 있어 그 가치를 더하고 있다. 숲 주변에는 곰의말채·아왜나무·비목나무·팽나무·무환자나무·자귀나무·곰솔·천선과나무·예덕나무·때죽나무·덧나무 등이 자라고 있다.

유래 및 보호상의 특징

이 숲은 무제(巫祭)를 지낼 때 쓰던 비자나무의 종자가 사방으로 흩어져 오늘날의 숲을 형성한 것으로 추측하나 확실하지는 않다. 예전에는 지금보다 훨씬 큰 숲이었으나 일제 강점기 때 많이 훼손되었다고 한다.

최근 비자나무에 붙어 사는 착생 난초들이 수집가들에 의해 수난을 당하고 있으며, 비자나무 숲은 관광지로 일반인들에게 공개되어 있다. 또 숲 주변에 청소년 야영장이 있어 숲의 보존에 부정적인 영향을 미칠 것으로 보인다.

구좌읍의 비자림 지대

납읍(納邑) 난대림 지대

영 명 Warm Temperate Forest at Nap-eup
소재지 제주도 북제주군 애월읍 납읍리 산 1459
지정일 1993. 8. 19.
지정 사유 학술 연구 자원
소 유 국가(북제주군 관리)

숲의 특징

면적 / 33,980㎡

특징 / 납읍리 납읍초등학교 운동장의 담
장과 접하고 있는 금산공원에 형성된 상록수림을 말한다. 후박나무·생달나무·종가시나무 등이 상층을 이루고, 하층에는 자금우·마삭줄 등이 지면을 덮고 있으며, 송악이 큰 나무 줄기를 타고 올라가고 있다. 수종 구성은 비교적 단순하지만 난대림 임상을 잘 보유하고 있어 가치가 있다.

유래 및 보호상의 특징

납읍은 유명한 유인촌(儒人村)으로 이 난대림 지대가 선비들의 휴식처 및 시작(詩作)을 하는 곳으로 이용되었다. 숲 안에 지방 문화재로 지정된 포제단(酺祭壇)이 있으며, 해마다 이 곳에서 동제를 지낸다고 한다.

납읍의 난대림 지대

수림 내부

산방산(山房山) 암벽 식물 지대

영 명 Vegetation developed on Rock Cliff
　　　　 at Sanbangsan
소재지 제주도 남제주군 안덕면 사계리 산 16
지정일 1993. 8. 19.
지정 사유 학술 연구 자원(희귀 임상)
소 유 국가(남제주군 관리)

숲의 특징

　면적 / 247,935m²

　특징 / 산방산은 제주도 남서쪽에 자리잡은 해발 395m의 조면암이
튀어 올라온 화산이다. 산 아래쪽은 제주도의 대표적인 관광지인 해
식동굴과 산방굴사가 있어 숲이 많이 황폐해졌으나, 산 위쪽에는 구
실잣밤나무·참식나무·후박나무·생달나무·육박나무·겨울딸기·돈
나무·까마귀쪽나무 등이 자라서 난대성 원시림을 유지하고 있다.
접근이 어려운 암벽에는 제주도의 대표적인 희귀 난초인 지네발
란·풍란·석곡 등이 자라고 있다. 또 이 곳은 제주도의 유일한 섬회
양목 자생지이다.

유래 및 보호상의 특징

　숲은 암벽에 형성되어 있어 접근이 어려우나 희귀 착생 난초들은
대부분이 남채되고 있다.

산방산 암벽 식물 지대

풍란

육박나무의 잎과 꽃

안덕(安德) 계곡 상록수림 지대

영 명 Broad-leaved Evergreen Forest at Andeok Valley
소재지 제주도 남제주군 안덕면 가산리 1946 천(川)
지정일 1993. 8. 19.
지정 사유 학술 연구 자원
소 유 국가(남제주군 관리)

제주도

숲의 특징

면적 / 22,215m²

특징 / 제주도의 남서쪽 일주 도로변에 있다. 조면암으로 된 이 계곡은 양쪽에 기암절벽이 병풍처럼 펼쳐져 있고, 계곡의 밑바닥에는 편평한 암반이 깔려 있어 매우 독특한 풍광을 자아낸다.

계곡의 위쪽 언덕에는 붉가시나무·후박나무·가시나무·조록나무·구실잣밤나무·참식나무가 주를 이루는 상록 활엽수림이 발달하여 난대림을 상징하는 원시성이 잘 유지되어 그 가치를 인정받고 있다. 특히 각종 고사리류와 남오미자·백량금·바람등칡·담팔수·개상사화와 같은 희귀 식물들이 자생하고 있으며, 전체적으로는 300여 종의 식물이 출현하고 있다.

유래 및 보호상의 특징

이 계곡은 태고에 하늘이 울고 땅이 진동하고 구름과 안개가 낀 지 9일 만에 군산(群山)이 솟아 형성되었다고 전해지고, 추사 김정희 등 많은 학자들이 머물렀던 기록이 있다. 현재 이 곳은 관광지로 개발되어 일반인들의 출입이 자유로운 상태이므로, 숲과 희귀 식물의 훼손이 우려된다.

조록나무

안덕 계곡 상록수림

안덕 계곡의 암벽

천제연(天帝淵) 난대림 지대

영 명 Warm Temperate Forest at Cheonjeyeon Waterfall
소재지 제주도 서귀포시 중문동 2785
지정일 1993. 8. 19.
지정 사유 학술 연구 자원(희귀 임상)
소 유 국가(서귀포시 관리)

숲의 특징

면적 / 31,127㎡

특징 / 이 곳은 서귀포시 중문동에서 서쪽
으로 약 500m 지점에 위치한 계곡을 따라
양쪽 기슭에 나 있는 상록수림이다. 이 계곡에는 높이 23m의 천제연
폭포가 있는데, 물은 이어 흘러서 제2, 제3의 폭포가 된다. 난대림은
폭포를 중앙에 두고 형성되어 있다.

이 숲은 구실잣밤나무 · 녹나무 · 동백나무 · 보리밥나무 · 산유자나
무 · 담팔수 · 조록나무 · 자금우 · 돈나무 · 참식나무 · 사스레피나무 · 가
시나무류 · 비쭈기나무 · 감탕나무 등 난대성 상록 활엽수가 주를 이
루고 있다. 이 밖에 푸조나무 · 팽나무 등의 낙엽 활엽수, 바람등칡 ·
마삭줄 · 남오미자 · 왕모람 등의 덩굴 식물이 자라고, 특히 솔잎란이
나 백량금, 죽절초와 같은 희귀 식물도 있다.

유래 및 보호상의 특징

천제연 삼단 폭포는 선녀들이 내려와서 목욕을 하였다는 전설이
있는 대표적인 관광지이다. 다리를 통해 폭포를 바라보게 되어 있으
므로 훼손의 우려는 비교적 적은 것으로 보인다.

천제연 난대림 지대

죽절초

(上) 종가시나무
(下) 돈나무

419

천지연(天地淵) 난대림 지대

영 명 Warm Temperate Forest at Cheonjiyeon Waterfall
소재지 제주도 서귀포시 서귀동 973
지정일 1993. 8. 19.
지정 사유 학술 연구 자원(희귀 임상)
소 유 국가(서귀포시 관리)

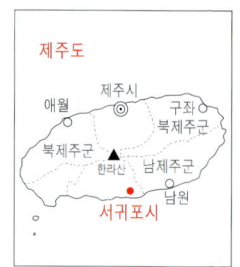

숲의 특징

면적 / 89,330m²

특징 / 서귀포시 서귀동의 천지연 폭포를
중심으로 한 계곡 부근의 상록 활엽수림을
말한다. 이 숲은 구실잣밤나무·동백나무·가마귀쪽나무·후박나무·
참식나무·새덕이·조록나무·백량금·사스레피나무·송악·마삭줄·
모람·보리밥나무·산유자나무·보리장나무 등의 상록 활엽수가 주를
이루는 상록성 난대림이다. 폭포 주변의 암벽에는 원시적인 희귀 식
물인 솔잎란이 자생한다.

이 밖에 천연기념물 제163호로 지정된 담팔수나무 군락이 있고,
폭포수가 떨어져서 만든 깊은 못에는 천연기념물 제27호로 지정된
무태장어가 서식하고 있다.

유래 및 보호상의 특징

통탈목·치자나무 등의 외래 수종이 일부 식재되어 있는데, 이는
제거해야 할 필요가 있다.

천지연 난대림 지대

솔잎란

송악

421

마이산(馬耳山)의 줄사철나무 군락지

영 명 The Community of Fortune's Creeping Spindle at Maisan
학 명 *Euonymus fortunei* var. *radicans* Rehder
소재지 전라북도 진안군 마령면 동촌리 산 18
지정일 1993. 8. 19.
지정 사유 학술 연구 자원(희귀 임상)
소 유 국가(진안군 관리)

군락지의 특징

면적 / 171.9㎡

특징 / 진안 마이산에는 자생하는 줄사철나무 군락이 있다. 탑사 주변과 은수사 앞에는 줄기의 지름이 8∼12cm, 높이 3∼7m 정도 되는 큰 나무들이 있고, 수마이봉 암벽 위나 주변 기슭에도 무리지어 자란다. 줄사철나무 중 가장 북쪽에 자라는 자생 군락으로서 의미가 있다.

유래 및 보호상의 특징

천연기념물로 지정되면서 많은 개체들이 남채되어 눈에 띄는 곳에 있는 것은 거의 없어진 실정이다. 현재 천연기념물 안내 간판조차 없는 상태이다.

마이산 전경

은수사 앞의 줄사철나무

백사(栢沙) 도립리(道立里)의 반룡송(蟠龍松)

영 명 Banryongsong at Dorip-ri, Baeksa
학 명 *Pinus dendiflora* for. *anguina* Uyeki
소재지 경기도 이천시 백사면 도립리 201-1
지정일 1996. 12. 24.
지정 사유 노거수
소 유 개인(이천시 관리)

나무의 특징

크기 / 높이 4.2m, 가슴높이줄기둘레 1.8m,
　　　뿌리목 줄기 둘레 1.71m, 수관 둘레 42.7m,
　　　가지 길이(동 5.3m, 서 5.3m, 남 7.3m, 북 5.2m)

면적 / 5366m²

수령 / 미상

특징 / 이 나무는 이천 백사면 면사무소에서 서쪽으로 1.7km 떨어진 도립리의 어산마을에서 자라고 있다. 주변은 경작지이며, 뒤쪽에는 작은 활엽수림이 있다. 높이 2m 정도에서 가지가 사방으로 갈라져 마치 수관이 왕후의 어여머리를 연상케 하며, 하늘을 향한 가지는 마치 용틀임을 하듯이 기묘한 모습으로 비틀리면서 180° 휘어진 가지와 빗장 가지 모습을 하고 있다. 가지의 길이는 남쪽의 것이 가장 길며, 순차적으로 동·서·북쪽 순이고, 굵기는 북쪽의 것이 가장 굵다.

유래 및 보호상의 특징

신라 말 도선이 이 곳과 함흥·서울·강원도와 계룡산에서 장차 큰 인물이 태어날 것을 예언하면서 심어 놓은 뱀솔 중 한 그루라고 전해진다. 이 나무가 자라는 곳은 조선 시대 지리학자 이중환(李重煥)의 저서 '택리지(擇里志)'에서 복거지(卜居地)라고 칭할 정도로 지세가 좋은 곳이다.

백사 도립리의 반룡송

기묘하게 비틀린 가지

425

장연(長延) 오가리(五佳里)의 느티나무

영 명 Zelkova Tree at Oga-ri, Jangyeon
학 명 *Zelkova serrata* Makino
소재지 충청북도 괴산군 장연면 오가리 321
지정일 1996. 12. 24.
지정 사유 노거수
소 유 개인(괴산군 관리)

나무의 특징

크기 / 상괴목 – 높이 25m, 가슴높이줄기둘레 2.7m,
　　　　　　　가지 길이(동 13m, 서 12m, 남 12.3m, 북 12m)
　　　　하괴목 – 높이 19m, 가슴높이줄기둘레 2.8m,
　　　　　　　가지 길이(동 7.5m, 서 13.5m, 남 9.5m, 북 12.5m)

면적 / 3848㎡

수령 / 약 900년

특징 / 이 나무는 913번 지방 도로가 관통하는 장연 면소재지에서 북쪽으로 1km 남짓 떨어진 우령마을에 자리잡고 있는데, 하괴목과 상괴목 2그루로 구성되어 있다.

하괴목은 마을 창고 옆에 위치해 있는데, 3개의 중심 가지 중 동쪽으로 뻗은 가지는 오래 전에 부러져 말라 죽었고, 속으로 구멍이 나 있다. 마을에서 쉼터로 활용하기 위하여 나무 밑에 1단의 시멘트 구조물을 설치하였으며, 옆에는 마을 뒷산에서 흘러내려오는 개울이 있다.

상괴목은 하괴목에서 60m 정도 북쪽에 위치해 있다. 지대가 높은 곳에 있고, 하괴목에 비해 수세가 양호한 편이다. 옆에 지름 40cm 정도의 작은 느티나무가 아주 근접해 자라고 있다. 나무 밑동에는 마을에서 쉼터로 활용하기 위하여 5단의 시멘트 구조물을 설치해 놓았다.

유래 및 보호상의 특징

　이 마을에서는 60m 정도 간격을 두고 당당한 자태를 뽐내고 있는 이 3그루의 느티나무를 삼괴정(三槐亭)이라 부르고 있다. 매년 음력 정월 보름날 자정에 마을 사람들이 3그루 중 가장 아래에 있는 느티나무 아래에서 서낭제를 지내고 있다.

장연 오가리의 느티나무

밑동

연풍(延豐) 입석(立石)의 소나무

영 명 Japanese Red Pine at Ipseok, Yeonpung
학 명 *Pinus dendiflora* S. et Z.
소재지 충청북도 괴산군 연풍면 적석리 34-2
지정일 1996. 12. 24.
지정 사유 노거수
소 유 개인(괴산군 관리)

나무의 특징

크기 / 높이 17m, 가슴높이줄기둘레 1.2m,
　　　가지 길이(동 9m, 서 12.5m, 남 13m, 북 12m)

면적 / 195,471㎡

수령 / 약 150년

특징 / 연풍 면소재지에서 괴산 방면으로 34번 국도를 따라 5km 정도 가면 장암교에 이르고, 이 다리를 건너 포장된 농로를 따라 1km를 더 가면 입석마을이 나온다. 이 나무는 외형상 속리산 법주사 입구의 정2품송과 유사하나, 원줄기가 끝으로 가면서 5° 정도 기울어 비스듬하게 올라갔다. 원줄기의 윗부분은 적송 특유의 붉은빛을 띠며, 아랫부분은 수피가 두껍다. 전체적으로 줄기가 많고 사면으로 고르게 뻗어 있으며, 수세가 왕성하다. 지름 7~8m, 높이 50cm의 타원형 석축이 나무를 둘러싸고 있다.

유래 및 보호상의 특징

입석마을이 생긴 연대는 정확히 알 수 없으나, 입석암이라는 절터에 주춧돌과 파손된 기왓장이 여러 곳에 남아 있는 점과 양지마을 뒷산의 고려 단골과 산마루에 국사당이 있는 것으로 미루어 오랜 역사를 가진 마을임을 알 수 있다. 조선 숙종 때 연일 정씨의 선조가 정착함으로써 마을이 이루어졌다고 하는데, 이 소나무는 입석마을이 형성되기 전부터 있었던 마을 입구의 관송(冠松)이라고 한다.

연풍 입석의 소나무

줄기

강진(康津) 병영면(兵營面)의 은행나무

영 명 Ginkgo Tree at Byeongyeong-myeon, Gangjin
학 명 *Ginkgo biloba* L.
소재지 전라남도 강진군 병영면 성동리 70
지정일 1997. 12. 30.
지정 사유 학술 연구 자원
소 유 병영 동성마을회(강진군 관리)

나무의 특징

크기 / 높이 30m, 가슴높이줄기둘레 6.75m,

가지 길이(동 16.5m, 서 13m, 남 10.9m, 북 13.5m)

면적 / 2825㎡

수령 / 약 800년(추정)

특징 / 지명에서 나타나듯이 이 지역은 태종 17년에 병영(兵營)을 설치하여 병마 절도사를 두었던 유서 깊은 곳이다. 이 나무는 전라 병영이 설치되었던 곳에서 약 500m 떨어져 있는 동성마을에 자리잡고 있다. 보호수로 지정·보호되다가 최근 가치를 인정받아 천연기념물로 지정되었다. 수나무임에도 불구하고 지상 5m 정도에서 가지가 옆으로 많이 퍼져 있어 전체적으로 수관이 사각형으로 보인다.

유래 및 보호상의 특징

이 나무는 '하멜 표류기'에 나오는 유명한 나무이다. 네덜란드 인 하멜 일행이 1656년부터 약 7년간 이 지역에서 억류 생활을 하였는데, 이들 중 7명이 1666년에 탈출하여 쓴 하멜 표류기는 우리의 생활을 서양에 알리는 최초의 서적이다. 이 책에 바로 이 은행나무 밑에서 수인 산성을 바라보며 고향을 생각했다는 기록이 있다고 한다.

이 나무에 관한 전설이 하나 전해 오는데, 옛날 이 곳에 부임한 병마 절도사가 폭풍으로 부러진 은행나무 가지로 목침을 만들어 베고 잔 후로 병이 들었다고 한다. 전국의 명의를 수소문하고 약을 써도 효력이 없이 병은 깊어만 갔는데, 어느 날 한 노인이 은행나무에 제

강진 병영면의 은행나무   밑동

를 올리고 목침을 나무에 붙여 주면 나을 것이라고 말해 주었다. 그래서 그 노인의 말대로 하니 병이 나았다는 것이다. 그 후로 마을 사람들은 매년 음력 2월 15일 자정에 마을의 평안과 풍년을 기원하는 제사를 지내고 있다.

현재 이 나무는 원줄기가 온전하고 수세가 왕성하여 뿌리가 인근 민가의 방 밑까지 뻗어 나갈 정도이다. 그러나 나무 주위를 휴식처로 이용하기 위해 시멘트로 완전히 발라 놓아, 나무의 생육에 좋지 못한 영향을 미칠 것으로 예측된다.

진안(鎭安) 은수사(銀水寺)의 청실배나무〔靑實梨〕

영 명 Pear Tree 'Cheongsil' at Eunsusa, Jinan
학 명 *Pyrus ussuriensis* var. *ovoidea* Rehder
소재지 전라북도 진안군 마령면 동촌리 3
지정일 1997. 12. 30.
지정 사유 학술 연구 자원
소 유 황순필(진안군 관리)

나무의 특징

크기 / 높이 18m, 가슴높이줄기둘레 2.8m,
　　　　가지 길이(동 7.2m, 서 8.7m, 남 7.3m, 북 6.4m)

면적 / 1600 m²

수령 / 약 640년

특징 / 진안군 마이산 중 수마이산 바로 아래에 자리잡은 은수사 경내에서 자라고 있다. 청실배나무는 한국 특산종으로 다른 곳에서는 찾아보기 어려운 희귀한 수종이다. 이 나무는 산돌배나무의 변종으로 열매의 모양이 둥글지 않고 타원형인 것이 기본종과 크게 다른 점이다. 나무의 밑동에서 두 갈래로 갈라지고, 각각 다시 둘로 갈라져 수형이 독특하며, 지금도 가을에 많은 열매가 달린다.

유래 및 보호상의 특징

조선 시대에 태조가 왕위에 오르기 전, 이 은수(銀水)의 터에서 백일 기도를 올리고 꿈 속에서 마이산 신으로부터 금척(金尺)을 받아 천명(天命)을 얻고 조선 왕조를 열었다고 전해진다. 이 청실배나무는 기도를 잘 마쳤다는 증표로 심은 씨앗이 오늘날과 같은 모습으로 자랐다고 한다.

지금도 청실배나무 하단에 높이 약 50cm의 원형 석축단이 있어 산신령에게 마이산제를 지내며, 몽금척(夢金尺)을 시연하고 있다. 또 이 곳에서 겨울에 치성을 드리면 손뼉을 치는 듯한 소리가 난다고 하는데, 이는 마이산 암벽을 타고 역류하는 거센 바람에 청실배나무

진안 은수사의 청실배나무

의 단단한 잎이 서로 부딪쳐서 내는 매우 독특한 소리라고 한다. 겨울에 청실배나무 밑동에 물을 담아 두면 나뭇가지 끝을 향해 고드름이 거꾸로 생기는데, 이를 사람들은 신기한 향로라고 하여 찾아보곤 한다.

대웅전 옆에 있으므로 보존상의 큰 어려움은 없는 것으로 보인다. 그러나 석축단 주위를 1m 너비의 시멘트로 덮은 것이 통기에 좋지 않을 듯하다.

임실(任實) 관촌면(館村面)의 가침박달나무 군락

영 명 Population of Common Pearlbush at Gwanchon-myeon, Imsil
학 명 *Exochorda serratifolia* S. Moore
소재지 전라북도 임실군 관촌면 덕천리 산 37
지정일 1997. 12. 30.
지정 사유 학술 연구 자료
소 유 한동선(임실군 관리)

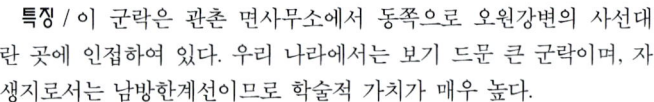

군락의 특징

면적 / 7084㎡

수량 / 154그루

특징 / 이 군락은 관촌 면사무소에서 동쪽으로 오원강변의 사선대란 곳에 인접하여 있다. 우리 나라에서는 보기 드문 큰 군락이며, 자생지로서는 남방한계선이므로 학술적 가치가 매우 높다.

가침박달은 우리 나라 중부 지방에서 드물게 자라는 낙엽 관목이다. 꽃은 5월에 피는데 매우 화려하고 아름답다. 장미과에 속하지만 열매의 모양이 조각을 실로 꿰매어 감친 것처럼 보이고, 목재는 박달나무처럼 단단하여 가침박달이라는 이름이 붙었다.

이 숲은 졸참나무를 우점종으로 하여 개서어나무·상수리나무 등이 상층을 형성하고, 중층에는 가침박달을 우점종으로 참나무류·국수나무·물푸레나무·쥐똥나무·청미래덩굴·칡 등이 섞여 자라고, 초본층에는 맑은대쑥·산거울·둥글레·주름조개풀 등이 자란다.

유래 및 보호상의 특징

사선대는 마이산과 성수산의 신선들이 까마귀 떼를 타고 다니며 놀았다고 전해지는 곳이다. 그래서 강 이름도 오원강(烏院江)이라고 한다. 현재 이 곳은 지형이 가팔라 접근이 용이하지 않으므로 큰 훼손의 우려는 없다. 그러나 가침박달은 관상수로서 가치가 높고 이 지역에서는 보기 어려운 수종이므로, 훼손을 대비하여 울타리 시설 등이 필요한 것으로 보인다. 또 상층 수관의 울폐로 중층의 가침박달 군락에 영향을 줄 수도 있다.

임실 관촌면의 가침박달나무 군락

잎과 열매

꽃

435

임실(任實) 관촌면(館村面)의 산개나리 군락

영 명 Population of *Forsythia saxatilis* Nakai
at Gwanchon-myeon, Imsil
소재지 전라북도 임실군 관촌면 덕천리 산 36
지정일 1997. 12. 30.
지정 사유 학술 연구 자원
소 유 김재문(임실군 관리)

군락의 특징

면적 / 5851㎡

수량 / 230여 그루

특징 / 오원강변 사선대 인접 지역의 가침박달나무 자생지와 이어서 북동쪽으로 길게 이어진 야산의 사면에 군락을 이루고 있다.

산개나리는 서울의 북한산·관악산 및 수원의 화산 등지에 극히 드물게 자라는 희귀 수종이다. 이 곳은 멸절 위기에 처한 종의 큰 자생지일 뿐 아니라, 산개나리의 남방한계로서도 매우 중요한 의미를 가진다. 교목층은 형성되어 있지 않고 관목층에 산개나리가 밀도 있게 자라고 있으며, 그 밖에 붉나무·국수나무·쥐똥나무·찔레 등이 섞여 밀생한다. 상층에는 상수리나무·물푸레나무·느티나무·팽나무 등이 출현하고, 하층에는 맑은대쑥·산거울·큰기름새 등이 자란다.

유래 및 보호상의 특징

이 자생지는 식생이 복잡하게 발달한 지역이다. 특히 산개나리와 함께 밀생하고 있는 여러 관목류와 칡·멍석딸기·으아리 등의 덩굴성 식물들은 모두 생육이 매우 왕성하고 번식력이 높은 종들로서 산개나리가 피압될 우려가 많다. 따라서 산개나리 생육에 장애가 되는 많은 덤불들을 제거하고, 일반인들의 접근에 따른 훼손이 없도록 적절한 보호 조치를 해야 한다.

임실 관촌면의 산개나리 군락

꽃 (사진/길봉섭)

천연기념물 **동물편**

윤무부 / 생물교육학박사
경희대학교 생물학과 교수

광릉(光陵) 크낙새 서식지

영명 Habitat of White-bellied Black
　　Woodpeckers in Gwangneung
소재지 경기도 남양주시 진접읍 부평리 산
　　99-1 외 3필
지정일 1962. 12. 3.

서식지의 특징

면적 / 3,492,014 m^2

특징 / 크낙새 서식지로 지정되어 있는 지
역은 행정 구역상 경기도 포천군 소흘읍, 내촌면과 남양주시 진접읍,
별내면에 걸쳐 있다. 일제 강점기부터 보호 관리가 잘 되어 노거수
가 많으며, 이 곳에서 자생하는 식물도 약 790여 종이나 되는 것으
로 알려져 있다. 이 때문에 곤충상도 매우 다양하여 원시림에 가까
운 삼림 지역으로 각광을 받고 있는 곳이다.

실태

　크낙새는 수령이 오래 된 잣나무, 참나무, 전나무 및 소나무가 산
재해 있는 능 주변 삼림을 중심으로 약 6km ^{2}의 행동권을 가지고 있
는 것으로 알려져 있다. 1979년 이후부터 번식 생태에 대한 조사가
이루어져 매년 1쌍이 다른 둥지를 이용해 번식해 왔음을 확인할 수
있었으나, 필자가 관찰한 바로는 1988년이 마지막이었다.

　1997년 '광릉 숲 보존을 위한 심포지엄'의 보고서에 의하면, 현재
이 지역은 매연을 다량으로 내뿜는 산업용 차량의 통행이 심하고,
광릉 수목원의 하루 입장객 수는 적정 수용 인원의 2.5배나 초과하
여 생물의 서식을 방해하는 것으로 나타났다.

　이러한 현실에서 광릉 수목원의 일반인 출입이 1997년 6월부터 통
제되었고, 숲을 관통하여 드라이브 코스로 애용되던 314번 지방 도
로도 폐쇄되었으며, 수목원 주변의 일부 토지가 국유화되어 개발이
엄격히 제한되었다.

광릉 크낙새 서식지

안내판

나무 구멍 속의 크낙새

진천(鎭川)의 왜가리 번식지

영 명 Breeding Site of Gray Herons in Jincheon
소재지 충청북도 진천군 이월면 노원리 960 외
   1필
지정일 1962. 12. 3.

번식지의 특징

면적 / 68,968m²

특징 / 1970년대까지 노원리의 보호 지역 내에서 자라고 있는 고령의 은행나무를 중심으로 수백 마리의 백로류 및 왜가리가 도래하였다. 이 은행나무는 수령이 약 750년으로 추정되고, 최대 둘레는 8.6m, 높이는 약 20m이다. 백로와 왜가리가 함께 둥지를 틀 때에는 윗부분에는 왜가리, 중간 부분에는 중대백로와 중백로가 번식하였다고 한다. 현재 이 은행나무는 거의 고사한 상태이며, 5~6개의 중대백로의 빈 둥지만 남아 있을 뿐이다.

실태

1991년 조사에 의하면 이 은행나무 주변에 있는 숲에서 왜가리 둥지 42개, 중대백로 둥지 150개, 쇠백로 둥지 4개가 관찰되었으며, 낮에는 어미새 중대백로 65개체와 쇠백로 6개체가 관찰되었다.

수질 환경의 악화로 백로류의 먹이가 되는 개구리, 미꾸라지와 같은 수중 생물들이 줄어들고 있기 때문에 점점 개체수가 줄어들고 있다. 또 이 곳이 백로류 및 왜가리의 집단 서식지로 알려지면서 사람들의 출입이 잦아지고, 특히 사진 촬영을 위해 오는 사람들이 늘고 있다. 이들은 주로 번식기를 이용하여 새들의 모습을 카메라에 담고자 하기 때문에, 포란 중인 새를 놀라게 하거나 육추 중인 어미새에게 위협적인 행동을 하기도 한다. 도래지 및 집단 번식지를 찾는 사람들을 대상으로 교육을 철저히 시켜야 할 것이다.

진천의 왜가리 번식지

둥지 위의 왜가리

제주도(濟州道) 무태장어 서식지

영명 Habitat of Marbled Eels at Cheonjiyeon
      Waterfall Jeju-do
소재지 제주도 서귀포시 서홍동 천지연 폭포
지정일 1962. 12. 3.

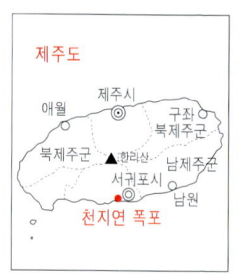

서식지의 특징

제주도 천지연과 천지연의 퇴수로 지역
은 폭포 아래에서 서식하고 있는 천연기념
물 제258호인 무태장어와 함께 보호 대상
이 되고 있는 곳이다. 천지연 폭포는 조면질 안산암으로 이루어진
기암 절벽에서 세찬 옥수가 떨어지는 경승지로, 많은 관광객이 찾고
있다. 특히 이 곳은 무태장어의 분포상 북한지(北限地)로 중요시되고
있다.

실태

현재 이 곳은 많은 관광객들이 왕래하고 있어 수질은 예전만큼 좋
지 못하고, 퇴수로 공사 때 하천의 양 측면에 축대를 쌓아 하천 주변
에 서식하는 식물이 줄어들었다. 그에 따라 무태장어의 먹이가 되는
수서 곤충이나 작은 민물고기가 줄어들고 있다. 또 무태장어는 회유
하는 습성을 가지고 있는데, 하천에 제방을 쌓아 두었기 때문에 치
어들이 천지연 쪽으로 올라오는 데 방해가 되고 있다.

그뿐만 아니라 회유로가 되는 천지연 주변의 해양 오염도 심각하
다. 천지연의 퇴수로 끝 부분에 밀집해 있는 많은 식당과 상가에서
배출되는 오염 물질이 무태장어의 회유를 방해하는 커다란 요인이
되고 있다. 그러므로 이 점에 각별한 관심을 가지고 무태장어의 서
식지와 회유 습성에 따른 관련 지역의 보호에도 신경을 써야 할 것
이다.

제주도 무태장어 서식지

진도(珍島)의 진돗개

영 명 Jindo Dogs of Jindo
소재지 전라남도 진도군 진도읍 진도 본도
지정일 1962. 12. 3.

진돗개는 개과에 속하는 우리 나라 특산 개 품종의 하나이다. 기원은 정확히 알 수 없으나, 석기 시대부터 유래되어 온 혈통 중 동남아계의 중형종에 속하는 품종으로 알려져 있다. 진도가 대륙과 격리되어 있어서 비교적 순수한 혈통을 유지할 수 있었다.

형태 / 털 색은 황색형과 백색형이 있다. 귀는 앞으로 약간 경사져 빳빳하게 서 있고, 눈의 홍채색은 황색형은 짙은 황갈색, 백색형은 회색이다. 꼬리 색은 개체마다 다르나, 48% 정도가 선천적 또는 후천적으로 퇴색되어 담홍색이다. 얼굴은 정면에서 보면 거의 팔각형이며, 목은 굵어서 힘이 있고 다부지게 보인다.

실태 / 1970년 조사에 의하면 진도 일원에서 사육되고 있는 진돗개는 919마리로 알려졌다. 그 후 1986년 4월 30일 조사에서 6개월령 이상 성견은 3517호에서 3887마리를 기르고 있는 것으로 나타났다. 그 중 96%는 일반 가정에서 1~2마리 정도 기르고 있어, 보호에 대한 책임은 소유주에게 있다.

사육자들은 진돗개가 몸집이 커지면 더욱 영리해지고 사나워진다고 하는데, 이는 환경의 변화에 따른 선입견일 뿐 실제 유전적 변화의 증거는 없다. 사료는 사람들이 먹고 남은 밥을 이용하거나 별도의 애완견용 사료를 구입해 주고 있다. 따라서 식물성 먹이를 많이 섭취하게 되어 영양의 불균형이 염려되며, 원래 육식성이었다는 점을 감안하여 새로운 사료의 개발도 필요하다.

진도의 진돗개(백색형)

진돗개(황색형)

정암사(淨巖寺)의 열목어 서식지

영명 Habitat of Manchurian Trout near Jeongamsa
소재지 강원도 정선군 고한읍 고한리 산 213
지정일 1962. 12. 3.

실태

보호 구역으로 지정된 곳은 정선군 고한읍 고한리에 위치한 정암사 경내의 연못이다. 이 곳의 열목어는 수가 차차 줄어들어 최근 인근의 하천 계곡에 서식하는 열목어를 포획하여 경내 연못으로 이주시켜 복원하였다.

정암사 주변 지역은 탄광 산업이 번창하였던 곳으로, 1970년대 경제 개발 정책으로 무연탄의 소비가 급증할 때, 이 지역의 하천은 채탄 과정에서 생기는 오수로 수질이 악화되었다. 그 결과 열목어의 서식이 불가능해진 곳도 생기게 되었다. 1980년대에 들어와 고급 에너지의 사용으로 대부분의 탄광이 문을 닫자 하천이 점차 되살아나고 있으나, 최근 이 지역을 관광지로 개발하려는 계획이 있어 또 다른 우려를 낳고 있다.

그러므로 열목어를 보호하기 위해서는 강원도 정선군 고한읍 고한리와 동면 한소리·판문리·호촌리 등 일원의 계곡과 주변의 임지 보호를 통해 서식 환경의 범위 확대 보전에 노력해야 한다. 또 열목어의 서식 장소 및 번식 생태에 대한 과학적인 조사를 통해 개발에 따른 확실한 대책을 수립하고, 열목어를 함부로 잡는 행위를 근절시켜야 할 것이다.

정암사의 열목어 서식지

봉화(奉化) 석포면(石浦面)의 열목어 서식지

영 명 Habitat of Manchurian Trout
      in Seokpo-myeon, Bonghwa
소재지 경상북도 봉화군 석포면 대현리 226 외
지정일 1962. 12. 3.

실태

경상북도 북단부에 위치한 이 곳은 낙동
강 상류 수역으로서, 열목어 분포의 남방
한계 지역으로 알려져 있다. 1970년대에 이
곳을 여러 차례 조사한 결과 열목어의 서식이 확인되지 않았다. 그
래서 1986년 그 곳 주민들이 열목어 서식지 복원을 위해 강원도 홍
천군 내면 창촌리 일대에서 100여 마리를 잡아다가 반은 봉화군 석
포면 대현리 대현사 경내의 연못에 사육하고, 나머지 반은 대현리
앞 계곡에 방류하였으나 정착 여부에 대해서는 밝혀진 바가 없다.
앞으로도 이와 같은 복원 사업은 지속되어야 하며, 서식지 주변의
하천과 서식지에 대한 각별한 관리가 필요하다.

열목어 (사진/김익수)

진도(珍島)의 백조 도래지

영 명 Wintering Site of Migrating Swans in Jindo
소재지 전라남도 진도군 진도읍 수유리, 군내면
　　　　덕병리 해안 일대 및 둔전 저수지
지정일 1962. 12. 3.

　겨울철이면 고니류를 비롯하여 여러 종의 수금류가 북쪽 지방으로부터 동서 해안을 따라 남하하여 우리 나라에 찾아오는데, 혹한기에 접어들어 호수의 물이 얼면 경상남도 합천군 용주면과 창원군의 호소를 거쳐 낙동강 하구, 전라남도 진도군 군내면 해안 일대와 다도해 해안에까지 남하하여 11월에서 2월까지 그 곳에서 월동한다.

도래지의 특징

면적 / 3,816,890㎡

특징 / 진도 도래지는 한반도의 서단 남부에 위치하는 유일한 월동지로, 서남부 해상을 거쳐 이동하는 고니류 집단에게 기착과 휴식공간을 제공하기에 적합한 곳이다. 그런 이유로 매년 수백 마리의 고니류가 이 곳에 규칙적으로 도래하여 월동한다. 진도에서 월동하는 고니류 집단은 큰고니류 100마리 내외와 적은 수의 고니도 찾아와서 겨울을 나고 있다.

　이 지역은 대도시에서 멀리 떨어져 있어 아직은 산업 발달에 따른 국토의 환경 오염에서 어느 정도는 피해 갈 수 있는 곳이다. 그러나 최근 고니류가 도래하는 지역은 간척과 매립 때문에 새들의 먹이가 되는 수서 곤충이나 물고기의 수가 감소될 우려가 있다.

　고니는 우리 나라에서뿐만 아니라 세계 많은 나라에서 행운을 가져다 주는 새로 알려져 있다. 이와 같이 세계인의 사랑을 받는 새가 우리 나라에서 겨울을 날 수 있도록 도래지의 주변 환경을 힘써 보호해야 할 것이다.

진도의 백조 도래지

큰고니 무리

울산(蔚山) 쇠고래〔克鯨〕 회유 해면

영명 Migratory Waters of Gray Whales Coasts of Gangwon-do,
     Gyeongsangbuk-do and Gyeongsangnam-do
소재지 강원도, 경상북도, 경상남도 해안 일원
지정일 1962. 12. 3.

실태

매년 11월 하순부터 2월 상순까지 우리 나라 동해안에 나타나는 쇠고래의 무리는 오호츠크 해협으로부터 동해를 횡단하여 우리 나라에 회유해 오는 것으로 추정된다.

기록에 의하면 울산 부근 해면에서 관찰된 것은 매년 11월 20일 이후이며, 12월에 접어들면서 갑자기 수가 증가하여 12월 하순 이후에 가장 많이 회유한다. 이 쇠고래는 차츰 남쪽으로 이동하여 남해안의 다도해, 일본 류큐, 타이완, 중국 연안에서 번식하는 것으로 추정된다. 쇠고래는 북태평양의 동서 해안을 회유로로 이용하고 있어 미국 포경 사업의 대상이 되어 왔으며, 우리 나라 동해안에서도 포경 활동이 행해져 울산을 중심으로 한 쇠고래 회유 군집은 절종의 위기에 이르게 되었다.

〈쇠고래〉

영명 / Gray Whale
학명 / *Eschrichtius robustus*
형태 / 포유류 고래목 쇠고래과에 속하는 종으로, 몸 전체가 석판 흑색이고, 외착 동물이 부착되어 있는 경우가 많다. 이 때문에 외착 동물이 탈락된 자리에는 크고 작은 흰 무늬가 생긴다. 가슴지느러미와 꼬리지느러미는 흑색이며, 고래 수염은 흰색이다. 몸 길이는 수컷은 13m 내외이며, 암컷은 14m 정도이다. 큰 개체는 15m에 달하며, 대개 암컷이 많다. 목의 주름살은 수컷은 2줄, 암컷은 3줄이 있는 것이 보통인데, 드물게 4줄이 있는 개체도 있다.

쇠고래

습성 / 주로 북태평양에 분포하며, 미국의 북태평양 연안을 북상 또는 남하하는 연안성 고래이다. 시베리아 연안에서 우리 나라의 제주도 부근까지 남하하고, 경도 180°선에서 북상하여 베링 해협을 통해 북극해로 들어간다. 수온은 5~10°C 정도를 좋아하며, 주로 바다새우, 물고기의 알, 플랑크톤, 해삼 등을 먹는다.

낙동강(洛東江) 하류 철새 도래지

영명 Wintering and Staging Site for Migratory Birds on the Nakdong-gang Estuary
소재지 경상남도 김해시와 부산광역시
지정일 1966. 7. 13.

도래지의 특징

면적 / 232,358,458m²

특징 / 중부 지방이 결빙되는 혹한기에도 낙동강 하류 삼각주 일대의 물은 어는 경우가 거의 드물다. 그래서 매년 10월 하순부터 이듬해 4월까지 해마다 많은 겨울새가 모여든다. 희귀 철새인 재두루미·저어새·수리류와 매류 등도 소수나마 도래하여 월동하기도 하고, 갈매기류, 가마우지류, 백로류, 오리류, 뜸부기류 등 우리 나라를 거쳐 남북으로 이동하는 나그네새도 많이 관찰된다. 지금까지 이 지역에서 채집·관찰 기록된 조류는 140종에 이른다.

실태

낙동강 하구는 상부에 일웅도와 을숙도, 낙동강 본류의 죽림강 사이에 거대한 삼각주가 형성되어 있으며, 이 밖에 하천의 유하 작용과 조수의 활동에 의해 사구가 조성되어 있다. 특히 명지도·대마등·장자등·갈매기등·백합등 따위의 크고 작은 사구가 산재해 있고, 간조 때에는 사구가 수몰되어 광활한 하구를 이루게 된다. 또 이 사구들은 강의 범람이나 태풍 등에 의하여 유실되거나 이적되어 섬의 모양이 바뀌기도 한다.

그런데 최근 몇 년 동안 이 곳을 찾는 철새들의 종류와 수가 급격히 줄어들었다. 이런 현상의 원인을 낙동강 하구언 댐 건설로 보는 견해가 많다. 원래 강 하구는 민물과 바닷물이 교차하는 간조대로서 다양한 환경 조건 때문에 생물상이 풍부한 곳이다. 하구언 댐 공사

낙동강 하류 철새 도래지

가 완료된 후 민물과 바닷물이 교차하던 곳은 담수 환경과 바다 환경으로 완전히 분리되었고, 이에 따라 간조대에서 서식하던 무척추동물의 종류와 수가 감소하여 새들의 먹이가 부족하게 되었다. 또 농지 개간에서 오는 환경 파괴와 낙동강 상류 쪽에 위치한 공단에서 흘러들어오는 폐수와 가정 하수로 수질 오염이 심화되고 있다. 우리나라 최대의 철새 도래지로서의 면모를 잃지 않도록 종합적인 면에서 관리와 보호가 요구된다.

한강(漢江)의 황쏘가리

영 명 Golden Mandarin Fish of the Hangang
학 명 *Siniperca scherzeri* Steindachner
소재지 한강 일원
지정일 1967. 7. 11.

형태 / 경골 어류이며, 농어목 농어과의 물고기이다. 몸 길이는 60cm 이상이며, 체형은 쏘가리와 비슷하나 더 납작하고 황금색을 띤다. 치어일 때는 쏘가리와 비슷한 무늬가 나타나지만 성장함에 따라 흐려져서, 성어 때는 짙은 황금색에 덮여 흔적만 남아 있다. 쏘가리란 종 자체의 황색형으로 쏘가리보다 생명력이 강하다.

실태 / 한강 일대(팔당·광나루·청평원·소양강 및 남한강 상류)와 임진강 수역이 주요 서식지이다. 남·북한강에서 드물게 발견되며, 파로호에서 가장 많이 발견되는데 멀어질수록 수가 감소되는 것으로 알려져 있다.

현재 한강은 식수원을 지키는 데 있어서도 위협을 받고 있는 실정이다. 이런 상태가 지속되면 황쏘가리뿐만 아니라 한강에 서식하고 있는 어류 및 수서 곤충을 비롯한 모든 생물이 감소될 것은 확연한 일이다. 아직 실태조차 정확히 밝혀지지 않은 상태에서 사라져 버리는 종이 있다는 것은 매우 안타까운 일이다. 분포와 생태에 관한 과학적인 조사를 통해 종합적인 보호 방안을 수립해야 하겠다.

한강의 황쏘가리 (사진/김익수)

크낙새

영 명 White-bellied Black Woodpecker
학 명 *Dryocopus javensis*
소재지 전국
지정일 1968. 5. 30.

형태 / 수컷은 머리 꼭대기와 부리 옆의 무늬가 붉은색이나 암컷은 검다. 배는 흰색이며, 그 밖의 부분은 광택이 나는 검은색이다. 부리는 녹색을 띤 황색으로 끝만 검다. 몸 길이는 약 46cm이다.

습성 / 한반도를 중심으로 분포하는 매우 희귀한 텃새로, 전나무·잣나무·소나무·참나무·밤나무 등의 노거수가 우거진 삼림에서 서식하며, 고목에 자연적으로 생긴 구멍이나 자신이 직접 판 나무 구멍에서 번식한다. 울음소리는 1km 밖에서도 잘 들린다.

실태 / 일본 쓰시마와 우리 나라 중부 이남에 국한하여 분포하는 것으로 알려졌으나, 쓰시마에서는 절종된 것으로 보고 있다. 우리 나라에서는 경기도 광릉과 속리산·설악산에서 관찰 기록이 있다. 경기도 광릉에서는 1974년 이래 해마다 1쌍이 산란하여 새끼들이 이소해 왔는데, 1995년 9월 13일에는 국제조류보호협회에 광릉의 크낙새가 1989년 이후 완전히 사라졌다고 보고된 바 있다. 그러나 필자는 1993년 11월 23일에 왕릉 지역에서 과거에 녹음된 크낙새 소리를 이용한 재생(playback) 실험을 통하여 크낙새 수컷을 확인하였으며, 1995년 7월 15일 설악산 지역에서도 같은 실험으로 크낙새의 서식을 확인한 바가 있다. 대표적인 번식지였던 광릉은 산림 박물관 설립을 위한 벌채와 많은 관광객의 통행에 의해 서식 환경이 파괴되어 개체수가 대부분 사라진 것으로 보인다.

광릉 크낙새 서식지에서 발견된 크낙새 수컷

따오기

영명 Japanese Crested Ibis
학명 *Nipponia nippon*
소재지 전국
지정일 1968. 5. 30.

형태 / 부리는 밑으로 길게 구부러져 있고, 다리는 짧은 편이다. 머리는 흰색이고 얼굴은 붉으며, 뒷머리에는 긴 깃의 관우(冠羽)가 있다. 온몸은 희고, 관우와 날개, 꼬리는 등홍색(橙紅色)을 띤다. 부리는 검은색으로 끝 부분만 붉고 다리는 적색이며, 몸 길이는 76.5cm 정도이다.

습성 / 참나무와 밤나무 등 큰 활엽수 가지에 마른 덩굴로 둥지를 틀고 2~3개의 알을 낳는데, 알은 청록색 바탕에 군데군데 암갈색 무늬가 있다. 먹이는 개구리·민물고기·게·수서 곤충 등 동물성 먹이를 주식으로 하나, 간혹 식물성 먹이도 먹는다.

실태 / 일본과 중국 동부에서 매우 흔했던 새였으나 금세기에 들어 급속히 감소하였다. 러시아에서는 1963년 이후 관찰된 기록이 없으며, 일본에서는 1980년에 마지막으로 생존하던 5마리를 모두 생포하였다. 우리 나라에는 겨울철에 찾아와 월동하는 철새였는데, 현재 20여 년 이상 발견되지 않아 사라진 것으로 생각된다.
국제조류생활(Bird Life International) 및 국제자연보호연맹(IUCN)의 적색 자료서에 의하면, 따오기는 멸종 위기에 처한 매우 희귀한 새이다.

따오기 (사진/이화여대 자연사 박물관)

황새

영 명 White Stork
학 명 *Ciconia boyciana*
소재지 전국
지정일 1968. 5. 30.

형태 / 암수 동일하며, 몸은 전체적으로 흰색이다. 부리와 날개의 뒷부분은 광택이 있는 검은색이고, 눈 주위와 다리는 붉은색이며, 몸 길이는 약 112cm로, 우리 나라에서 가장 큰 새이다.

습성 / 중남부 지방의 하천이나 호소, 습지대 물가에 드물게 찾아오는 겨울새로, 흔히 홀로 또는 작은 무리로 생활한다. 조용하고 경계심이 많으며, 민물고기·개구리·쥐류·거미류·곤충류·가재와 벼의 뿌리 등을 주로 먹고 산다.

실태 / 국제조류생활(Bird Life International) 및 국제자연보호연맹 (IUCN)의 적색 자료서에 의하면 황새는 생존 수가 전세계적으로 2000~2500마리로 추산되는 매우 희귀한 종이다. 세계적으로 시베리아·연해주 남부·중국 동부·한국에 분포하는 것으로 알려졌으나, 현재는 시베리아의 아무르 분지에만 약 500쌍 내외의 작은 집단이 생존해 있고, 한반도와 일본에서는 5마리 내외가 간혹 찾아와 월동하거나 일시 기착하는 것이 관찰될 뿐이다.

우리 나라에서는 6·25 전쟁 후 텃새로서 유일하게 생존하고 있던 마지막 황새 1쌍 중 수컷이 1971년 4월 밀렵꾼에 의해 사살되었다. 그 후 암컷은 수 년 동안 무정란을 낳아 사람들의 마음을 안타깝게 하다가 1983년 11월 농약 중독으로 쓰러졌다. 텃새로 살아가던 황새는 사라졌지만 최근 충남 천수만, 전남 순천과 진도, 제주도 등지에서 소수 집단이 매년 관찰되고 있으며, 1997년 1월에는 경기도 파주에서 월동 중인 1쌍이 관찰되기도 하였다.

현재 한국교원대학교의 황새복원연구센터(소장 박시룡 교수)에서

464

황새

는 국내에서 멸종된 황새 되살리기 운동을 펴고 있는데, 1997년 6월
19일 황새 5마리를 독일 국제조류보호단체인 브롬 재단으로부터 기
증받아 국내에 들여왔다. 이들 황새는 인공 번식을 통해 오는 1999
년까지 20마리 정도로 개체수를 늘릴 예정이며, 이후 이들을 안전하
게 살 수 있는 서식지로 방사할 계획이다.

먹황새

영 명 Black Stork
학 명 *Ciconia nigra*
소재지 전국
지정일 1968. 5. 30.

형태 / 황새과에 속하는 대형 조류로, 머리에서 목·등·허리·꼬리·가슴 및 날개까지는 광택이 나는 검은색이며, 배·옆구리 및 아래꼬리덮깃은 흰색이다. 날개의 뒷면은 날개깃이 흑색, 아랫날개덮깃은 암갈색, 옆구리깃은 흰색이며, 부리·발·눈 주위는 적색이다. 어린 새는 전체적으로 흐린 색깔에 갈색빛이 돌며 광택이 없다. 몸 길이는 약 96cm로 황새보다 체구는 약간 작다.

습성 / 유럽에서는 울창한 활엽수림이나 혼효림, 침엽수림 내의 습한 곳, 숲으로 덮인 산골짜기와 산림의 개천가 등지에서 서식한다. 극동 지역에서는 번식기 외에는 개활 습지에서 관찰되고, 중국에서는 이동이나 월동 시기에 인적이 드문 넓은 평야에서 황새보다 큰 무리를 지어 습지를 찾아다니는 모습을 볼 수 있다. 단독 또는 1쌍씩 행동하며, 큰 나뭇가지나 바위 절벽에서 번식한다. 작은 나뭇가지로 둥지를 틀고 한 배에 3~5개의 흰 알을 낳는다.

실태 / 우리 나라에서는 희귀종으로, 지금까지 10개체의 채집 기록이 있다. 평안남도 덕천에서 6·25 전까지 1쌍이 번식하였지만 사라졌고, 1965년 6월 경상북도 안동시 도산면 가송리의 천마산 절벽 바위에서 부화한 새끼 2마리를 확인하였으나 그 뒤로는 자취를 감추어 버렸다. 그 후 1979년에 대성동 자유의 마을에서 1개체, 1983년에 제주도 북제주군 한경면 용수리 저수지에서 1개체가 관찰되었다.

먹황새 (사진/이화여대 자연사 박물관)

백조류 (고니 · 큰고니 · 흑고니)

소재지 전국
지정일 1968. 5. 30.

고니류는 북녘의 캄차카 반도에서 동북부 시베리아에 걸친 툰드라 지대의 먹이가 풍부한 환경에서 번식한 다음, 가을이 되면 추위를 피해 우리 나라의 동해안과 남해안에서 월동한다. 약 3000 마리가 11월 초부터 2월 말까지 월동을 하고, 봄이 오면 다시 번식지로 북상 이동한다.

〈고니〉

영명 / Whistling Swan

학명 / *Cygnus columbianus*

형태 / 암수는 동일하며 몸은 흰색이다. 부리와 다리는 검은색이며, 부리의 기부는 노란색이다. 큰고니보다 몸집이 작으며, 몸 길이는 120cm 정도이다.

습성 / 우리 나라에서는 큰고니 무리 속에 극히 적은 수가 섞여서 겨울을 나며, 주로 호소 · 소택지 · 하천 · 해안 등지에서 생활한다. 담수산 수생 식물의 줄기나 뿌리, 육지 식물의 열매, 수생 곤충 등을 먹는다.

실태 / 동해안과 남해안에 작은 집단이 도래하여 월동하는데, 특히 강원도 고성군 화진포에서 남으로 강릉시에 이르는 112km 사이의 해안을 따라 산재하는 양양읍 월포 해변 습지와 송지호 · 봉진호 · 영랑호 · 매포 · 향호 등에 총 100개체 내외의 집단이 분산하여 월동한다. 그 밖에 진도와 남해 도서 및 낙동강 하구에서도 적은 수가 월동한다. 현재 서식지의 개발과 오염으로 생존을 위협당해 해마다 월동 집단이 감소하는 추세이다.

고니

큰고니

〈큰고니〉

영명 / Whooper Swan

학명 / *Cygnus cygnus*

형태 / 암수가 동일하며 몸 전체가 흰색이다. 부리와 다리는 검은색이며, 부리와 눈 사이는 노란색이다. 어린 새의 몸은 검은빛을 띤 회색이다. 몸 길이는 약 140cm이다.

습성 / 겨울새로 큰고니는 저수지나 물이 괸 논, 호소·소택지·하구·해안을 따라 남하하여 월동한다. 암수와 새끼들의 가족군으로 큰 무리를 이루어 해만 근안의 얕은 수면에서 생활한다. 담수산 수생 식물의 줄기 또는 뿌리, 육지 식물의 열매, 수생 곤충 등을 먹는다.

실태 / 오늘날까지 유럽과 아시아 대륙의 번식 집단은 전역에서 잘 보호되고 있다. 그러나 동북아 특히 우리 나라는 개발과 오염으로 월동 집단이 크게 감소되고 있는 실정이다. 대표적인 월동지로, 낙동강 하구·주남 저수지·창원 우포 늪지·판문점 부근 저수지·경포호·진도의 해안 등을 들 수 있다. 이러한 대표적인 월동지에 도래하는 수와 국지적으로 분포하는 수를 합하여 약 2500여 마리가 우리 나라에서 월동하는 것으로 보고 있다.

수초 뿌리를 먹고 있는 큰고니 무리

〈혹고니〉

영명 / Mute Swan

학명 / *Cygnus olor*

형태 / 암수가 동일하며 몸 전체는 거의 흰색이다. 부리는 붉은색이며, 눈앞에 있는 혹과 발은 검은색이다. 어린 새는 몸 전체가 회갈색을 띤다. 몸 길이는 약 152cm이다.

습성 / 동해안의 경포호·송지호 등지에 찾아오는 매우 희귀한 겨울새로, 농경지·소택지·호소·초습지에서 생활한다. 주로 수생 식물을 먹지만 작은 수생 곤충도 먹는다.

실태 / 유럽 지역에서는 인간에 의해 도입된 후 증가 추세를 보여 1800년대에 절종된 지역들이 회복되어 가고 있으며, 새로운 번식지가 생겨나고 있다. 그러나 동북아 지역에서는 우리 나라가 유일한 월동지이다. 1968년 강릉 경포호에서 24개체가 관찰된 후 송지호·청초호 등지에서도 적은 수가 관찰되었다. 1980년에는 강원도 고성군 화진포에서 145개체의 큰 무리가 확인되었고, 그 후 수가 급격히 감소하여 매년 같은 곳에 60마리 내외의 개체가 도래하여 월동하고 있다.

혹고니

두루미

영 명 Manchurian Crane
학 명 *Grus japonensis*
소재지 전국
지정일 1968. 5. 30.

형태 / 암수 동일하며, 머리 꼭대기는 붉고, 턱밑·목·날개 뒤쪽은 검은색이며, 몸통의 나머지 부분은 흰색이다. 다리는 검고 부리는 황갈색이다. 어린 새의 몸은 적갈색이다. 몸 길이는 약 140cm이다.

습성 / 가족군을 이루어 농경지에서 생활한다. 둥지는 땅 위에 마른 갈대나 짚을 높이 쌓아 올리고, 6월경 2개의 알을 낳는다. 주로 민물고기나 잠자리·메뚜기·개구리 등 동물성 먹이가 주식이지만 옥수수나 화본과 식물의 씨와 뿌리 등도 먹는다.

실태 / 시베리아의 아무르·우수리 지방, 중국 둥베이 지방 및 일본 홋카이도 등지에서 번식한다. 시베리아와 만주 지방의 번식 집단은 남하하여 우리 나라와 중국 양쯔강 하류에서 월동하나, 일본 홋카이도의 번식 집단은 번식지를 벗어나지 않고 그 곳에서 월동한다.

우리 나라에는 10월 하순경부터 모습을 드러내기 시작하는데, 남한에는 강원도 철원군 동성읍과 휴전선 부근의 강산 저수지, 경기도 연천 지역에 총 200~250마리가 도래하여 이듬해 3월 말에 북상하는 겨울새이다.

국제조류생활(Bird Life International) 및 국제자연보호연맹(IUCN)의 적색 자료서에 의하면 지구상에 생존하는 두루미는 러시아·몽고·우리 나라를 포함한 대륙에 약 1050~1200마리, 홋카이도 지역에 500마리 정도가 전부라고 한다.

논에서 벼를 주워 먹고 있는 두루미 무리

재두루미

영 명 White-naped Crane
학 명 *Grus vipio*
소재지 전국
지정일 1968. 5. 30.

형태 / 암수 동일하며, 눈 둘레는 빨갛고 그 주위는 검으며, 뒷머리·턱밑·뒷목은 희다. 앞목·가슴·등·배는 짙은 회색이고, 날개의 앞쪽은 엷은 회색이다. 어린 새의 뒷머리는 붉은색을 띤 갈색이다. 몸 길이는 약 119cm이다.

습성 / 희귀한 겨울새로 하구·개펄·소택지 외에 경지와 유휴지의 마른 땅에서 생활한다. 겨울에는 암수와 어린 새 2마리 정도의 가족 무리가 모여 50~300마리의 큰 무리를 이룬다. 주로 풀씨나 식물의 뿌리 등을 즐겨 먹는 초식성이나 어류·갑각류 등도 먹는다.

실태 / 주월동지였던 김포군 하성면과 파주시 교하면의 한강 하구에서는 한강 상류와 하구의 개발로 120여 마리 내외의 작은 무리가 월동한다. 파주시 군내면 일원의 비무장 지대에서는 100마리 미만의 집단이 월동하며, 그 밖에 강원도 철원군 동송면 비무장 지대 부근에서 50마리 미만의 작은 무리가 두루미와 함께 월동한다. 따라서 우리 나라에서 월동하는 재두루미는 약 300마리 미만으로 보고 있다. 이 밖에도 5~10마리 안팎의 작은 집단이 낙동강 하구와 주남 저수지 등지에서 월동하는 것으로 알려져 있다.

국제조류생활 및 국제자연보호연맹의 적색 자료서에 의하면 러시아·몽고·중국·한국 및 일본에 약 3000마리가 생존해 있는 것으로 보고되어 있다.

휴전선 부근에서 겨울을 나고 있는 재두루미

팔색조

영 명 Fairy Pitta
학 명 *Pitta brachyura*
소재지 전국
지정일 1968. 5. 30.

형태 / 암수 동일하며, 머리 꼭대기와 아랫배는 붉은색, 눈썹선·가슴·옆구리는 노란색, 등·어깨깃·꼬리는 녹색, 허리·윗꼬리덮깃·꼬리 끝은 푸른색을 띤다. 날개 끝에는 흰점이 있다. 몸 길이는 약 18cm이다.

습성 / 희귀한 여름새로, 주로 해안과 섬 또는 내륙 경사지의 잡목림이나 상록수림이 우거진 곳에서 단독으로 생활한다. 숲 속의 바위 틈에 나뭇가지로 둥지를 만들고, 알을 낳을 곳에 이끼를 깐다. 한 배에 4~6개의 알을 낳으며, 알은 옅은 갈색 바탕에 회색 점무늬가 있다. 딱정벌레류·갑각류·지렁이 등을 즐겨 먹는다.

실태 / 우리 나라에서는 황해도·경기도·경상남도·전라남도 등지에서 번식하나 봄·가을의 이동 시기에는 한반도 도처에서 번식기인 7월 초를 중심으로 소리를 들을 수 있다. 특히 경상남도 거제시의 동부면 학동리와 제주도 한라산 자연림의 번식지에는 해마다 여러 쌍이 규칙적으로 찾아온다. 또 경기도 광릉, 전라북도 무주 덕유산 등지에서 새로이 채집되어 이동 시기에 우리 나라 각지를 통과함을 알게 되었다.

국제조류생활 및 국제자연보호연맹(IUCN)의 적색 자료서에 의하면, 멸종을 눈앞에 둔 매우 희귀한 새이다. 필자는 1996년 5월 내장산에서 전에 녹음해 두었던 팔색조 소리를 재생해 그 소리에 답하는 팔색조 소리를 들은 적도 있다.

둥지 밖에서 경계하고 있는 팔색조

둥지 속에서 알을 품고 있는 팔색조

저어새류(저어새 · 노랑부리저어새)

소재지 전국
지정일 1968. 5. 30.

〈저어새〉

영명 / Black-faced Spoonbill
학명 / *Platalea minor*
형태 / 암수 동일하며 몸 전체가 흰색이고 부리와 다리는 검은색이다. 겨울깃은 뒷머리와 목이 노란색이다. 몸 길이는 약 73.5cm이다.
습성 / 강화도 해안, 낙동강 하구, 제주도 등지에 날아오는 겨울새이다. 해안의 얕은 곳이나 간석지 · 소택지 · 갈대밭 등지에서 생활하며 숲을 잠자리로 한다. 1∼2마리 또는 작은 무리일 때가 많지만 20∼50마리의 무리를 형성하기도 한다. 경계심이 강하며, 7월 하순경에 4∼6개의 알을 낳는다. 작은 물고기나 개구리 · 올챙이 · 연체동물 · 곤충 · 수생 식물과 그 열매를 즐겨 먹는다.
실태 / 지난 수십 년 동안 급속히 감소되어 절종 위기에 있는 종이다. 지금까지의 관찰 기록을 보면, 1979∼1980년에 제주도 북제주군 구좌읍 하도리 양식장과 낙동강 하구에서 간혹 1∼3마리가 월동 중 발견되었고, 1989년에 강화도 화도면 여차리에서 최대 60개체까지 발견된 적이 있다. 1997년 산림청 임업연구원의 조사에 따르면, 제주도 구좌읍 하도리에서 저어새 16마리가 월동하는 것이 관찰되었다.
한편 남북한을 포함한 동북아 7개국 조류 보호 관련 기관에서는 1997년에 멸종 위기에 놓인 저어새 보호에 나섰다.

저어새 무리

저어새

〈노랑부리저어새〉

영명 / Spoonbill

학명 / *Platalea leucorodia*

형태 / 암수 동일하며 여름깃은 부리 끝과 윗가슴이 노랗고, 부리와 다리는 검은색이며, 그 밖의 부분은 흰색이다. 겨울에는 윗가슴도 하얗게 되며, 부리 끝의 노란색도 엷어진다. 몸 길이는 약 86cm이다.

습성 / 매우 귀한 겨울새로, 개활 습지·얕은 호소·큰 하천·하구의 진흙·섬 등지에서 산다. 부리를 지면이나 수면에 대고 목을 좌우로 흔들며 전진하면서 먹이를 찾는다. 작은 바다물고기나 개구리·올챙이·조개류·곤충을 먹으며, 호소 식물과 그 열매도 먹는다.

실태 / 봄·가을에 불규칙적으로 도래하는 희귀한 겨울새이다. 북쪽의 번식 집단은 겨울에 남하하는데, 서부의 집단은 불확실하나 동부의 집단은 중국 남부 및 양쯔강 하류 지역에서 월동한다. 우리 나라에서는 1960년까지 거제도와 낙동강 하류에서 세 번의 채집 기록이 있으며, 1979~1980년에 제주도 북제주군 구좌읍 하도리 양식장에서 3마리, 1988년 주남 저수지에서 2~3마리가 관찰되었다.

지금까지 알려진 우리 나라의 최대 월동지는 충남 서산군 천수만 현대농장 A지구로 매년 20마리 내외가 월동하며, 호수가 결빙하면 남하한다.

서산 천수만에 찾아오는 노랑부리저어새 무리

느시

영 명 Great Bustard
학 명 *Otis tarda dybowskii*
소재지 전국
지정일 1968. 5. 30.

형태 / 몸 길이는 수컷이 102cm, 암컷이 76cm 정도이며, 암수가 거의 같은 빛깔이다. 등은 적갈색 바탕에 검은색의 가로띠 무늬가 있고, 머리와 목은 청회색이며, 날개깃은 흰색과 검은색, 배·옆가슴·작은날개섶깃은 흰색이다. 수컷은 멱 양쪽에 흰 깃이 있고, 암컷은 옆가슴이 청회색이며, 날개깃에 흑색 부분이 수컷보다 많다. 발가락은 짧고 3개이며, 뒷발가락이 없다.

습성 / 주로 광활한 평야·농경지나 키가 작은 잡초지에 서식하며, 경계심이 강하여 사람의 조그만 행동에도 놀란다. 목의 흰 깃과 꽁지깃을 부채꼴 모양으로 펼쳐 구애하는 모습이 아주 독특하다. 낟알·식물의 잎과 뿌리, 메뚜기·도마뱀 등을 먹는 잡식성이다.

실태 / 느시는 20년 전만해도 부산의 낙동강 하구와 서해안의 농경지에서 겨울이면 1~2마리가 월동하였으나, 최근에는 1마리도 관찰되지 않고 있다.

느시 (사진/이화여대 자연사 박물관)

여주(驪州) 신접리의 백로 및 왜가리 번식지

영 명 Breeding Site of Great Egrets and
Gray Herons in Sinjeop-ri, Yeoju
소재지 경기도 여주군 북내면 신접리 285
지정일 1968. 7. 18.

번식지의 특징

면적 / 약 6600㎡

특징 / 여주군 북내면 신접리 북쪽에는 수령이 400여 년 가량 되는 은행나무가 있는데, 이 나무를 중심으로 주변 산림에 백로 및 왜가리가 번식해 왔다. 이 나무가 고사해 감에 따라 차츰 주변의 나무에도 번식하고 있는데, 주변의 나무들도 조류의 배설물 피해로 거의 고사 상태에 있다. 그래서 죽어 가는 나무에 대신할 아까시나무와 소나무를 그 옆에 심어서 둥지를 틀게 하고 있는데, 아까시나무는 비교적 잘 견디고 있다.

실태

우리 나라 중부 지역에 위치한 대표적인 번식지로 보존의 필요성에 의해 천연기념물로 지정하여 보호하고 있다. 서울에 인접한 지역으로는 가장 많이 알려진 곳이므로, 번식지를 찾는 사람이 차츰 증가하고 있다. 그런데 대다수의 사람들이 조류 관찰 수칙을 무시한 채 번식 중인 새를 놀라게 하는 경우가 많다. 또 사진을 찍는 사람들은 포란 중인 장면을 찍기 위해 나무에 올라가 둥지 가까이까지 가거나, 어미새가 올 때까지 장시간 대기하는 등 새들의 번식에 치명적인 행동을 서슴지 않는다. 또 백로류는 대부분의 취식 장소가 강이나 논과 같은 습지인데, 수질의 오염과 농약의 과다 사용으로 개체수가 감소하고 있다.

여주 신접리의 백로 및 왜가리 번식지

중대백로

왜가리 무리

485

무안(務安) 용월리의 백로 및 왜가리 번식지

영 명 Breeding Site of Great Egrets and
Gray Herons in Yongwol-ri, Muan
소재지 전라남도 무안군 무안면 용월리 307-1
지정일 1968. 7. 18.

번식지의 특징

　용월리 마을 앞 저수지는 0.5km² 면적 대부분이 연꽃으로 덮여 있으며, 갈대·부들과 같은 수생 식물도 번성해 있는 곳이다. 저수지 중앙에 위치한 작은 섬에는 4그루의 팽나무와 3그루의 미루나무가 있는데, 그 곳의 팽나무에 왜가리가 둥지를 틀어 번식하고 있다.

　용월리 마을 앞산에도 번식하는데, 이 곳의 식물상은 해송이 주수종이고 일부 적송도 혼재해 있다. 그러나 적송을 이용해 번식하는 경우는 드물며, 80~120년생의 해송이 밀집된 지역에 중점적으로 번식한다.

실태

　1997년 6월 조사 보고에 의하면 용월 저수지에는 약 100개의 왜가리 둥지 중 50여 개의 둥지에서 번식을 하고 있는 것으로 밝혀졌으며, 이미 이소한 유조와 육추 중인 둥지를 추정하여 어미새 200마리와 새끼 300마리, 모두 500마리 정도가 번식 집단을 이루는 것으로 조사되었다.

　청룡산 번식지는 중대백로 약 200개소, 쇠백로 약 100개소 및 왜가리 약 200개소 등 모두 350개소에서 번식한 것으로 조사되었으며, 총 개체수는 500~600마리 안팎, 저녁에 귀소하는 어미새를 합하면 약 600마리 정도의 집단이 있는 것으로 추산되었다.

무안 용월리의 용월 저수지

안내판

백로

흑비둘기

영 명 Japanese Wood Pigeon
학 명 *Columba janthina*
소재지 전국
지정일 1968. 11. 20.

형태 / 암수가 동일하며, 몸 전체가 광택이 나는 검은색이다. 부리는 검은빛을 띤 회색이고, 다리는 붉은색이다. 몸 길이는 약 40cm로 야생 비둘기 무리 중 가장 큰 새이다.

습성 / 희귀한 텃새로 동해·서해·남해의 도서 지방에서 번식하며, 후박나무 숲에서 서식한다. 상록활엽수의 나뭇가지 위나 나무 구멍에서 번식하며, 풀숲의 암석 위에 둥지를 트는 경우도 있다. 후박나무 열매나 미국자리공 열매 등 주로 식물성 먹이를 먹는다.

실태 / 우리 나라에서는 1936년 8월 26일 울릉도에서 채집된 암컷 1마리의 표본이 처음으로 학계에 소개되었다. 그 후로 울릉도, 전라남도 보길도와 소흑산도, 제주도 사수도와 횡간도에서 발견되어, 남해 연안 도서와 해안가의 후박나무 숲에 소수의 개체가 서식하고 있는 것이 알려졌다.

후박나무 열매를 따먹고 있는 흑비둘기

사향노루

영 명 Musk Deer
학 명 *Moschus moschiferus parvipes* Hollister
소재지 전국
지정일 1968. 11. 20.

형태 / 사슴과에 속하는 소형의 사슴이다. 뿔은 암수가 모두 없고, 위턱의 송곳니는 길게 자라서 입 밖으로 나와 있다. 몸 길이는 65～87cm, 어깨 높이 50～60cm, 몸무게는 9～11kg이다. 몸의 빛깔은 암갈색이나 계절에 따라 다르다. 배 쪽에 사향 주머니가 있는데, 보통 3살 이상의 수컷에 잘 발달되어 있다.

습성 / 험한 산지의 경사지나 바위 사이를 잘 뛰어다니는 산지 동물로, 해발 1000m 이상의 고지대에서 단독 또는 1쌍으로 생활한다. 청각과 시각이 발달되어 있어서 위험을 쉽게 감지할 수 있으나 후각은 둔하다. 번식 시기는 12～1월이며, 1～2마리의 새끼를 낳는다. 천적을 만나면 바위 틈에 숨으며, 지의류·초본·관목의 어린 싹과 잎을 잘 먹는다.

실태 / 한국·중국·중앙 아시아·사할린·시베리아·몽고 등지에 분포한다. 우리 나라에서는 전라남도 목포 부근의 산지가 기산지였으나 점차 감소되어 최근에는 절종 위기에 처해 있다.

사향노루

산양

영 명 Amur Goral
학 명 *Nemorhedus goral raddeanus* (Heude)
소재지 전국
지정일 1968. 11. 20.

형태 / 소과에 속하는 종으로, 얼굴선이 없는 것이 외국산 산양과 다른 점이다. 겨울털은 회황색을 띠고, 주둥이에서 뒷머리에 이르는 부분은 흑색을 띤다. 머리옆과 입술은 회갈색에 흑색이 섞여 있으며, 입술의 다른 부분은 희고, 뺨은 흑색, 목에는 흰색의 큰 반점이 있다. 꼬리의 윗면은 갈색이고 아랫면은 흰색이며, 몸 뒤에는 흑색의 짧은 갈기가 있다. 몸 길이는 130cm, 꼬리 길이는 15cm 정도이다.

습성 / 설악산·대관령·태백산과 같은 기암 절벽으로 둘러싸인 산림 지대에서 서식한다. 보금자리는 사람이 드나들 수 없는 바위 구멍 속에 이끼와 나뭇잎을 깔아 만들며, 4월에 2~3마리의 새끼를 낳는다. 신갈나무·피나무 등을 주식으로 하며, 넓은외잎쑥·산새풀 등의 푸른 잎과 연한 줄기를 즐겨 먹는다.

실태 / 우리 나라에서는 평안도·함경도·황해도·강원도와 충청북도 월악산, 경상북도 주흘산 등지의 산악 지역에 서식했었으나, 남획으로 개체수가 격감되어 지금은 겨우 몇십 마리 정도가 생존해 있을 것으로 추정할 뿐이다. 강원도 휴전선 부근이나 인접 지역, 건봉산과 향로봉, 고진동 계곡 일원에 작은 집단이 생존하고 있는 것으로 알려져 있다. 시급한 보호가 필요한 실정이다.

산양

장수하늘소

영 명 Long-horned Beetle
학 명 *Callipogon relictus* Semenov
소재지 전국 일원
지정일 1968. 11. 20.

형태 / 우리 나라의 하늘소 중 가장 크며, 몸 길이가 수컷은 85~108mm, 암컷은 65~85mm이다. 수컷의 머리는 검은색으로, 겹눈을 뺀 나머지 부분에 노란색의 짧은 털이 나 있다. 큰턱은 위쪽을 향하여 구부러져 있고, 밑부분 바깥쪽에 1개의 가시가 있으며, 그 중간에 작은 이가 여러 개 나 있다. 암컷은 턱이 수컷보다 작다. 겉날개는 적갈색이며, 앞가슴등판에는 八자 모양의 노란색 털 뭉치가 있고, 가장자리에는 가시돌기가 있다.

습성 / 서어나무·신갈나무·물푸레나무·들메나무 등 수령이 오래 된 노목들이 자생하는 낙엽 활엽수림에서 서식한다. 성충은 6~9월에 나타나며, 나무 줄기에 구멍을 뚫고 알을 낳는다. 유충은 식수의 목질부를 먹으며, 성충은 참나무류의 큰 가지 혹 부분에서 나뭇진을 먹는다.

실태 / 동아시아에서 가장 몸집이 큰 종류로, 극히 제한된 지역의 숲에서만 살고 있는 희귀한 곤충이다. 북한과 중국 둥베이 지방, 동부 시베리아 및 남부 우수리 지방에 분포한다. 남한에서는 경기도 광릉과 강원도 명주군 소금강 등지에서 국지적으로 서식하는 것이 발견되었다. 개체수가 아주 적어 절종 위기에 처해 있다. 옛날에는 아시아와 북아메리카 대륙이 육지로 이어져 있었음을 증명하는 학술상 진귀한 자료이다.

장수하늘소 (사진/남상호)

거제도(巨濟島) 연안의 아비 도래지

영명 Wintering Site of Migrating Red-throated Diver in Geojedo
소재지 경상남도 거제도 연안 일원
지정일 1970. 10. 30.

실태

전세계적으로 아비류는 5종으로 분류되며, 북극 주변에서 번식하는 한지성(寒地性) 조류들이다. 주로 호수나 늪에 살며, 겨울에는 온대 지방의 해안에서 월동한다. 그 중 3종은 우리 나라의 동해안과 남해안 일대에서 해마다 불규칙적으로 도래하여 월동하고 있다. 특히 회색머리아비와 큰회색머리아비는 그 동안 매우 희귀한 겨울새로 여겼으나, 거제도 연안에 200~300마리 이상이 해마다 도래하여 월동하는 것이 관찰되었다.

아비 도래지로 지정된 거제도 앞바다는 청정 해역으로 아직 오염이 적은 곳이다. 그러나 최근 아비들이 좋아하는 먹이인 멸치가 고갈되어 개체수가 감소하고 있다.

〈회색머리아비〉

영명 / Pacific Diver
학명 / *Gavia pacifica*
형태 / 몸 길이는 65cm로 겨울깃은 아비와 비슷하나 아비보다 크고 육중하다. 등 쪽은 야외에서 더욱 어두운 색으로 보이고, 가까운 거리에서는 반점이 없어 보이며, 배는 흰색이다. 부리는 곧고 비교적 육중하다.

〈아비〉

영명 / Red-throated Diver
학명 / *Gavia stellata*

거제도 연안의 아비 도래지

아비

　형태 / 몸 길이는 61～67cm이고, 부리는 다소 위로 뻗었으며, 회색
머리아비보다 작고 선명한 색깔이다. 우리 나라에서는 대개 등 쪽은
아름답고 작은 흰색 반점이 있는 회갈색이며, 배 쪽은 흰색을 띠는
겨울깃을 볼 수 있다.

〈큰회색머리아비〉

　영명 / Black-throated Diver
　학명 / *Gavia arctica*
　형태 / 몸 길이는 58～74cm로 회색머리아비보다 크다. 여름에는 목
과 머리가 밝은 회색이어서 등의 암갈색과 대조를 이룬다. 앞목은
어두운 녹색이며 목의 앞에서 가슴까지 이어지는 흰색과 검은색 줄
무늬가 뚜렷하다. 아비보다 더 크고 등 쪽이 어두운 편이며, 곧은 부
리를 가지고 있어 쉽게 구별된다.

흑두루미

영 명 Hooded Crane
학 명 *Grus monacha*
소재지 전국
지정일 1970. 10. 30.

형태 / 암수 동일하며, 몸 길이는 약 76cm이다. 이마는 검고 머리 꼭대기는 붉다. 가슴 · 배 · 등은 잿빛을 띤 검은색이며, 목 · 머리는 흰색, 다리는 검은색이다. 어린 새의 머리는 갈색을 띤다.

습성 / 겨울새로, 주로 논밭이나 얕은 하천에서 생활한다. 암수와 어린 새 2마리 정도의 여러 가족군이 모여 생활하고, 밤에는 사방이 트인 넓은 장소를 잠자리로 한다. 먹이는 어류 · 갑각류 · 곤충류 등 동물성과 벼 · 보리 외에도 식물의 뿌리도 먹는다.

실태 / 러시아에서 9월 하순경 월동지를 향해 남하하는데, 10월 중순경에 한반도를 통과하여 최종 목적지인 일본 규슈 남단의 이즈미 지방에 도착한다. 우리 나라에서는 경기도 철원과 경상북도 고령군 다사면, 옥포면 일대에서 월동하는 모습이 관찰되었다. 봄철 이동은 2월 중순쯤에 일본을 떠나기 시작해서 3월 중순을 전후해 서해안의 충남 천수만을 중심으로 한반도를 통과하여, 4월 말~5월 초에 번식지에 이른다.

국제조류생활 및 국제자연보호연맹의 적색 자료서에 멸종 위기에 민감한 종으로 분류되어 있다.

흑두루미

양양(襄陽) 포매리의 백로 및 왜가리 번식지

영 명 Breeding Site of Great Egrets and Gray
Herons in Pomae-ri, Yangyang
소재지 강원도 양양군 현남면 포매리 122-3
지정일 1970. 11. 5.

번식지의 특징

양양의 포매리 번식지에는 수령 70∼150
년 정도 된 20∼25m 높이의 소나무가 약
500그루 있다. 그 중 약 250그루에 백로와
왜가리가 둥지를 틀어 번식해 왔었다. 소나무 외에도 주변에 있는
잣나무·참나무·밤나무에도 3둥지씩 번식했었다.

실태

현지 주민의 이야기로는 약 100년 전부터 이 곳에 둥지를 틀기 시
작했다고 한다. 처음에는 왜가리만 번식하였으나, 그 후로 백로가 점
차 증가하고 왜가리는 차차 감소되었다고 한다. 동해안의 최대 번식
지였으나, 1991년 조사 결과 번식 집단이 크게 줄어들어 번식한 둥
지 수가 200개소 정도에 불과했고, 간혹 황로도 관찰된다.

이러한 감소 현상은 환경 오염 결과로도 볼 수 있지만, 번식 장소
로 이용하던 오래 된 소나무가 새들의 배설물에 의해 고사했기 때
문에 다른 지역으로 옮겨 간 것으로 생각된다.

백로 및 왜가리 번식지에서 관찰된 황로

(左) 중대백로
(右) 천연기념물 안내 비석

통영(統營) 도선리의 백로 및 왜가리 번식지

영명 Breeding Site of Great Egrets and Gray
Herons in Doseon-ri, Tongyeong
소재지 경상남도 통영시 도산면 도선리 산 280
외 2필
지정일 1970. 11. 5.

번식지의 특징

통영의 도산면 도선리 서쪽 해상에 위치
한 고도는 육지에서 최단 거리가 200m밖에
안 되는 무인도이다. 이 섬에는 소나무 약 300그루와 삼나무 약 10그
루가 자생하고 있는데, 수령은 50~60년이고, 수고는 2~5m 정도이
다.

실태

이 섬은 토질이 나빠 소나무의 생육이 불량하다. 따라서 다른 번
식지에서는 둥지를 틀지 않을 정도의 키가 작은 나무에 많은 백로류
가 번식한다. 왜가리는 비교적 높은 곳에 둥지를 틀며, 그 아래쪽에
는 중대백로가 소나무 1그루당 2~4개의 둥지를 틀어 번식한다.
1968년 번식기에서 왜가리 50개체와 중대백로 250개체, 총 300개체
가 조사되었다. 그 후 1973년 5월 10일에는 왜가리 약 50개체와 중
대백로 약 300개체로 조사되었다.

그러나 최근 도로 공사와 먹이 부족으로 왜가리 둥지를 제외한 무
리는 다른 섬으로 이동하였다.

통영 도선리의 백로 및 왜가리 번식지

거제도(巨濟島) 학동의 동백림 및 팔색조 번식지

영 명 Camellia Forest and Breeding Site of Fairy Pittas in Hakdong, Geojedo
소재지 경상남도 거제시 동부면 학동리 산 1
지정일 1971. 9. 13.

번식지의 특징

거제도 학동리 남방에 있는 노자산 능선의 남사면은 비교적 심한 경사에 암석이 산재하고, 여름에는 습기 찬 숲으로 팔색조 번식에 최적의 장소를 제공한다. 동백나무 숲과 팔색조 번식은 직접적인 관계는 없으나, 보호할 가치가 있는 두 가지가 같은 장소에 있어서 함께 지정되었다.

실태

학동의 노자산에 팔색조가 서식한다는 사실은 1959년 7월에 어린 암컷 2마리와 어린 수컷 1마리가 포획되면서 알려졌다.

1970년 7월 19일 조사에서는 어린 느티나무 숲 속에서 5개의 알을 낳아 놓은 둥지를 발견한 보고가 있다. 둥지는 앞이 트여 시야가 넓은 큰 바위 위에 이끼로 만들어져 있었다. 둥지의 외각은 작은 나뭇가지와 마른 덩굴 식물로 쌓고, 바닥은 나무 뿌리, 알자리에는 풀대를 깔고 있었다.

이 번식지는 우리 나라에서뿐만 아니라 지금까지 학계에 알려진 가장 큰 번식 집단이다. 번식기에 사진 전문가와 애조가의 사진 촬영 등으로 번식에 방해를 주고 있어 이에 대한 통제가 요구된다.

거제도 학동의 동백림 및 팔색조 번식지

동백나무

팔색조

505

울릉도 사동의 흑비둘기 서식지

영명 Habitat of Japanese Wood Pigeons in Sadong, Ulleungdo
소재지 경상북도 울릉군 울릉읍 사동 29 필지
지정일 1971. 12. 14.

서식지의 특징

울릉도는 성인봉을 중심으로 아직 원시림이 남아 있는데, 너도밤나무·섬피나무·섬고로쇠 등 단순림과 섬잣나무·솔송나무 등이 숲을 이루고, 해안 주변에는 수령이 오래 된 후박나무가 많이 서식하고 있다. 이런 조건이 흑비둘기의 훌륭한 서식지가 되고 있다.

실태

울릉도 내에서도 대표적인 흑비둘기의 서식지로 알려진 사동 해안가에는 후박나무 5그루가 보호받고 있다. 후박나무 열매가 성숙하는 7월 하순~8월 하순에는 열매를 채식하기 위해 찾아드는 흑비둘기를 쉽게 볼 수 있다. 사동 외에도 해발 700m의 성인봉 등산로의 활엽수림에서도 흑비둘기가 한두 마리씩 관찰되며, 나리동과 남양동에서도 볼 수 있다. 또 남면의 도동과 저동의 해안 후박나무에서도 드물지 않게 눈에 띈다.

그러나 최근 이 곳의 동백림이 거의 벌채되어 후박나무의 보호가 더욱 절실해졌다. 한 배에 1개의 알을 낳는 흑비둘기는 서식지 파괴에 있어 다른 새들보다 더욱 민감한 종이다.

흑비둘기

울릉도 사동의 흑비둘기 서식지

금강의 어름치

영 명 Habitat of Eoreumchi in the Geumgang
소재지 충청북도 옥천군 이원면에서부터 금강 상류 지역까지
지정일 1972. 5. 1.

실태

   보호 구역은 충청북도 옥천군 이원면에서부터 금강 상류 지역까지
이다. 지금까지 우리 나라에서 알려진 어름치의 분포는 임진강 수계
와 남·북한강 수계이므로, 금강은 어름치 분포의 남방 한계선이 된
다. 1978년까지는 금강 상류에서도 서식하고 있다는 것이 확인되었
으나 그 후에는 전혀 확인된 바 없다. 그러나 기록상 1977년 12월부
터 1978년 9월까지 전라북도 무주군 무주읍 내도리와 후도리, 충청
남도 금산군 부리면 방우리에서 수차 확인되고 있으므로, 아직 극소
수는 생존해 있는 것으로 생각된다.

금강의 어름치 (사진/김익수)

금강 상류의 어름치 서식지 (사진/김익수)

까막딱따구리

영명 Black Woodpecker
학명 *Dryocopus martius*
소재지 전국
지정일 1973. 4. 12.

형태 / 수컷은 머리 꼭대기가 붉고 암컷은 뒷머리만 붉다. 몸 전체가 광택이 나는 검은색으로, 부리는 녹색을 띤 황색이며 끝은 검다. 몸 길이는 약 46cm이다.

습성 / 희귀한 텃새로, 자연 혼효림의 고목이 무성한 평지에서 고준 지대에까지 서식한다. 지상에서 4∼25m 높이의 나무 줄기에 암수가 같이 8∼17일쯤 걸려 구멍을 파고 그 곳에 둥지를 만들어 번식한다. 주로 곤충류나 식물의 열매를 먹는다.

실태 / 서식 환경의 주요인이 되는 고목이 벌채되어 감에 따라 점차 사라져 가고 있다. 우리 나라에서는 지금까지 함경도·평안남도·황해도·강원도·경기도에서의 채집 기록이 있다. 그래서 중부 이북에서 번식하고 겨울에는 남부까지 떠돌아다니는 것으로 알려졌으나, 충청북도·부산 구덕산·전라북도 내장산 등지에서도 관찰되어 남부 지방에서도 번식하는 것으로 보고 있다.

일부 자연 혼효림의 오래 된 큰 나무가 무성한 곳(경기도 광릉·강원도 설악산·강원도 명주군 연곡면 청학동·전라북도 내장산 등지)에는 아직도 서식하고 있는 것으로 알려져 있으며, 가끔 관찰자의 눈에 띈다.

소나무에서 경계하고 있는 까막딱따구리 수컷

수리류(독수리 · 검독수리 · 참수리 · 흰꼬리수리)

소재지 전국
지정일 1973. 4. 12.

우리 나라에는 지금까지 8종의 수리류가 알려져 있다. 그 가운데 2종은 북한 지역에서, 또 다른 2종은 남·북한 지역에서 각각 두서너 번 채집된 미조이므로, 나머지 4종만 천연기념물로 지정되었다.

〈독수리〉

영명 / Black Vulture

학명 / *Aegypius monachus*

형태 / 암수 동일하며, 몸 전체는 검은빛이 도는 짙은 갈색이다. 머리에는 검은색의 피부가 드러나 있고, 목에는 회갈색의 선명하지 않은 줄이 있으며, 부리의 기부와 발은 녹색을 띤다. 몸 길이는 약 90~100cm이다.

습성 / 드문 겨울새로 홀로 또는 쌍으로 생활하나 5~6마리의 작은 무리를 이루기도 한다. 큰 하천·하구·호소·해안의 개활지 등지에 도래하여 생활한다. 죽은 동물이나 물새 등을 잡아먹는다.

실태 / 1960년대에서 1970년대까지만 해도 겨울철에 낙동강과 한강 등 하구에서 4~5마리의 독수리 무리를 볼 수 있었다. 그러나 오늘날은 댐과 하구언 건설 등으로 환경이 크게 변화하여 독수리를 비롯하여 많은 철새들을 찾아보기 어렵게 되었다. 최근에는 경기도 파주 강가와 강원도 철원 휴전선 부근의 논에서 30마리 내외가 매년 겨울에 관찰되고 있다.

〈검독수리〉

영명 / Golden Eagle

학명 / *Aquila chrysaetos*

형태 / 암수 동일하며, 머리 꼭대기와 뒷목은 황갈색이고 나머지

독수리

검독수리

부분은 어두운 갈색이다. 날개 중앙부에는 회갈색 무늬가 있고, 몸 길이는 약 76~89cm이다.

습성 / 주로 내륙 지방의 바위 절벽에서 드물게 번식하는 텃새이다. 해안선과 하천을 따라 남하하여 하구나 삼각주에서 1마리 또는 2~3마리가 함께 생활한다. 작은 포유류와 중형 조류를 주로 잡아먹는다.

〈참수리〉

영명 / Steller's Sea Eagle

학명 / *Haliaeetus pelagicus*

형태 / 암수 동일하며 몸 전체가 거의 흑갈색이다. 이마·어깨·꼬리는 흰색이고, 유난히 큰 부리를 가지고 있으며, 발은 노란색이다. 몸 길이는 수컷이 약 88cm, 암컷은 약 102cm이다.

습성 / 매우 드문 겨울새로 해안·하천의 하류·평지와 산지의 물가나 호소 등지에서 생활한다. 대개 홀로 생활하나 독수리·흰꼬리수리와 함께 5~6마리 내외의 무리를 짓기도 한다. 각종 물고기·산토끼·물범·중형 조류·썩은 고기 등을 주로 먹는다.

실태 / 남한에서는 강원도와 경기도 등지에서 8회의 채집 기록이 있으며, 1988년 대성동 저수지와 부산의 낙동강 하구 등지에서 나무 위에 앉은 1개체를 사진 촬영한 예가 있다. 우리 나라에서는 11~4월에 간혹 볼 수 있으나 번식한 증거는 아직 없다.

〈흰꼬리수리〉

영명 / White-tailed Eagle

학명 / *Haliaeetus albicilla*

형태 / 암수 동일하며, 머리와 어깨는 황갈색, 가슴·배·등은 갈색이다. 날개의 끝 부분은 특히 어두운 갈색이다. 꼬리는 흰색이고 부리와 발은 노랗다. 몸 길이는 수컷이 약 64cm, 암컷은 약 95cm이다.

습성 / 드문 겨울새로 해안의 바위·갯벌·소택지·하구 및 개활지에서 생활하며, 산악 지대에는 서식하지 않는다. 단독 생활을 하며, 연어·송어·산토끼·쥐오리·물떼새·도요새·까마귀 등을 잡아먹는다.

실태 / 전세계적으로 분포되어 있으며 깃털의 색깔이나 색깔형에서

참수리

흰꼬리수리

도 폭넓은 변이를 나타낸다. 우리 나라에는 대성동 비무장 지대와 섬진강·한강·낙동강 등 큰 하천이나 동서 해안 및 남해 도서 연안 등지에서 월동한다.

철원(鐵原) 천통리 철새 도래지

영 명 Wintering and Staging Site of Migrating Birds in Cheontong-ri, Cheorwon
소재지 강원도 철원군 철원읍 일부
지정일 1973. 7. 10.

도래지의 특징

철원 지방은 휴전 이후 1970년대까지만 해도 휴전선 남방 완충 지대와 인접 지역의 논과 밭은 초지와 관목림으로 크게 변모해, 군사 작전상 벌채된 지역 외에는 무성한 숲을 이루었다. 작전 도로를 통해서만 출입할 수 있으며, 도로 좌우에 미확인 지뢰 지대가 방대하여 출입이 철저히 통제되었던 곳이다. 따라서 다른 지역보다 인위적인 요소가 가해지지 않아 생태계의 천이 과정, 즉 생물의 서식지가 파괴로부터 회복에 이르는 과정을 잘 나타내 주는 귀중한 곳이기도 하다.

실태

이 곳에는 9월 중순~10월 중순에 시베리아 동북부에서 번식을 마친 여러 조류 집단이 남하하여 월동한다. 겨울철에는 수리류도 간혹 관찰되며, 1970년대부터는 두루미·재두루미 등 희귀종이 도래하여 월동하고 있다는 사실이 밝혀졌고, 일본에서 월동하는 재두루미와 흑두루미 집단도 이 곳을 거쳐 북상한다는 사실이 확인되었다.

그러나 근래 이 지역은 관광지화되고 경작 면적이 넓어지면서 크게 변모하였다. 비무장 지대 내의 출입도 편리해져 사진 촬영자나 탐조단의 탐방이 월동 두루미류를 크게 위협하고 있다. 예전에 우리 나라에서 월동하던 두루미류가 현재는 일본의 이즈미 지방으로 가고 있다. 다시 두루미를 유치할 수 있는 방안과 관찰자에 대한 교육 및 자질 함양에 대한 확실한 대책 수립이 필요하다.

철원 천통리 철새 도래지

안내판

횡성(橫城) 압곡리의 백로 및 왜가리 번식지

영 명 Breeding Site of Great Egrets and Gray Herons in Apgok-ri, Hoengseong
소재지 강원도 횡성군 서원면 압곡리 186-2
지정일 1973. 10. 1.

번식지의 특징

횡성의 압곡 2리는 분지로 되어 있는 마을로, 서쪽에 있는 영산과 북쪽의 압산에 백로와 왜가리가 번식하고 있다. 영산은 표고 300m 미만의 경사가 심한 산으로, 정상에는 200~300년생으로 보이는 소나무 고사목 한 그루를 중심으로 숲이 우거져 있다.

압산에는 산등성이에 약 90년생 소나무 고사목 한 그루와 그 밖에 떡갈나무·상수리나무가 산재해 있다.

실태

약 20년 전까지는 대부분 왜가리 집단이 도래·번식하였으나, 이후부터는 왜가리가 감소되어 현재는 중대백로가 번식 집단의 대부분을 차지하고 있고, 간혹 황로도 눈에 띈다. 그러나 최근 번식지의 나무들이 새의 배설물에 의해 고사해 가고, 번식지를 찾는 사람들이 많아져 피해를 입고 있다. 이들은 대부분 사진 촬영을 위해 온 사람들로, 둥지에 가까이 접근하기 위해 나무에 올라가거나 새를 놀라게 하는 행동을 서슴지 않고 있다. 그러므로 새의 배설물에 어느 정도 저항성이 있는 나무를 추가 식재하고, 방문객들에게 사전에 주의를 줌으로써 새들이 번식지를 떠나는 것을 막아야 하겠다.

황로

518

횡성 압곡리의 백로 및 왜가리 번식

중대백로

왜가리

한강 하류의 재두루미 도래지

영 명 Wintering and Staging Site of Migrating White-naped Cranes at the Hangang Estuary

소재지 경기도 파주시 교하면 일부

지정일 1975. 2. 21.

도래지의 특징

면적 / 22,143,557m²

특징 / 경기도 파주시 교하면과 김포군 하성면 사이에 자리한 한강 하구의 동서 하안과 삼각주 일원의 광활한 습초지는 재두루미 도래지로 지정되어 보호받아 왔다. 교하면에 위치한 한강 동안은 1975년 2월 21일 천연기념물 제250호로 지정되었고, 1977년 4월 19일에는 하성면에 자리하는 서안의 삼각주 전역을 확대 지정하여 지금까지 보호해 왔으나, 그 지역의 일부는 해제되었다.

실태

이 곳에 재두루미가 월동한다는 사실은 1961년 11월 주한 미군 소위가 미국의 두루미 학자에게 약 2300마리의 재두루미가 한강 하구에 도래하였다고 보고한 데서 비롯되었다.

그러나 오늘날 한강의 상류 지점 팔당에 대규모의 다목적 댐을 건설하여, 하구에 이르는 유수량이 줄어들어 하류의 염도가 증가되었고, 하안의 매립과 농지 확충으로 하천의 너비는 좁아지고 수위는 높아져 개펄이 줄어들었다. 또 하구에 자생하던 재두루미의 주식물인 매자기·수송나물·칠면초 등이 점차 사라지고, 갯개미취·갈대·개솔새 등 새로운 침입종으로 식생이 변모하고 있다. 최근에는 통일전망대 부근 습지에서 200~300마리의 무리가 관찰된다.

한강 하류의 재두루미 도래지

안내판

무태장어

영 명 Marbled Eel
학 명 *Anguilla marmorata* Quoy et Gaimard
소재지 전국 일원
지정일 1978. 8. 18.

형태 / 몸은 가늘고 둥글며, 길이는 200 cm 내외로 뱀장어보다 훨씬 큰 종이다. 꼬리는 다소 옆으로 납작한 모양이고, 몸 빛깔은 황갈색 바탕에 흑갈색의 얼룩얼룩한 무늬가 산재해 있다. 비늘은 소형으로 퇴화되어 피부 밑에 묻혀 있고, 아래턱은 위턱보다 돌출해 있다.

습성 / 하천이나 호수의 비교적 깊은 곳에서 산다. 게·새우·조개· 물고기 등을 잡아먹는 육식성이다. 뉴기니 섬의 북부에서 보르네오 섬의 동부에 이르는 지역과 수마트라 섬 서쪽의 해구에서 산란한다. 알에서 깨어난 치어들은 쿠로시오 해류를 따라 우리 나라까지 회유 해 온다. 5~8년간 담수에 서식하다가 성어가 되면 깊은 바다로 내 려가 산란한다.

실태 / 한국·일본·타이완·중국·뉴기니·아프리카 동부·인도양 등에 널리 분포한다. 우리 나라에서는 제주도 서귀포시 천지연에서 처음으로 발견되었다. 1972년 경상북도 영덕군 강구면 소월동과 1973년 전라남도 장흥의 탐진강에서 채집된 바 있고, 1982년 경상남 도 거제시 신현읍과 하동군 쌍계사 계곡에서도 발견되었다.

그러나 최근에는 그 동안 알려진 서식지에서도 쉽사리 발견되지 않고 있다. 관광지 개발과 산업화에 따른 수질 오염, 남획 등이 생존 에 크게 위협을 주고 있기 때문이다.

무태장어

어름치

영 명 Eoreumchi
학 명 *Hemibarbus mylodon* (Berg)
소재지 전국 일원
지정일 1978. 8. 18.

형태 / 잉어과의 물고기로 몸 표면에 흑점이 분명한 것이 특징이다. 몸은 옆으로 납작하며, 은백색 바탕에 등 쪽은 갈색을 띤 암색이고 배 쪽은 희다. 옆구리에는 7∼8줄의 흑점이 세 줄로 나열되어 있다.

습성 / 하천 중상류의 물이 맑고 자갈이 있는 곳에 서식한다. 산란 기를 제외하면 비교적 깊은 물 속에서 수서 곤충이나 갑각류, 그 밖에 작은 동물도 먹는다. 4∼5월경 수온이 16∼18°C 정도 되면 완만하게 흐르는 깨끗한 물 속 돌틈에 산란하는데, 수심 50∼80cm 되는 구덩이를 파고 잔 자갈로 산란탑을 쌓아 알의 유실을 방지한다.

실태 / 우리 나라 고유종으로 한강·임진강·금강의 중상류에 분포 하는데, 금강에 분포했던 어름치는 전멸 위기에 놓여 있다.

1986년 조사에서 어름치가 채집된 강원도 양구군 남면에서는 31종의 어류가 출현한 가운데 0.75%, 철원군 갈말읍에서는 30종의 어류가 출현한 가운데 어름치는 0.95%가 채집되었다. 그 외 강원도 영월 법흥사 주변 하천에서도 잡힌다고 한다. 독극물이나 폭약 혹은 전기로 민물고기를 잡는 사람들에 의해 사라지고 있으며, 서식지 하천의 수질이 나빠지고 유량이 적어지는 것도 어름치 감소의 원인이 될 수 있다.

어름치 (사진/김익수)

연산(連山) 화악리의 오골계

영 명 White Silky Fowl of Hwaak-ri, Yeonsan
소재지 충청남도 논산시 연산면 화악리
지정일 1980. 4. 1.

형태 / 닭 품종의 하나인 오골계는 깃털이 검은색이고, 뼈와 육질도 검은색이다. 머리는 작은 편이며, 수컷의 머리 꼭대기에는 어두운 붉은색의 짧고 넓은 복관(複冠)이 있다. 우리 나라에서는 딸기 모양의 관을 가진 수컷이 보통이지만, 때로는 3매관 또는 장미관인 것도 있다. 짧은 목에는 깃털이 많으며, 꽁지는 짧은 편이다. 다리는 짧고, 바깥쪽에 깃털이 나 있으며, 5개의 발가락을 가진 것이 특징이다.

실태 / 원산지는 동남 아시아로 인도차이나에서 동쪽으로 널리 퍼져 있다. 우리 나라에 도입된 시기와 유래는 정확히 알 수 없으나, 일본과 같이 중국으로부터 도입되었다고 한다. 일본에서는 독자적인 품종으로 잘 개량해 온 데 비해 우리 나라에서는 품종 개량이나 보존 상태가 불완전하다. 따라서 전형적인 견사와 같은 부드러운 깃과 깃털이 다리와 발가락을 완전히 덮고 있는 사육 집단은 찾아보기 어렵다. 대개 흰색 품종이나, 흑색 품종과 간혹 흰색에 가슴만 붉은색이 나타나는 품종도 있다.

경상남도 양산군 기장면의 천연기념물 제135호(1962년 12월 3일 지정)는 사육 부진으로 이미 해제되었고, 충청남도 논산시 연산면 화악리의 오골계 사육지를 천연기념물로 새로이 지정하여 보호·육성에 노력하고 있다.

연산 화악리의 오골계 사육지

오골계

알

무주(茂朱) 설천면 일원의 반딧불이와 그 먹이(다슬기) 서식지

영 명 Habitat of Fire-flies and Melania Snails
in Seolcheon-myeon, Muju
소재지 전라북도 무주군 설천면 일원
지정일 1982. 11. 4.

서식지의 특징

설천면에는 너비 18~25m의 하천이 있
는데, 이 주변의 소천리와 청탕리 사이의
논에 육서종인 애반딧불이가 살고 있고, 하
천의 도로변과 하천 남쪽 낮은 산의 북사면 기슭에 늦반딧불이가 다
수 서식하고 있다. 이 곳은 하천의 완만한 유속과 적당한 수온, 알칼
리성 수질 때문에 반딧불이의 먹이인 다슬기와 달팽이류가 고밀도로
서식하는 것으로 알려졌다.

실태

반딧불이는 밤에 빛을 냄으로써 예부터 우리 민족의 정서 생활과
밀접하게 이어져 왔다. 그러나 최근 산업화 과정에서 수질이 오염되
고, 농약의 사용으로 서식지가 파괴되어 그 수가 급격히 감소하는
추세이다. 대전대 남상호 교수의 조사에 의하면 1990년에는 밤 9~
10시에 최고 200마리 이상이 관찰되었으나, 1992년에는 100여 마리,
1994년에는 40여 마리, 1996년에는 20여 마리로 급감한 것으로 나타
났다.

타 지역에 비해 반딧불이의 밀도가 높은 이 지역을 보호하기 위해
서는 주민들로 하여금 다슬기와 반딧불이의 채취를 금지시켜야 하
며, 인근 논에 뿌린 농약이 하천으로 유입되지 않도록 해야 한다. 설
천면 상류 지역의 각종 위락 시설로 인한 오염은 반딧불이의 먹이인
다슬기, 고둥 등의 감소 원인이 될 수 있으므로 정화 시설 및 대책이
강구되어야 한다.

무주 설천면 일원의 반딧불이와 그 먹이(다슬기) 서식지

아침 이슬을 먹고 있는 애반딧불이

배의 끝에서 빛을 내고 있는 애반딧불이

(사진/남상호)

529

매류
(참매·붉은배새매·새매·잿빛개구리매·알락개구리매·개구리매·황조롱이·매)

소재지 전국
지정일 1982. 11. 4.

　지구상에 매목(Falconiformes)에 속하는 조류는 272종에 이른다. 그 가운데 수리과 (Accipitridae)는 211종, 매과(Falconidae)는 61종이 알려져 있으나, 우리 나라에서는 수리류 21종과 매류 6종이 기록되어 있다. 이 가운데 이미 천연기념물로 지정된 수리류 4종 외에 수리류 6종(참매·붉은배새매·새매·잿빛개구리매·알락개구리매·개구리매)과 매류 2종(황조롱이·매)을 천연기념물로 지정 보호하고 있다.

　맹금류(수리류와 매류)는 전세계적으로 보호의 대상이 되고 있는 점을 감안하여 보호 대책 마련이 시급한 실정이다. 특히 우리 나라에서는 환경 오염과 농약으로 인해 서식지가 파괴되고 먹이가 줄어들어 개체수가 급격히 감소하고 있는 실정이다.

붉은배새매

〈참매〉

영명 / Goshawk

학명 / *Accipiter gentilis*

형태 / 몸 길이는 48~61cm로 등은 회갈색이며 흰색의 눈썹선이 눈에 띈다. 어깨는 흰색으로 얼룩져 있고, 배 쪽은 회갈색 가로 줄무늬가 있다.

습성 / 겨울새로 예로부터 꿩 사냥에 사용해 온 대표적인 매이다. 잡목림의 교목 가지에 둥지를 트는데, 산란기는 5월 상순~6월경이며, 한 배의 산란 수는 2~4개이다. 포유류 및 조류를 먹이로 하는데, 포유류의 토끼를 주식으로 하고, 기타 작은 동물도 먹는다.

〈붉은배새매〉

영명 / Chinese Sparrow Hawk

학명 / *Accipiter soloensis*

형태 / 암수 동일하며, 몸 길이는 수컷이 약 27cm, 암컷이 약 30cm이다. 머리·등·꼬리는 검은빛을 띤 회색이고, 배는 흰색이며 턱 밑과 가슴은 약간 붉은색을 띠고 있다. 날개의 안쪽 끝은 검은색이며

붉은배새매의 유조

부리는 빨색이다. 눈과 발은 선명한 황색이다.

　습성 / 여름새로 4월 하순~5월 초순에 도래하여 9월에 남하한다. 주로 평지·구릉·농촌 인가 부근의 참나무류나 오리나무·밤나무·소나무 등에서 서식하며, 매류 중에서 가장 많은 수가 관찰된다.

〈새매〉

　영명 / Sparrow Hawk

　학명 / *Accipiter nisus*

　형태 / 몸 길이는 28~38cm이고 암컷은 수컷보다 훨씬 크다. 성조의 수컷은 등 쪽이 암회색이며, 어깨에 흰색 반점이 있다. 배 쪽은 흰색이며, 앞가슴에 암갈색의 가로 무늬가 있다. 눈 위의 흰색 줄무늬가 뚜렷하고, 다리와 눈은 황색이다.

　습성 / 북위 약 30°에서 북극권까지 분포 번식하며, 북부 지역에서 번식하는 집단은 겨울에 남하하여 월동하고, 남부의 번식 집단은 정주(定住)한다. 잡목림에서 둥지를 틀며, 산란기는 5월경이다. 한 배의 산란 수는 4~5개로, 작은 조류와 포유류를 먹이로 한다.

잿빛개구리매

〈잿빛개구리매〉

영명 / Hen Harrier

학명 / *Circus cyaneus*

형태 / 수컷은 머리·가슴·등·꼬리가 잿빛이고 배는 흰색이다. 암컷은 몸 전체가 갈색으로 진한 갈색 무늬가 있다. 암수 모두 날개 끝은 검은색이고 허리는 흰색이다. 몸 길이는 수컷이 약 43cm, 암컷은 약 53cm이다.

습성 / 겨울새로, 단독 생활을 할 때가 많다. 날다가 꼬리를 벌리고 날개를 펄럭이며 긴 다리를 아래로 뻗고 한 곳에 정지한 채 먹이를 찾는다. 주로 평지·개활지·초습지·야산·농경지에서 생활하고, 나뭇가지나 전선에는 앉지 않는다.

〈알락개구리매〉

영명 / Pied Harrier

학명 / *Circus melanoleucus*

형태 / 수컷은 머리·등·날개가 검은색이고, 날개의 앞쪽과 배는 흰색이며, 날개의 뒤쪽과 꼬리는 회색이다. 암컷은 잿빛개구리매의 암컷과 비슷한데, 배의 색깔이 밝고 날개 끝과 꼬리가 진한 회색이다. 몸 길이는 약 45cm이다.

알락개구리매

습성 / 휴전선 비무장 지대에서 드물게 보이는 나그네새로, 하천이나 산림 부근의 초지에서 서식한다. 작은 조류나 개구리, 물고기 등을 잡아먹는다.

〈개구리매〉

영명 / Marsh Harrier

학명 / *Circus aeruginosus*

형태 / 수컷은 머리가 어두운 갈색 또는 검은색이고, 등과 날개는 회색 또는 검은색이며, 가슴과 배는 흰색이다. 암컷은 머리와 가슴이 연한 갈색이며, 등·날개·배는 약간 붉은 갈색이다. 몸 길이는 수컷이 약 48cm이고, 암컷은 약 58cm이다.

습성 / 봄·가을에 우리 나라를 지나는 나그네새로, 습지나 초원 위를 1~2m 높이로 날며 먹이를 찾는다. 평야의 물가에서 생활하며 물고기·뱀·개구리·물새 등을 먹고 산다. 지상이나 풀 위에 앉는 것이 보통이나 말뚝 위나 바위에 앉기도 하며, 높은 나무 위에 앉는 일은 없다. 홀로 생활할 때가 많다.

개구리매

〈황조롱이〉

영명 / Kestrel

학명 / *Falco tinnunculus*

황조롱이

형태 / 수컷은 머리와 꼬리가 회색이고, 눈 밑에 검은 세로줄이 있으며, 꼬리 끝에는 검은색과 흰색의 줄이 있다. 등은 붉은 갈색으로 검은 점이 있고, 날개 끝은 검다. 암컷은 머리와 꼬리에도 등과 마찬가지로 적갈색에 검은 점이 있다. 몸 길이는 수컷이 약 30cm, 암컷이 약 33cm이다.

습성 / 우리 나라 전역에서 번식하는 텃새로, 도시나 시골의 마을 부근에서 서식한다. 강가의 암벽이나 건물의 벽 사이에서 번식하는데, 4월 하순~7월 초순에 4~6개의 알을 낳는다. 주로 들쥐·두더지·파충류·작은 조류 등을 먹는다.

〈매〉

영명 / Peregrine Falcon

학명 / *Falco peregrinus*

형태 / 암수 동일하며, 머리·뺨·등은 짙은 회색이다. 턱 밑은 흰색이고 가슴과 배는 흰색 바탕에 검은색의 가로 줄무늬가 있다. 어린 새는 가슴에 세로 점무늬가 있다. 몸 길이는 수컷이 약 38cm, 암컷이 약 48cm이다.

매

습성 / 우리 나라에서는 드문 텃새로, 해안이나 도서 지방의 절벽에서 번식한다. 주로 홀로 생활하고, 고공에서 날개를 오므리고 아주 빠른 속도로 급강하하여 발톱으로 먹이를 채는 것이 보통이다.

올빼미 · 부엉이류

(올빼미 · 수리부엉이 · 솔부엉이 · 칡부엉이 · 쇠부엉이 · 소쩍새 · 큰소쩍새)

소재지 전국
지정일 1982. 11. 4.

전세계적으로 올빼미목(Strigiformes) 조류는 136종이 알려져 있으며, 그 가운데 올빼미과(Strigidae) 조류는 126종이다. 우리 나라에서는 10종의 올빼미과 조류가 기록되어 있으나, 흰올빼미 · 긴점박이올빼미 · 금눈쇠올빼미를 제외한 나머지 7종을 천연기념물로 지정 · 보호하고 있다.

〈올빼미〉

영명 / Korean Wood Owl

학명 / *Strix aluco*

형태 / 암수 동일하며, 몸 길이는 약 35cm이다. 머리 · 등은 회갈색으로 흰 점무늬가 많고, 가슴 · 배는 잿빛을 띠는 흰색으로 갈색의 세로 점무늬가 많다. 구부러진 부리는 황색이고 발은 살색이다.

습성 / 우리 나라에서는 주로 마을 뒤 평지의 침엽수림이나 활엽수림에서 생활하는 흔하지 않은 텃새로, 낮에는 나뭇가지에 앉아 움직이지 않고 밤에 활동한다. 들쥐 · 작은 조류 · 곤충류를 먹는다. 경기도 광릉의 숲에서 매년 번식한다.

올빼미

536

〈수리부엉이〉

영명 / Eagle Owl

학명 / *Bubo bubo*

형태 / 암수가 동일하며, 몸 길이는 약 66cm이다. 몸 전체가 황갈색을 띠고, 가슴·등·날개에는 검은 세로 점무늬가 있고, 그 밖의 부분에는 암갈색 무늬가 있다. 머리에는 검은색의 큰 귀깃이 2개 있다.

수리부엉이   수리부엉이 유조

습성 / 우리 나라에서는 드문 텃새로, 중부 이북 지방의 깊은 산의 암벽과 강가의 절벽에서 생활한다. 낮에는 곧게 선 자세로 나뭇가지나 바위에 앉아 있고 주로 야간에 활동한다. 바위굴 밑이나 바위 틈에 둥우리 없이 한 배에 2~3개의 알을 낳는다. 주로 꿩·산토끼·집쥐·개구리·뱀·도마뱀·곤충류 등을 먹는다.

〈솔부엉이〉

영명 / Brown Hawk Owl

학명 / *Ninox scutulata*

형태 / 암수 동일하며, 몸길이는 25cm 정도이다. 머리·등·꼬리는 진한 갈색이고, 가슴과 배는 흰색으로 암갈색의 세로 점무늬가 있으며, 꼬리에는 암갈색의 가로띠가 있다. 부리와 발은 노랗다.

습성 / 여름새로 평지에서 표고 1000m 정도의 산지에 이르기까지 침엽수·낙엽 활엽수림이나 인가 부근의 숲, 도시의 공원 등에서 서식한다. 주로 밤에 활동하고, 나무 구멍이나 인공 새집에서 번식하는데, 번식기에는 사람이 둥지 부근에 나타나면 습격한다. 산란기는 5~7월이며, 한 배에 3~5개의 알을 낳는다. 곤충을 주식으로 하며 그밖에 박쥐나 작은 들새도 먹는다.

솔부엉이

〈칡부엉이〉

영명 / Long-eared Owl

학명 / *Asio otus*

형태 / 암수 동일하며, 몸 길이는 약 38cm이다. 몸 전체가 황갈색으로 옅은 회색을 띤다. 가슴·배·꼬리에는 짙은 갈색의 세로 무늬가 많으며, 등과 날개에는 암갈색의 점무늬가 있다. 머리에는 갈색의 큰 귀깃이 있다.

쇠부엉이

습성 / 우리 나라에서는 10~11월 남하 이동할 때 전국 도처에서 흔히 볼 수 있었는데, 최근 그 수가 감소하고 있다. 소나무 숲과 같은 침엽수림에서 서식하며, 밤에 활발한 활동을 한다. 잡목림에서 매류나 말똥가리 등의 묵은 둥지를 이용하여 번식하며, 드물게 교목의 뿌리 부근에서도 번식한다. 5월 중순에서 하순에 걸쳐 4~6개의 알을 낳고, 들쥐·땃쥐·두더지·작은 들새류를 포식한다.

〈쇠부엉이〉

영명 / Short-eared Owl

학명 / *Asio flammeus*

형태 / 암수 동일하며, 몸 전체는 황갈색이다. 등과 날개에는 검은 줄무늬가 있고, 가슴과 배에는 어두운 갈색의 세로줄 무늬가 있다. 날개 끝은 연한 주황색을 띠며, 머리에는 작은 귀깃이 있다. 몸 길이는 약 38cm이다.

습성 / 겨울새로, 주로 강가의 넓은 밭·개활지의 갈대밭·교목·관목·잡목 등에서 생활한다. 주로 밤에 활동하고 낮에는 풀숲 속에 잠자리를 정하고 그 곳에 숨어 있다. 관목 그늘·소택지·마른 갈밭 등 땅 위의 오목한 곳에 4월 하순~5월 상순에 걸쳐 4~8개의 알을 낳는다.

쇠부엉이

〈소쩍새〉

영명 / Scops Owl

학명 / *Otus scops*

형태 / 암수 동일하나 갈색형과 적색형이 있다. 갈색형은 머리가 회갈색으로 암갈색 무늬가 있고, 등은 적갈색으로 암갈색 무늬가 있다. 눈은 황색이고 몸 길이는 약 20cm이다.

습성 / 우리 나라 전역에서 흔하게 번식하는 여름새로, 낮에는 숲에서 휴식을 취하고 주로 밤에 활동한다. 5~6월 중순에 나무 구멍에 4~5개의 알을 낳으며, 주로 곤충류나 거미류를 먹는다.

〈큰소쩍새〉

영명 / Collared Scops Owl

학명 / *Otus bakkamoena*

형태 / 암수 동일하며, 몸 길이는 약 24cm이다. 머리와 등은 갈색으로 각 깃의 끝에 짙은 갈색의 얼룩 무늬가 있다. 턱 밑과 아랫배는 희고, 눈은 붉은색이다.

습성 / 주로 중부 이북 지방에서 볼 수 있는 겨울새로, 소쩍새보다

소쩍새

큰소쩍새

흔한 편이다. 낮에는 어두운 숲에서 쉬고 저녁부터 활동하는 야행성
조류이다. 5~6월경에 4~5개의 알을 낳고, 작은 새나 포유류·양서
류·파충류·곤충류 등을 먹는다.

기러기류(개리 · 흑기러기)

소재지 전국
지정일 1982. 11. 4.

지구상에서 기러기목(Anseriformes) 조류는 146종이 알려져 있으나, 그 가운데 순 기러기류는 14종에 불과하다. 우리 나라에는 7종의 기러기류가 도래하는 것으로 기록되어 있는데, 이 가운데 사라져 가는 개리와 흑기러기 2종만이 천연기념물로 지정·보호받고 있다.

〈개리〉

영명 / Swan Goose

학명 / *Anser cygnoides* (Linnaeus)

형태 / 암수 동일하며, 몸 길이는 약 87cm이다. 눈앞과 머리 위에서 부터 뒷목까지는 암갈색이고, 등과 날개는 흑갈색으로 흰 줄무늬가 있다. 가슴은 회갈색, 옆목과 아랫배는 흰색이다.

갯벌에서 먹이를 찾고 있는 개리

습성 / 비교적 드문 겨울새로 10~4월 사이에 볼 수 있다. 호소·논·초습지·소택지·해안·간척지 등지에서 홀로 또는 무리를 이루어 생활한다. 날아오를 때에는 5~10m를 달린 후 떠오른다. 수생 식물·벼·보리·밀 등과 조개류를 먹는다. 산란기는 6월경이며 4~6개의 알을 낳는다. 최근 경기도 일산의 한강변과 금강 하구에 매년 200마리 내외가 찾아와 겨울을 나고 있다.

〈흑기러기〉

영명 / Brant

학명 / *Branta bernicla*

형태 / 암수 동일하며, 몸 길이는 약 58~66cm이다. 머리·가슴·등은 검은색이고, 목에는 초승달 모양의 흰 무늬가 있다. 배는 흰색인데, 아래쪽에 검은색의 가로줄 무늬가 있다. 다리는 검은색이다. 어린 새는 목에 흰 무늬가 없는 개체도 있다.

습성 / 홀로 또는 작은 무리를 지어 생활하고, 습한 이끼로 덮인 툰드라 지대의 호수, 갯벌의 하안과 하구에서 번식한다. 그러나 월동지에서는 주로 해상이나 해안의 얕은 곳에서 지낸다. 만조시나 밤에는 해상에서 쉬고, 낮의 간조시에는 해안이나 얕은 곳에서 먹이를 찾는다. 해조류나 조개류를 먹는다.

흑기러기

검은머리물떼새

영 명 Oystercatcher
학 명 *Haematopus ostralegus*
소재지 전국 일원
지정일 1982. 11. 4.

형태 / 암수가 동일하며 몸 길이는 약 45cm이다. 머리·가슴·등은 검고, 배·어깨·허리·날개의 기부 뒤쪽과 꼬리의 기부는 희며, 부리·눈·발은 붉은색이다.

습성 / 희귀한 텃새로, 번식기에는 무인 도서·하구의 삼각주·해안의 자갈밭·갯벌 등지에서 4~5마리가 무리를 이루어 서식한다. 해산 연체동물이나 게류, 작은 어류를 먹는다.

실태 / 우리 나라에서 검은머리물떼새가 번식한다는 사실이 처음으로 밝혀진 것은, 1917년 4월 구로다 나가미치(黑田長禮) 박사가 전라남도 영산강 하구에서 2개의 알을 발견한 데서 비롯되었다. 그 뒤 1973년과 1974년 강화 앞바다에 위치한 대송도에서 알을 확인함으로써, 비로소 우리 나라에서도 서해안의 작은 섬에서 드물게나마 검은머리물떼새가 번식한다는 것을 알게 되었다.
겨울에는 동북아 북쪽·러시아·중국 둥베이 지방에서 번식한 무리가 우리 나라의 서해안 군산 앞바다에서 500마리 내외가 월동한다.

검은머리물떼새 무리

바위에서 휴식 중인 검은머리물떼새

검은머리물떼새 알

원앙이

영 명 Mandarin Duck
학 명 *Aix galericulata*
소재지 전국 일원
지정일 1982. 11. 4.

형태 / 수컷은 머리와 가슴이 진한 밤색이고, 가슴에 2개의 세로줄 무늬가 있으며, 등은 청록색, 얼굴과 장식깃은 누른빛을 띤다. 암컷은 몸 전체가 어두운 회색이며, 수많은 흰 점무늬가 있다. 몸 길이는 약 45cm이다.

습성 / 삼림이 울창한 산간 계류에서 생활하는 흔하지 않은 텃새이다. 겨울에는 저수지·호소·해변·냇가의 물에서 작은 무리의 월동 군을 볼 수 있다. 4월 하순~7월에 활엽수의 나무 구멍, 인공 새집, 돌담 틈새에 둥지를 틀고 번식한다. 한 배에 9~12개의 알을 낳으며, 5월 하순~7월 하순에 새끼를 볼 수 있다. 풀씨·나무 열매·달팽이 류·민물고기 등을 먹으며, 특히 도토리를 즐겨 먹는다.

실태 / 아무르 강 계곡의 중앙부와 쿠마리 강 하류, 남쪽은 우수리 지역과 중국 둥베이 지방을 거쳐 허베이성 북부까지와 일본에서 번식한다. 북부의 번식 집단은 결빙 후에 남하하여 사할린 남부, 중국 동남부에도 나타난다. 분포권 안에서도 흔한 새는 아니며, 현재 지구 상에 약 20,000개체가 생존하는 것으로 추정하고 있다.

우리 나라에서는 경기도 광릉 숲 속의 물가에서 해마다 번식하는 데 개체수가 늘어나고 있다. 강원도의 계곡 등지에서는 어디서나 서식하며, 최근에는 사냥 금지로 인해 그 수가 증가하고 있다.

원앙이

원앙이 수컷

하늘다람쥐

영 명 Russian Flying Squirrel
학 명 *Pteromys volans aluco* (Thomas)
소재지 전국 일원
지정일 1982. 11. 4.

형태 / 다람쥐과에 속하는 종으로, 앞뒷다리 사이에 비막이 있어서 공중을 활공한다. 몸 길이는 15~20cm, 꼬리 길이는 9.5~14cm이다. 머리는 둥글고 귀는 작으며 눈은 비교적 크다. 꼬리의 긴 털은 좌우로 많이 나고 상하로 적어서 편평하다. 몸의 털은 매우 부드럽고 등은 회백색 내지 갈색이며, 몸 아랫면은 흰색이다.

습성 / 야행성으로, 낮에는 잠을 자고 저녁에 나무의 열매·싹·잎이나 곤충 등을 먹는다. 활공은 나무의 높은 곳에서 비막을 펴고 비스듬히 아래쪽으로 내려간다. 활공 거리는 7~8m이며, 필요에 따라서는 30m 이상의 거리도 활공한다고 한다. 4~10월에 한 배에 3~6마리의 새끼를 낳는다.

실태 / 우리 나라 특산종으로 전역에 분포한다. 백두산 일원에서는 흔히 눈에 띈다고 하나 중부 지방에서는 매우 희귀하다. 1967년 4월 경기도 남양주군 마석의 잣나무 밭 영소에 번식한 2마리의 어린 새끼가 처음 번식 기록이다. 이 밖에도 경기도 포천과 강원도에서 여러 차례 채집되었다. 야행성이기 때문에 쉽게 눈에 띄지 않으나, 경기도 남양주 동국대학교 시험림에서는 딱따구리가 파놓은 오동나무 구멍에서 매년 관찰된다.

오동나무 구멍 속의 하늘다람쥐

하늘다람쥐

야행성 하늘다람쥐

반달가슴곰

영 명 Manchurian Black Bear
학 명 *Ursus thibetanus ussuricus* Heude
소재지 전국 일원
지정일 1982. 11. 4.

형태 / 곰과의 한 종으로 몸 전체가 광택이 나는 검은색이다. 앞가슴에는 반달 모양의 V자 모양의 크고 흰 무늬가 있는데, 이 무늬는 변이가 심하여 큰 것도 있고 작은 것도 있으며, 드물지만 전혀 없는 개체도 있다. 코는 뾰족하고 짧으며, 이마는 넓고, 귀는 비교적 크다. 발가락은 짧지만 발톱은 날카롭다. 몸 길이는 1.92m, 꼬리 길이는 80cm 정도이다.

습성 / 잡식성으로, 여러 종류의 머루·산딸기·다래·도토리를 즐겨 먹는다. 봄에는 나무의 어린 싹과 잎, 뿌리도 캐 먹으며, 썩은 나무를 파서 벌레·개미·곤충의 번데기 등을 먹는다. 그 밖에 가재나 작은 물고기, 조류의 알이나 새끼도 잡아먹는다. 교미 시기는 7~9월이며, 임신 기간은 210일이고, 2~3월에 2마리의 새끼를 낳는다. 입동 1주일을 전후하여 동면에 들어가서 이듬해 3월에 굴에서 나온다.

실태 / 우리 나라에서는 전역의 고준 지대에 서식하였으나, 남한 지역에서는 매우 희귀해져 절종 위기에 처해 있다.
1997년 환경부는 민관 합동으로 지리산 남서부 지역에서 반달가슴곰의 서식 실태 조사를 벌여, 지리산 일대에 어린 곰 3마리를 포함해 적어도 6마리가 서식하고 있다고 발표했다.

반달가슴곰 (사진/이화여대 자연사 박물관)

수달

영 명 Otter
학 명 *Lutra lutra* (Linnaeus)
소재지 전국 일원
지정일 1982. 11. 4.

형태 / 족제비과에 속하는 종으로 몸 길이는 63～75cm, 꼬리 길이
는 41～55cm, 몸무게는 5.8～10kg이다. 머리는 원형이고 코는 둥글
며, 눈은 아주 작고 귀도 짧아서 주름가죽에 덮여 털 속에 묻혀 있
다. 꼬리는 둥글며, 끝으로 갈수록 가늘어진다. 발가락은 발톱까지
물갈퀴로 되어 있어서 헤엄치기에 편리하다. 온몸에 밀생한 짧은 털
은 굵고 암갈색이며 광택이 난다.

습성 / 야행성 동물로 낮에는 휴식을 취하고, 위험에 처하면 물 속
으로 들어가 버린다. 집은 짓지 않고 물가의 나무 뿌리, 계곡의 바위
틈 등 은폐된 공간을 보금자리로 이용한다. 여러 개의 보금자리를
만들며, 외부 감각이 잘 발달되어 밤이나 낮이나 잘 보며, 아주 작은
소리도 잘 들을 수 있다. 또 후각으로 물고기의 존재나 천적의 습격
을 감지한다. 주로 메기·가물치·미꾸라지·개구리·게 등을 잘 먹는
다. 교미 시기는 1～2월이며 2～4마리의 새끼를 낳는다.

실태 / 전세계적으로 유럽·북아프리카·아시아에 널리 분포한다. 우
리 나라에서도 과거에는 전국 어느 하천에서나 흔히 볼 수 있었는
데, 남획과 하천의 오염 등으로 그 수가 급격히 줄었다. 현재 거제
도·섬진강·양양·보성강·진안 등에 극소수가 잔존해 있다.

수달 (사진/이화여대 자연사 박물관)

물범

영 명 Spotted Seal
학 명 *Phoca largha* Pallas
소재지 동해, 서해, 남해 일원
지정일 1982. 11. 4.

형태 / 바다표범과에 속하는 종으로 몸 길이는 1.4m, 몸무게 90kg 까지 성장한다. 바다표범 중 가장 작은 종이다. 몸 위쪽은 담황색을 띠고 몸 옆과 등에는 크기와 모양이 불규칙한 검은 반점이 있다. 주 둥이는 끝이 협소하고 중앙에 골이 있다.

습성 / 북극권을 주로 하여 서식하며, 출산기는 2월 중순~4월인데 북쪽으로 갈수록 늦다. 새끼 1마리와 어미(암수)의 가족군이 얼음 사 이에서 생활한다. 여름에는 연안에서 휴식하고 때로는 하천까지 올 라온다. 회유 물고기와 바다의 대형 플랑크톤을 먹는다.

실태 / 북태평양에서는 캘리포니아의 알류샨 해역·캄차카 반도· 지시마·홋카이도 등지에 분포한다. 우리 나라에서의 채집 기록을 보면 1973년 백령도 진촌 앞바다와 1976년 전라북도 옥구 앞바다 에서 각각 1마리씩 잡혔고, 1985년 경기도 화성군 앞바다에서 1마 리가 간조 때 미처 바다로 돌아가지 못해 생포되었다가 군에서 방 수한 예 등이 있다.
1997년 환경부 생태 조사단에 의하여 서해 백령도 부근의 바위에 서 한가롭게 노닐고 있는 모습이 목격되었다. 우리 나라에서는 백 령도 근해를 주서식지로 현재 50여 마리가 살고 있는 것으로 추정 된다.

백령도 근해 물범 서식지

물범

칠발도 해조류(바다제비·슴새·칼새) 번식지

영 명 Breeding Site of Swinhoe's Storm Petrels, Streaked Shearwaters and White-rumped Swifts on Chilbaldo

소재지 전라남도 신안군 칠발도 일원

지정일 1982. 11. 4.

번식지의 특징

면적 / 36,993 m²

특징 / 칠발도는 비금도에서 북서쪽으로 약 10km 떨어진 등대섬이다. 해발 105m에 평균 경사 50°의 가파른 암벽으로 이루어져 있다. 등대가 위치한 섬은 전체의 3/4 가량이고 풀밭 지역은 1/2 정도이다. 식물은 밀사초·참억새·비쑥·덤불쑥·사철쑥 등의 쑥 종류가 우점종이다.

해마다 10,000여 마리의 바다제비가 찾아와 주로 풀밭 지역에 번식하며, 인공 축대의 틈이나 배수구에도 번식한다. 이 섬은 그 밖의 다른 철새들의 이동 경로상 기착지로서 중요한 위치에 있다.

칠발도 전경

안내판

〈바다제비〉

영명 / Swinhoe's Storm Petrel

학명 / *Oceanodroma monorhis*

형태 / 암수 동일하며, 몸 길이는 약 19cm이다. 몸 전체가 짙은 갈색이고 날개 위쪽의 기부는 밝은 갈색이며, 부리와 다리는 검은색이다.

습성 / 동해의 독도, 서해의 칠발도·국흘도·서도 등 무인도에서 군집을 이루어 번식하는 여름새이다. 바위 틈이나 땅굴을 파서 둥지를 마련하고, 한 배에 1개의 알을 낳는다. 어류·갑각류·연체동물 등을 먹는다.

바다제비

〈슴새〉

영명 / Streaked Shearwater

학명 / *Calonectris leucomelas*

형태 / 암수 동일하며, 몸 길이는 약 48cm이다. 머리와 등은 검은 잿빛을 띠고, 얼굴·목·배는 흰색이다. 얼굴과 머리에는 흰점이 많으며, 부리는 밝은 회색이다.

습성 / 울릉도·추자 군도·칠발도·국흘도 등지에서 번식하는 여름 새이다. 낮에는 먼 바다에서 무리를 지어 생활하며, 일몰 후에는 번식지로 돌아온다. 땅 위에서는 다리를 똑바로 세우지 못하고 굽혀서 기듯이 걷는다. 지상에서 바로 날아오를 수 없으므로 발가락이나 부리를 이용하여 바위나 나무 위에 기어올라가서 날아야 한다. 6~7월 중순경 1개의 알을 낳는다. 어류와 연체동물의 두족류를 먹는다.

알을 품고 있는 슴새

〈칼새〉

영명 / White-rumped Swift

학명 / *Apus pacificus*

형태 / 암수 동일하며, 몸 길이는 약 19.5cm이다. 머리·등·날개는 검고, 턱밑에는 가느다란 검은색의 세로 점무늬가 있으며, 가슴과 배에는 짙은 갈색의 가로줄 무늬가 많다.

습성 / 여름새로 단독일 때도 있으나 대개 큰 무리를 이루어 활동한다. 공중에서 교미하며, 고산과 산지의 암벽이나 도서 해안 등의 암벽에서 집단으로 번식한다. 6~7월에 2~3개의 알을 낳는다. 고공을 날면서 먹이를 찾는데, 파리·딱정벌레·벌·매미 등을 주로 먹는다.

사수도 해조류(흑비둘기·슴새·칼새) 번식지

영 명 Breeding Site of Japanese Wood Pigeons, Streaked Shearwaters
and White-rumped Swifts on Sasudo
소재지 제주도 북제주군 추자면 사수도 일원
지정일 1982. 11. 4.

번식지의 특징

면적 / 69,223m²

특징 / 사수도는 동경 126° 38′, 북위 33° 55′
에 위치한다. 추자도에서 약 2km 떨어져 있
고, 면적은 69,223m²이다. 해안선은 거의 암
벽으로 이루어져 있고, 동백나무·후박나무·사스레피나무·보리밥나
무 등 9종이 상록활엽수림을 형성하고 있다.

실태

후박나무에는 흑비둘기가 둥지를 틀며, 나
무 밑 땅바닥에는 슴새가 굴을 파고
번식한다. 흑비둘기는 10개소
둥지 이상, 슴새는 수백 쌍이
번식하는 것으로 추정된다.
흑비둘기는 횡간도나 그
밖의 무인 도서를 오가며
생활하는 것으로 알려져
있으며, 섬 주변 앞바다에
서는 사수도에서 번식한 것
으로 보이는 슴새를 600개체
이상 볼 수 있었다. 이 밖에 희귀
조인 섬개개비도 종종 관찰되고, 붉은배
새매·새홀리기·섬개개비·칼새·솔새류 등의 관찰 기록도 있다.

슴새 유조

560

사수도 전경

해조류가 가장 많이 번식하고 있는 사수도 북쪽 해안

난도 괭이갈매기 번식지

영 명 Breeding Site of Black-tailed Gulls on Nando
소재지 충청남도 태안군 근흥면 가의도리 난도 일원
지정일 1982. 11. 4.

번식지의 특징

면적 / 47,603 m²

특징 / 난도는 무인도로서, 섬의 가장자리는 수직 암벽으로 되어 있다. 섬 정상에는 땅채송화·원추리·참쑥·사철쑥·소리쟁이·개밀 등 초본과 딱총나무·동백나무·보리수나무·갯기름나무 등 관목도 산재하나 대부분이 암반으로 형성되어 있다. 현지에서는 '알섬' 또는 '갈매기섬'이라고 부른다.

실태

이 곳은 5~6월에 15,000마리 정도의 괭이갈매기 집단이 번식하는 서해안의 대표적인 번식지이다. 주로 암벽에서 번식하지만 정상 주변에서도 산란하며 한 배의 산란 수는 대개 2~3개이다. 그러나 섬의 급경사면을 제외하고는 거의 도란되어 피해를 입고 있다. 최근에는 슴새·바다제비 등이 번식하는 것이 관찰되었으며, 그 밖에도 칼새·가마우지·섬개개비도 찾아들고 있다.

〈괭이갈매기〉

영명 / Black-tailed Gull

학명 / *Larus crassirostris*

형태 / 암수 동일하며, 몸 길이는 약 46.5cm이다. 머리·가슴·배는 흰색이고 날개와 등은 어두운 회색이다. 꽁지 끝에는 검은 띠가 있어 다른 갈매기류와 구별된다. 부리와 다리는 노란데 부리 끝에는 검붉은색의 띠가 있다.

난도 전경

괭이갈매기

습성 / 고기 떼가 있는 곳에 잘 모이기 때문에 어장을 찾는 데 도움을 주어 예부터 어부들의 사랑을 받았다. 우리 나라 전 해안과 도서 지방에서 서식하며, 해안·암초·하구 등지에서 무리를 지어 먹이를 찾는다. 초지나 관목이 드문드문 자라는 곳에서 둥지를 틀며, 둥지는 마른 풀로 만들고, 갈색 무늬가 있는 4~5개의 알을 낳는다. 먹이는 주로 어류·양서류·연체동물·곤충류 등을 먹는다.

홍도 괭이갈매기 번식지

영 명 Breeding Site of Black-tailed Gulls on Hongdo
소재지 경상남도 통영시 한산면 매죽리 홍도 일원
지정일 1982. 11. 4.

번식지의 특징

면적 / 98,380㎡

특징 / 홍도는 통영에서 50.5km 떨어진 섬이다. 임야는 0.9ha에 불과하고, 섬의 최고봉은 해발 300m이다. 섬 주위는 암벽으로 둘러싸여 있고, 동백나무가 산재하나 대부분이 화본과 식물로 덮여 있어 괭이갈매기가 번식할 수 있는 천연적인 입지 조건을 갖추고 있다.

실태

이 곳에는 5~8월에 약 2500마리의 괭이갈매기 대집단이 번식하는 것으로 추산된다. 이 밖에도 황로·칼새·섬개비·쇠개비·삼광조 등 60여 종이 관찰된다.

이 곳에서 번식이 끝나면 홍도를 떠나 남해안의 항구나 해안가에서 생활한다.

괭이갈매기 알

홍도 괭이갈매기 번식지

괭이갈매기   유조

565

독도 해조류(바다제비·슴새·괭이갈매기) 번식지

영 명 Breeding Site of Swinhoe's Storm Petrels, Streaked Shearwaters
and Black-tailed Gulls on Dokdo
소재지 경상북도 울릉군 독도 일원
지정일 1982. 11. 4.

번식지의 특징

독도는 동도와 서도의 2개 섬과 주위 해
면에 산재해 있는 약 30개의 바위섬으로 구
성되어 있다.

식생은 지금까지 알려진 유관속 식물만
보더라도 불과 69종 6변종으로 매우 빈약한 섬이나, 울릉도에는 분
포되어 있지 않은 쥐명아주·번행초·갯패랭이꽃·대나물·가는기린
초·기린초·붉은가시딸기·구절초·참김의털·달뿌리풀·날개하늘나
리 등의 종이 기록되어 있다.

실태

이 곳에는 바다제비·슴새·괭이갈매기 등 해조류의 대집단이 번
식하고 있다. 특히 동도의 서남 암벽에는 괭이갈매기가 집중 번식하
고 있는데, 아마도 2000~3000마리의 집단은 될 것으로 추정된다.
또 이 곳은 다른 철새들의 기착 휴식지이기도 하다. 지금까지 조사
된 기록에 의하면 64종의 조류가 기록되어 있으나, 앞으로의 조사를
통해 훨씬 많은 종이 기록될 것이다.

독도 전경

괭이갈매기 유조

괭이갈매기

구굴도 해조류(뿔쇠오리·슴새·바다제비) 번식지

영명 Breeding Site of Japanese Murrelets, Swinhoe's Storm Petrels,
and Streaked Shearwaters on Guguldo
소재지 전라남도 신안군 흑산면 가거도리 산 2번지 및 3번지
지정일 1984. 8. 13.

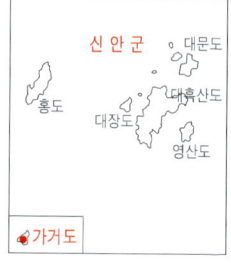

번식지의 특징

면적 / 26,380㎡

특징 / 구굴도는 소흑산도에서 약 2.5km
떨어져 있다. 식생은 대부분 밀사초로 덮여
있고, 정상과 남사면 일부 지역에는 보리장
나무·동백나무·예덕나무 등 관목이 자라
고 있으며, 해안 암벽과 식생 지역과의 경계선을 이루는 해안 30~
40m 지역에는 비쑥과 참억새가 우점적으로 자라고 있다.

〈뿔쇠오리〉

영명 / Japanese Murrelet

학명 / *Synthliboramphus wumizusume*

형태 / 바다오리과의 한 종으로, 몸 길이는 약 20cm이다. 여름깃의
앞머리는 검은색이고 등은 짙은 회색이며, 머리꼭대기·윗목·배는
흰색이다. 검은 댕기가 있으며, 어깨에 줄무늬가 없는 것이 바다쇠오
리와 구별되는 점이다.

습성 / 항상 해상 생활을 하나 번식기에는 암초에 올라가 몸을 수직
으로 세워 다리를 굽혀서 걸어간다. 암벽 사이나 모래땅, 초지의 지
하 구멍 등을 이용하여 산란하는데, 2월 하순~5월 상순까지 한 배
에 1~2개의 알을 낳는다. 작은 물고기, 게류 및 조개류 등을 먹는다.

실태 / 우리 나라에서는 구굴도 등지의 무인도에서 번식하는 희귀
한 여름새이다. 국제조류보호회의(ICBP)의 적색 자료서에 등록된 종
이며, 지구상의 생존 수가 1650으로 추정되는 매우 희귀한 종이다.

구굴도 해조류 번식지

슴새

바다제비

제주의 제주마

영명 Jeju Horses of Jeju-do
소재지 제주도 제주시 노형동, 봉개동, 용강동
지정일 1986. 2. 8.

제주마는 부여 및 고구려 시대부터 사육되어 온 말로서, 고서에 의하면 '과하마(果下馬)' 또는 '토마(土馬)'라고도 하였다. '과하마'란 이름은 '키가 작아서 과실나무 밑을 지날 수 있는 말'이라는 뜻에서 나왔다고 한다.

제주 재래마의 체형은 평균 암컷 117cm, 수컷 115.2cm이다. 혈청 조사 결과 알부민과 프레알부민에서 재래마와 개량마의 차이가 현저하며, 트랜스페린에서는 재래마와 교잡마의 차이가 나타났다. 따라서 재래마, 교잡마, 개량마의 상호간에는 혈청 유전학적으로 유전적 차이가 발견되었다. 그러나 교잡마는 오랜 기간 재래마와 누진 교배되어 재래마와 근접한 혈통을 지니고 있어 현재로서는 그의 분리가 가능하나 앞으로는 혼용될 가능성이 높다.

그러므로 농가에서 사육 중인 순종 제주마를 외모와 혈액을 기초로 선발하여 제주도 공공 기관에서 번식 기초마로 활용 보존하는 것이 바람직하다. 또한 제주마는 어린이와 청소년용, 마사회에 의한 제주마 경마, 관광마로서 승마 관광 코스, 관광 마차, 한라산 등반 등 다각적인 이용이 가능할 것이다.

제주의 제주마

안내판

신도(神島)의 노랑부리백로 및 괭이갈매기 번식지

영명 Breeding Site of Chinese Egrets and Black-tailed Gulls on Sindo
소재지 인천광역시 옹진군 북도면 장봉리 신도 전역
지정일 1988. 8. 23.

실태

신도는 옹진군 북도면 장봉리 서안 쪽 약 20.5km 거리에 위치한 작은 바위섬이다. 1987년 8월에 번식지가 처음 발견된 이래, 5회에 걸친 학술 답사를 통해 신도에서 번식하는 노랑부리백로와 괭이갈매기의 집단에 대한 실태가 비로소 밝혀졌다. 노랑부리백로는 섬의 남북 사면에서 정상까지의 약 200m 범위에서 집중적으로 둥지를 틀고 번식하였으나, 1989년부터는 북사면의 8부 능선 이하의 급경사로 옮겨지고 있다. 괭이갈매기는 대부분 섬의 급경사나 바위 절벽에서 번식하며, 일부의 무리는 정상 부위에서 노랑부리백로와 함께 번식한다.

옹진군은 지난 1997년 5월 천연기념물로 지정된 노랑부리백로 서식지인 북도면 장봉리 신도에 대한 출입을 자제해 줄 것을 요청하는 공문을 각 언론사와 조류협회에 보냈다.

노랑부리백로

신도의 노랑부리백로 및 괭이갈매기 번식지

괭이갈매기 무리

노랑부리백로

영 명 Chinese Egret
학 명 *Egretta europhotes*
소재지 전국 일원
지정일 1988. 8. 23.

형태 / 암수 동일하며, 몸 길이는 약 53~56cm로 대형 조류이다. 몸 전체가 흰색이고, 눈앞 나출부는 녹색이며 뒷머리에는 약 8cm 정도의 관우가 20개 이상 난다. 부리와 발가락은 노란색이다.

습성 / 4~5마리의 작은 무리를 지으며, 쇠백로보다 다소 빠른 동작으로 물 속을 걷는다. 둥지는 주로 마른 비쑥으로 엮어 엉성하게 틀며, 어류·갑각류 등을 즐겨 먹는다.

실태 / 동부 아시아의 온대·우수리·만주에서 중국 동부 및 남북한에 분포되어 있다. 우리 나라에서는 인천광역시 옹진군 신도를 비롯한 강화도와 서해 중부 도서의 해안에서 드물게 보이는 여름새이다.

지구상에 약 2000개체 내외의 생존 집단이 잔존하는 것으로 추정되고 있다. 현재 북한의 200~500마리, 남한의 200둥지, 홍콩의 1~3쌍 등의 번식 집단이 지구상에 알려져 있는 생존 집단의 전부이다. 인간에 의한 번식 장소의 위협, 취식 장소와 먹이의 오염 등으로 생존을 크게 위협받고 있는 절종 위기의 종이다.

노랑부리백로

노랑부리백로

경산의 삽살개

영 명 Sapsal Dogs of Gyeongsan
소재지 경산북도 경산
지정일 1992. 3. 10.

천연기념물의 지정 경위

　동네마다 흔하던 삽살개는 일제가 개를 전쟁에 필요한 가죽 공급원으로 삼아 1940년 이후 무차별적으로 죽임을 당했다. 이 과정에서 절대 다수의 삽살개가 피해를 입어 광복될 당시에는 산간 오지 마을이 아니면 좀처럼 볼 수 없는 희귀종이 되어 버렸다. 그러자 1960년대 중반부터 경북대의 보존 작업을 시발로 조직적인 연구가 이루어져 회생의 기틀을 마련했고, 경북대 자연과학대학 하지홍 교수가 '삽살개의 천연기념물 지정 신청서'를 문화재관리국에 제출하여 1992년에 지정 발표되었다.

유래

　삽살개는 '내쫓는다, 없앤다'는 뜻의 '삽'과 '귀신, 액운'의 뜻을 지닌 '살(煞)'이 합쳐져 '귀신을 쫓는 개'라는 뜻으로, 예전부터 서민 생활에 깊숙이 자리잡았다. 조선시대 민화에도 등장하고, 전래의 문학 작품 속에도 크고 작은 비중으로 등장한다.

실태

　현재 경상북도 경산시 대구 목장에는 500여 마리의 삽살개가 사육되고 있다. 사단법인 한국삽살개보존회는 멸종 위기 속에서 살아 남은 삽살개를 앞으로 세계적인 품종으로 육종할 계획이고, 앞으로 세계 유명 개 품평회에도 출품할 예정이다. 또 사냥견·관상견·경비견 등 다양한 용도로 개발할 수 있을 것이다. 한편 보존회는 삽살개를 2002년 한·일 월드컵의 마스코트로 적극 추진하고 있다.

경산의 삽살개 (사진/하지홍)

민화 속의 삽살개

영광 칠산도의 괭이갈매기 · 노랑부리백로 및 저어새 번식지

영 명 Breeding Site of Black-tailed Gulls, Chinese Egrets and Black-faced Spoonbills on Chilsando, Yeonggwang

소재지 전라남도 영광군 낙월면 송이리 산 462

지정일 1988. 8. 23.

번식지의 특징

면적 / 253,303m²

특징 / 칠산도는 전라남도 영광군 법성포에서 약 20km 떨어진 7개의 무인도로 이루어진 군도이다. 대체로 갯바위가 완만하게 경사진 지형으로, 7개의 섬 중에서 5개의 섬 상층부에만 식생이 자라고 있다. 주요 식생은 예덕나무 · 보리수나무 · 사철나무 · 명아주 · 비쑥 · 자리공 · 갈대 등으로 이루어져 있다. 섬의 정상부에는 높이 3~4m 정도의 예덕나무와 보리수나무가 군락을 이루고 있는데, 이 곳에서 노랑부리백로 · 쇠백로 · 괭이갈매기가 주로 번식하고 있다. 섬 주변은 수심이 얕고 썰물 때는 해면이 탁하게 되어 플랑크톤이 생육할 수 있는 좋은 환경을 이루고 있다. 이로 인해 풍부한 어장이 형성됨으로써 해조류의 먹이 환경 조성이 양호하다.

보호상의 특징

칠산 군도는 무인도로서 육지와 멀리 떨어져 있으므로 밀렵 행위, 도란 등이 우려된다. 특히 괭이갈매기는 알을 땅에 낳기 때문에 도란이 더욱 우려되며, 저어새 · 노랑부리백로 · 쇠백로의 알은 과학적 근거도 없이 약용으로 인식되어 도란되고 있는 실정이다. 보호, 관리를 위하여 순찰의 강화와 경고판 설치 등이 요망된다.

전남 영광 칠산도의 괭이갈매기 · 노랑부리백로 및 저어새 번식지

천연기념물 **기 타**

윤무부 · 서민환 · 이유미

운평리 구상 화강암

영 명 Orbicular Diorite at Unpyeong-ri
소재지 경상북도 상주시 낙동면 운평리 17 외
지정일 1962. 12. 3.
소 유 상주군청(상주군 관리)

구상 화강암의 특징

면적 / 13,953㎡

형태 및 특징 / 상주시에서 남동쪽으로 8km 정도 떨어진 계곡 밑바닥에 흩어져 있다. 화강암 원석체의 일부로 있는 것이 아니고 전석으로 8개의 구상 화강암 덩어리가 흩어져 있는데, 2개를 제외하고 모두 물에 잠겨 있다. 크기는 지름 5~13cm이고, 모양은 다양하다. 단면은 공 모양으로 지름 10~20cm의 암구가 한 곳에 집적되어 나타난다.

유래 및 보호상의 특징

이 암석은 조선 시대 말엽에 처음으로 발견되었으며, 그 모양이 거북의 등과 같다 하여 이 고을에서는 '거북돌'이라고 한다. 세계적으로 이러한 구조를 가진 암석은 100여 곳에서 발견되는데, 운평리 구상 화강암은 특히 구상 구조가 뚜렷이 발달되어 있고 그 모양이 아름다워 천연기념물로 지정·보호되고 있다. 보호 구역은 개울가에 위치하며, 개울 바닥 전체가 구상 화강암의 풍화토로 이루어져 있다. 개울가에 산재해 있던 구상 화강암은 자연적인 매몰과 인위적인 손상을 막기 위해 현재는 상주군청에서 보관하고 있다.

뚜렷한 구상 구조

운평리 구상 화강암

상주군청 내의 구상 화강암

제주도 만장굴 및 김녕굴

영 명 Gimnyeonggul and Manjanggul Lava
Caves in Jeju-do
소재지 제주도 북제주군 구좌읍 동김녕리 산 7
지정일 1962. 12. 3.
소 유 북제주군

동굴의 특징

면적 / 1,086,157㎡

크기 / 만장굴 – 길이 8924m, 높이 15m, 너비 10m

김녕굴 – 길이 705m

형태 및 특징 / 제주도는 우리 나라의 다른 어떤 지역보다 동굴이 발달해 있을 뿐 아니라, 세계적으로도 드문 동굴 지대이다. 또 육지의 대부분인 석회암 동굴과는 달리 용암 동굴인 것이 큰 특징이다.

만장굴과 김녕굴은 주변의 밭굴·절굴·게우셋굴·사기알굴·폐기내굴 등이 연장선상에 위치해 하나의 동굴계를 이루는 '시스템 동굴'이다. 애초에는 하나의 이어진 굴이었으나 천장이 붕괴되면서 분리된 것으로 밝혀져 있다.

〈만장굴〉

제주시에서 일주도로를 따라 동쪽으로 29km쯤 가다가 한라산 쪽으로 꺾어진 길로 3km쯤 들어서면 나타난다. 암석의 연령은 측정 결과 30만 년쯤으로 추정되며, 길이는 총 8924m로 매우 긴 편이다. 5층 구조로 나타나는 20m가 넘는 천장, 10m 이상의 넓은 동굴 통로, 15개의 용암교, 높이 7.8m로 세계 최고 수준이라는 용암주(熔岩柱), 거북바위 등 21개의 용암구가 유명하다. 그 밖에 용암 종유·용암 석순·용암봉(熔岩棚)·분출종유(噴出鍾乳)·용암관·용암 폭포·승상용암(繩狀熔岩)·찰흔(擦痕) 등 화산 동굴 지형과 지물들을 볼 수 있다. 전체 동굴 가운데 제3주굴의 입구에서 1km 지점까지 일반에게 공개하고 있다.

만장굴 입구

동굴 내부

용암 석주

동굴 속의 지의류

〈김녕굴〉

김녕사굴(金寧蛇窟)로 불리며 만장굴 바로 아래에 위치한다. 모두 3개의 지굴(支窟)로 이루어져 있으며, S자 모양으로 이어진다. 웅장한 통로와 벽에는 광대한 용암이 흘러간 흔적이 뚜렷하며, 용암붕과 용암 폭포를 비롯하여 동굴 벽면에는 규산화가 많이 부착되어 있는 등 학술적 가치가 높은 동굴이다.

유래 및 보호상의 특징

김녕사굴에는 하나의 전설이 내려온다. 옛날 이 굴에 마을 사람들을 괴롭히는 요사스러운 큰 구렁이가 살고 있었다고 한다. 마을 사람들은 이 구렁이를 달래기 위해 매년 15살의 처녀를 제물로 바치곤 했다. 이러한 어려움이 관가에까지 알려지자 중종 10년 제주 판관으로 부임한 서연(徐憐)이 군사들을 이끌고 제를 지내며 구렁이가 나타나기를 기다려 구렁이가 처녀를 막 삼키려는 순간 일제히 공격하여 구렁이를 죽였다고 한다. 이로 인하여 마을에는 평화가 찾아왔으나 구렁이를 무찌르고 돌아오는 내내 붉은 기운이 서 판관의 몸 전체를 감아 따라오더니 10여 일 만에 숨을 거두었다는 것이다. 이 동굴이 '사굴(蛇窟)'로 불리게 된 것도 이 때문이라고 한다.

만장굴은 매년 이 곳을 찾는 관광객들이 매우 많아 일부 지역이 훼손되기도 하고, 사람들의 호흡에서 배출되는 가스가 동굴에 미치는 영향 등이 염려된다. 두 동굴 모두 보수 공사가 간헐적으로 이루어지고 있으나 좀더 근본적인 보존 대책이 필요하다.

김녕굴

천호동굴(天壺洞窟)

영 명 Cheonhogul Limestone Cave
소재지 전라북도 익산시 여산면 호산리 산 21
지정일 1966. 2. 28.
소 유 송산 여씨 문중

동굴의 특징

면적 / 46,324㎡

크기 / 길이 680m, 너비 2~3m, 높이 3~4m

형태 및 특징 / 송산 여씨 문중산인 천호산

기슭에 위치한 석회 동굴로서, 약 4억 년 전에 형성되었을 것으로 추정하고 있다. 1965년에 처음 발견, 1966년에 천연기념물로 지정된 후 1970년부터는 훼손이 우려되어 입구가 폐쇄된 채 일반인의 출입이 금지된 동굴이다. 입구에서 250m 정도 안쪽에는 높이 12m, 너비 10m, 총 면적 약 40㎡에 달하는 공동(空洞)이 있는데, 이를 '수정궁'이라고 한다. 이 지점부터는 통로의 너비가 좁아져 진입이 어려워 미로굴이라고 한다. 높이 25m, 지름 5m의 대순석과 여러 모양의 종유석, 석주 등이 있다.

유래 및 보호상의 특징

최근 동굴 지표면의 돌리네(doline)로부터 토사가 들어와 동굴의 바닥이 높아져 통행이 어려울 정도이다. 또 인접한 지역에 석회 광산이 있어 석회를 채굴하여 왔는데, 이로 인하여 동굴이 심각한 훼손을 당한다는 문제가 야기되어 천호동굴 수호 대책 위원회가 결성되는 등 동굴을 보호하기 위한 환경 단체들의 활발한 활동이 이루어지고 있다.

천호동굴 위의 수풀 모습

천호동굴 입구

왜관 금무봉 나무고사리 화석 포함지

영 명 Fossil *Cyathocaulis naktongensis* Ogura
소재지 경상북도 칠곡군 왜관읍 낙산리 산 28-3
지정일 1962. 12. 3.
소 유 개인(칠곡군 관리)

화석 포함지의 특징

면적 / 1,768,339 ㎡

특징 / 금무산은 왜관읍의 남동쪽으로 약 4km 떨어진 지점에 있다. 이 부근의 지질은 검은 퇴적암의 낙동층(洛東層)으로 경상계(慶尙系)의 최하부지층을 이루고 있다. 이 지층에서 발견되는 고사리 화석은 중생대 쥐라기 내지 백악기 지층에서 나오는 목본 양치식물 화석의 일종이다. 이 밖에도 여러 고사리류의 화석과 베네티테스류(Bennettites)·닐소니아류(Nilsonia)·은행류·송백류 등의 화석이 산출되어 이 지역은 낙동 식물 화석군을 형성하고 있다.

유래 및 보호상의 특징

나무고사리의 화석은 일본의 지질학자 다테이와 씨에 의해 1925년 왜관의 금무봉 일대에서 발견되었다. 처음 발견될 당시에는 나무고사리 화석의 양이 많았는데, 오늘날은 찾아보기 어렵다. 1992년에 겨우 1개체가 발견되었는데, 4개의 파편을 연결하여 본 화석 줄기의 길이는 약 70cm이다. 단면은 타원형인데, 단면이 타원형인 것은 나무가 넘어진 후에 두꺼운 지층으로 덮여 받은 큰 압력의 결과라고 생각된다. 현재 나무고사리는 일본·타이완·남양 등지의 열대 지방에 분포한다.

나무고사리 화석이 있었던 퇴적층

화석이 발견되었던 곳

천연기념물 안내 비석

울진 성류굴(聖留窟)

영 명 Seongnyugul Limestone Cave in Uljin
소재지 경상북도 울진군 근남면 구산리 산 30 외
지정일 1962. 5. 7.
소 유 울진군(울진군 관리)

동굴의 특징

면적 / 137,554 m²

형태 및 특징 / 동해안의 남쪽 왕피천 가의 선유산 기슭에 있으며, 부근에 관동 팔경의 하나인 망양정과 하식애로 이름난 불영사 계곡이 있다. 동굴은 대체로 남서쪽에서 북동쪽을 향해 전개된다. 주굴의 길이는 약 470m이고 총 길이는 약 800m이다. 왕피천의 수류가 동굴 내에 스며들어 3개의 동굴 호소가 전개되고 있고, 크고 작은 9개의 공동이 형성되어 있다. 특히 제5, 6, 7 공동에는 화려한 종유석·석순·석주 등이 밀림의 숲을 이루고 있으며, 높이 9.5m의 3·1기념탑과 8.5m의 통일기념탑으로 불리는 대형 석주들도 있다.

유래 및 보호상의 특징

옛날에는 '선유굴' 또는 '장천굴'이라고 하였으며, 임진왜란 때 불상을 피신시켰다는 데서 유래되어 '성류굴'이라고 부르게 되었다. 우리 나라에서 가장 유서 깊은 동굴의 하나로, 고려 말기의 대학자인 이곡(李穀)의 '관동유기'에도 이 굴에 대하여 언급되어 있다.

수많은 사람들이 출입함으로써 관광 개발 이

해골바위

전의 조명 용구였던 관솔, 장작, 석유 등으로 오염되어 퇴적물이 대체로 검은색을 띠고 있다. 우리 나라의 석회 동굴 중 최남단에 위치하므로 지형학적으로 주목되는 동굴이다.

성류굴 주변 경관

제3광장 미륵동

（上）제5광장 커튼바위
（下）제6광장 청사초롱

593

삼척 대이리 동굴지대

영 명 Limestone Cave Area in Daei-ri, Samcheok
소재지 강원도 삼척시 도계읍 대이리 산 25 외
지정일 1966. 6. 15.
소 유 국가 및 개인(삼척시 관리)

동굴의 특징

면적 / 6,596,542 m²

형태 및 특징 / 도계읍에서 북쪽에 위치한
신기역에서 북서쪽으로 계곡을 따라 13km
쯤 들어가면 대이리 동굴지대에 이른다. 이
지대에는 환선굴·관음굴·제암풍혈굴·양터목세굴·큰재세굴 등이
산재한다. 그 중 해발 500m 지점에 있는 환선굴이 가장 규모가 크
며 널리 알려져 있다. 이 곳의 지표는 석회암의 용식 작용에 의하여
생긴 카르스트 지형의 특징이 잘 나타난다.

입구는 철도 터널 입구처럼 잘 축조되어 있고, 100m쯤 들어가면
남·북·서로 통하는 세 갈래의 굴이 나오는데,
그 가운데 서쪽 굴이 가장 길다. 전체
의 길이는 약 4km이고, 내부는
동굴의 함몰로 인해 생성된 골
짜기, 돌리네, 섬세한 모양의
종유석과 석순을 비롯하여 넓
은 백사장이 있어 일대 장관을
이룬다. 또 환경 요건이 좋아 환
선좀딱정벌레를 비롯한 희귀한 동굴
생물들이 서식하고 있어, 생물 고고학상
귀중한 자료가 되고 있다.

달걀 노른자 모양의 석순

환선굴 천장

연꽃바위

석순이 생겨나는 모양

서귀포층(西歸浦層)의 패류 화석(貝類化石)

영 명 Nolluscan Fossils in the Seogwipo Formation
소재지 제주도 서귀포시 서홍동 707
지정일 1968. 5. 23.

화석의 특징

면적 / 74,328 m²

형태 및 특징 / 서귀포시의 천지연 폭포와 이어지는 해안가에 약 50 m 높이의 절벽이 있는데, 이 절벽에 노출된 퇴적층은 회색 내지 회갈색을 띤 역질사암·사암·이암·셰일로 되어 있다. 곳곳에 조개 화석 및 동물 화석들이 많이 포함된 뚜렷한 3매의 패류 화석대가 있는 등 매우 독특한 특성을 나타내어, 1930년 하라구치가 서귀포층으로 명명하였다.

서귀포층에서 그 동안 발견된 화석은 부족류 31속 41종, 복족류 13속 14종, 굴족류 1속 4종, 완족류 6속 14종, 극피동물 여러 종, 산호 화석, 고래와 물고기 뼈·상어 이빨 등 흔적 화석이 있다. 미화석으로는 유공층 49속 91종 등이 있는 것으로 보고되고 있으며, 이로 미루어 신생대 제3기 말엽인 플라이오세에 형성된 것으로 추정되고 있다.

유래 및 보호상의 특징

절벽에서 떨어져 내린 암반이 있고, 그 곳에서 조개류 등 화석이 발견되어 왔으나 대부분 많이 수집이 되어 현재는 찾아보기가 어렵다. 이 화석은 배를 타러 가는 유원지 옆에 있는데, 그대로 노출되어 있어 좀더 본격적인 보존 대책이 필요한 것으로 보인다.

서귀포층 패류 화석지의 주변 경관

패류 화석이 발견되는 퇴적층

패류 화석

의령 신라 통중 우흔

영 명 Fossilized Rain Prints in Silla Series, Uiryeong
소재지 경상남도 의령군 의령읍 서동리 316
지정일 1968. 5. 23.

광물의 특징

면적 / 400 ㎡

형태 및 특징 / 서동리 국도변에 노출되어 있다. 우흔은 함안층 기저로부터 약 150 m 위에 있으며, 세립 사암 위에 놓인 검붉은 셰일(shale) 박층에 찍혀 있다. 우흔의 밀도는 1cm당 1.5개쯤이고, 다수가 서로 겹쳐져 있다. 모양은 대략 원형이고 크기는 지름 8∼15mm이며, 깊이는 1mm 미만이다. 큰 자국은 주위에 고리 모양의 두둑한 언덕이 있는데, 이는 빗방울의 충격으로 물질이 주변으로 밀려나갔기 때문에 생긴 것이다.

유래 및 보호상의 특징

경북대 지질학과 장기홍 교수가 1965년 11월에 발견하였고, 1968년 천연기념물로 지정된 후에 우흔이 있는 지층면을 확장 공사하여 현재의 넓은 우흔면을 보게 되었다.

함안층은 1억 년 전보다 좀더 오래 된 지층이다. 우흔을 가진 지층의 퇴적 환경은 점토질의 매우 부드러운 퇴적물이 있었기 때문에 우흔이 발달할 수 있었고, 그 위에 퇴적물이 계속 쌓여 지하 깊이 내려가는 동안 고결되어 암석이 된 것이다. 우흔은 세계 각처 각 시대의 지층에서 발견되지만 상당히 희귀하다. 우리 나라에서는 경상남도 함안군 칠원면 부근의 함안층 하부에서도 발견되어 보고된 바 있다.

소재지의 전경

빗방울 무늬

영월(寧越) 고씨굴(高氏窟)

영 명 Gossigul Limestone Cave in Yeongwol
소재지 강원도 영월군 하동면 진별리 산 262
지정일 1969. 6. 4.
소 유 국가(영월군 관리)

동굴의 특징

면적 / 480,762㎡

형태 및 특징 / 고생대 지층으로 약 4억~5억년 전에 형성된 석회 동굴로, 주굴의 길이는 1800m, 지굴까지 합치면 총 길이 3km에 달하며 경사가 심한 편이다. 내부에는 대표적인 2차 생성물로 동굴 상층부에 12선이라 불리는 종유석군과 석순탑이 있다. 특히 '석순의 전당'이라 불릴 만큼 곳곳에 석순이 산재해 있다.

유래 및 보호상의 특징

남한강의 하식애에 뚫려 있는 이 고씨굴은 임진왜란 때 고씨 일가족이 이 곳에 숨어 난을 피하였다 하여 이름붙여진 동굴이다. 북한의 동룡굴, 울진의 성류굴에 이어 세 번째로 개발된 관광 동굴이다. 동굴 입구에서 약 1km 지점까지만 공개하고 나머지는 보호구역으로 보전하고 있다.

특기할 만한 것은 화석 곤충으로 알려진 갈루아 곤충이 아직도 이 동굴 호소 속에 서식하고 있다는 것이다. 갈루아 곤충은 지질시대에 지표면에서 서식하였으나 지금은 화석으로만 볼 수 있는 곤충이다.

오백나한

백운폭포

욕선대

진주장

함안층의 새 발자국 화석

영 명 Fossilized Bird's Footprints in the Haman Formation
소재지 경상남도 함안군 칠원면 용산리 산 4
지정일 1970. 4. 24.

화석의 특징

면적 / 298㎡

형태 및 특징 / 마산에서 북쪽으로 약 12km 떨어진 함안군 칠원면 용산리에 분포하는데, 중생대 백악기의 육성층인 함안층 상부에서 발견되었다.

백악기에는 파충류인 공룡이 크게 번식을 한 시기였기 때문에 공룡의 발자국 화석은 세계 여러 곳에서 발견되었으나, 새 발자국 화석이 발견된 경우는 매우 희귀하다. 그 까닭은 새의 조상인 시조새가 지구상에 나타난 것이 중생대 중엽인 쥐라기이므로 백악기에도 그리 많은 조류가 발전하지 않았을 것이고, 발자국이 화석으로 남는다는 것이 매우 어렵기 때문일 것이다.

유래 및 보호상의 특징

세계에서 새 발자국 화석이 처음으로 발견되어 학문적으로 연구 발표된 것은 1931년이다. 우리 나라의 함안층에서 발견된 새 발자국 화석은 세계에서 두 번째로 연구, 발표된 것이다. 김봉균 교수가 연구하여 학명이 *Koreenaornis hamanensis*로, '한국의 새'란 뜻으로 국제적으로 인정을 받게 되었다. 함안층의 새 발자국 화석이 천연기념물로 지정된 당시에는 *K. hamanensis* 한 종으로 알려졌으나, 최근 경상남도 고성군 하이면 덕명리에서 크기가 다른 신종 새 발자국 화석이 *K. hamanensis*와 함께 발견되었다.

함안층의 새 발자국 화석

천연기념물 안내 비석

밀양 남명리의 얼음골

영 명 Ice Valley of Nammyeong-ri, Miryang
소재지 경상남도 밀양시 산내면 남명리 산 95–1
지정일 1970. 4. 24.

얼음골의 특징

면적 / 86,612 m²

형태 및 특징 / 밀양에서 언양에 이르는 24번 도로를 따라 36 km쯤 가면 오른쪽으로 얼음골이 있는 계곡을 볼 수 있다. 이 계곡은 표고 1189 m의 천황산에서 동북쪽으로 뻗은 산줄기의 북사면에 있는데, 얼음골은 계곡의 동사면 테일러스(talus) 돌밭 아래쪽에 있다. 얼음골의 각석 틈새에서는 여름 내내 영상 몇 도밖에 되지 않는 냉기가 흘러 나오고, 그 바닥에서는 해마다 시기가 조금씩 다르기는 하지만 8월 초순에도 얼음이 생긴다. 반대로 겨울에는 각석 틈새에서 더운 김이 올라오고 바닥에서는 얼음이 생기지 않는다.

얼음골 위쪽의 테일러스 돌밭의 암석은 안산암의 각석이며, 큰 것은 길이가 2 m쯤 된다. 이 일대의 안산암은 열변성 작용을 받아 치밀한 조직을 하고 있다.

유래 및 보호상의 특징

여름에 결빙되고 겨울에 해빙되는 위와 같은 얼음골 현상은 테일러스 지형에서 나타나는 현상이다. 겨울철 테일러스 돌더미의 내부가 한랭한 공기의 유입으로 인하여 위쪽으로부터 현저하게 냉각되고, 돌더미의 틈새로 눈 등이 유입되어 얼음이 형성되는 것으로 생각된다. 현재 얼음골에는 보호를 위하여 약 7 m의 철책이 쳐져 있다.

밀양 남명리의 얼음골

안내판

삼척 초당굴(草堂窟)

영명 Chodanggul Limestone Cave in Samcheok
소재지 강원도 삼척시 근덕면 금계리 산 380
지정일 1970. 9. 17.
소유 국유, 공유, 사유(삼척시 관리)

동굴의 특징

면적 / 84,960㎡

형태 및 특징 / 3단계의 다층 구조를 이루는 커다란 수직굴과 경사굴로 연결된 석회동굴이다. 초당굴은 초당수굴과 수직굴로 구분되며, 입굴은 수직굴만 가능하다. 지리적으로는 고암산과 갑봉산 사이의 계곡에 유출량이 많은 초당수굴이 있고, 250m 거리의 상부에 수직굴이 있다. 수직굴은 동굴 최상층부에 해당하며 풍부한 동굴류와 석회화 단구의 발달로 유명하다.

동굴의 길이는 주굴이 670m, 지굴을 합쳐 920m에 이르나 조사되지 않은 지역이 있어 총 길이는 4km로 추정하고 있다. 곳곳에 거대한 석회화 단구·종유석·석순·석주 등이 즐비하다.

유래 및 보호상의 특징

초당굴은 우리 나라에서 가장 큰 동굴로 1966년 6월에 발견되어 학계의 관심을 끌었다. 동굴 내부는 사방에서 지하수가 스며들어 하층의 동굴로 토출되고 있다. 이 소한굴에서 유출되고 있는 동굴류로 인해 초당굴 밑굴인 소한굴 외곽 지역인 계곡 일대가 세계적으로 매우 희귀한 물김의 자생지로 확인되어 학술적 가치가 높은 지역으로 평가받고 있다.

초당굴 입구 （사진/석동일）

석회화 단구 （사진/석동일）

천연기념물 안내 비석

제주도 용암 동굴지대 (협재굴·황금굴·소천굴)

영 명 Lava Caves in Jeju-do(Hyeopjaegul, Hwanggeumgul and Socheongul)
소재지 제주도 북제주군 한림읍 협재리 617
지정일 1971. 9. 30.
소 유 한림공원

동굴의 특징

면적 / 486,015㎡

형태 및 특징 / 제주도 용암 동굴 지대란 소천굴(昭天窟), 황금굴(黃金窟), 협재굴(狹才窟)을 지칭하나 이 3개의 동굴은 이들과 연계된 쌍룡굴, 재암천굴(財岩泉窟), 왕금굴, 초깃굴 등 수많은 화산 동굴들을 함께 지칭하기도 하며, 이를 '협재화산동굴계'라고 한다. 이 동굴들의 총연장은 17,174m로 조사되어 세계 제일의 수준으로 소개되고 있다.

〈협재굴과 쌍룡굴〉

협재굴은 1955년 재릉 초등학교 선생님과 아이들이 자연 학습을 하다가 우연히 발견하였다. 초기에는 종유석과 석순을 마구 채취하여 동굴 내부가 황폐해졌으나, 1971년에 천연기념물로 지정되면서 본격적으로 보존 및 관광지로 개발되었다. 협재굴은 길이 99m, 높이 6m, 너비 12m이며 비록 짧은 굴이나 긴 용암 동굴 지대의 시작이다. 일반적인 용암 동굴과는 달리 인근 해안가에서 북서 계절풍을 타고 운반된 패사(貝砂)가 동굴 천장의 틈을 타고 동굴 속으로 내려와 종유석·석순·석회화(石灰華) 등 다른 용암 동굴에서 볼 수 없는 2차 생성을 계속한 특수한 동굴로 매우 가치가 높다.

쌍룡굴(雙龍窟)은 지역이 개발되면서 매몰된 굴을 정리하여 모습을 나타냈으며, 동굴 내부의 형태가 두 마리의 용이 빠져 나온 모양을 닮았다고 하여 붙여진 이름이다. 길이는 393m 정도이나 세 가닥의 굴이 수평으로 만들어진 동굴로 황금굴과 연계선상에 있다.

제주도 용암 동굴 지대 안내판

용암 동굴 지대 입구

황금굴 내부

황금산맥

〈황금굴〉

1969년에 발견되었으나 공개되지 않은 동굴이다. 길이는 180m이며, 협재굴과 마찬가지로 석회질의 용해로 2차적으로 성장하고 있는 화산굴이다. 특히 이 과정에서 암갈색의 종유석, 종유관 등이 모두 황금빛으로 나타나 '황금의 지하 궁전'이라는 별명을 얻을 만큼 아름다운 동굴이다. 그 밖에 순백의 방해석, 산화철의 작용으로 중앙이 적색을 띠는 평정 석순 등 독특한 생성물들이 많이 있다.

〈소천굴〉

소천굴은 한라산 북서 사면 해발 130m 지점의 목초지 가운데에서 발견되었다. 동굴의 입구는 안에서 가스가 분출하면서 생겨났다. 동굴 안의 온도가 높아 광선이 드는 입구를 중심으로 다양한 양치류가 자라고 있는 것이 특징이며, 학술적인 의미를 가지고 있다. 또 길이가 총 2980m로 우리 나라에서 매우 긴 편에 속하는 동굴이며, 튜브인튜브(미니 동굴)가 240m 이상 있고, 코핀(coffin)이라고 하는 미지형(微地形)이 생성되어 있다. 유동성이 강한 용암에서 흔히 발생하는 '상어 이빨'이라고 불리는 용암 종유석이 있고, 굴 속 오지에 넓은 규산화 지대가 분포하는 등 동굴 생성 과정에 좋은 연구 자료가 되는 매우 가치 있는 동굴이다.

황금굴 안내판

무주 구상 화강편마암(球狀花崗片麻巖)

영 명 Orbicular Granite-Gneiss of Muju
소재지 전라북도 무주군 무주읍 오산리 229
지정일 1974. 9. 6.

암석의 특징

면적 / 3385㎡

형태 및 특징 / 무주군 오산리 왕정 부락 일대에서 나타난다. 구상 구조를 나타내는 암석은 지질학적으로 산출이 매우 희귀하고, 그 형태가 매우 아름답다. 이러한 구상 구조는 암석 내에 어떤 광물을 중심으로 둘레에 동심원상의 각(殼)이 발달하는 것으로, 화강암체가 아닌 변성암체에서 발견되어 매우 희귀하고도 학술적 의미가 크다. 더욱이 1992년에는 주변의 백하산 지역에서 암석의 노두(露頭)가 확인되어 이러한 암석이 형성된 원인 및 주변 암석과의 관계까지 추론할 수 있는 귀중한 자료가 되고 있다.

이 구상 화강편마암은 구상의 중심인 핵은 암회색 또는 암녹색을 띠며, 6cm 정도의 구형과 타원형을 나타내는 것이 대부분이다. 주변의 각은 대부분 흑운모와 백운모로 구성되었으며, 접선 방향으로 배열되어 있다.

무주 구상 화강편마암

뚜렷한 구상 구조

단양(丹陽) 고수리동굴(高藪里洞窟)

영 명 Gosuridonggul Limestone Cave in Danyang
소재지 충청북도 단양군 단양읍 고수리 산 4-2 외
지정일 1976. 9. 1.
소 유 국유, 공유, 사유((주)유신 관리)

동굴의 특징

　면적 / 60,199㎡

　형태 및 특징 / 단양 등우산의 서쪽 남사면 기슭에 있으며, 바로 밑에는 금곡천이 남한 강으로 유입하고 있다. 현재까지 개발된 동 굴 중 가장 크게 각광을 받고 있으며, 고습굴·박쥐굴·까치굴·금마 굴이라고도 한다. 주굴의 길이는 600m, 지굴의 길이는 700m, 총 길 이는 1300m에 이른다. 내부에는 선녀탕이라 불리는 동굴소와 문어 바위·사자바위 등 기암 괴석을 비롯하여, 세계적으로 희귀한 아라고 나이트(aragonite)가 만발하여 석회 동굴 생성물의 일대 종합 전시장 을 이룬다.

유래 및 보호상의 특징

　임진왜란 때 파난길에 밀양 박씨가 이 곳을 지나다가, 숲이 우거 지고 한강 상류의 풍치가 아름다워 안식처로 삼은 것이 오늘의 고수 마을이 되었다고 전한다. 동굴의 입구 부근에서 타제석기와 마제석 기가 발견되어 선사 시대에 주거지로 이용되었음이 밝혀졌다. 동굴 안을 흐르는 동굴류는 생물 서식에 유리한 조건이 되어, 화석 곤충 으로 알려진 갈루아 곤충을 비롯한 잎새우·톡토기·노래기·박쥐 등 풍부한 동굴 생물상을 볼 수 있다. 많은 관광객이 모여들고 있으며, 관광 편의상 조명 시설 및 교량이 갖추어졌다.

동굴 내부의 종유석

커튼 모양의 종유

현수상 종유석

평창 백룡동굴(白龍洞窟)

영 명 Baengryonggul Limestone Cave in Pyeongchang
소재지 강원도 평창군 미탄면 마하리 산 1 외
지정일 1979. 2. 10.
소 유 국가(평창군 관리)

동굴의 특징

면적 / 956,434㎡

형태 및 특징 / 남한강 상류의 지류인 동강 변에 있는 백운산 기슭 절벽 밑에 있으므로, 이 동굴을 찾아가려면 배를 타고 한강을 건너야 한다. 주굴의 길이 780m, 총 길이 1200m이고, 지질은 고생대 조선계의 대석회암에 속하며, 동남쪽으로 굽이치며 발달하고 있다. 동굴 내부는 종유석과 갖가지 모양을 한 방패석과 석순 무리 등으로 지하 궁전이라고 할 만큼 화려하다. 특히 삿갓바위 석순, 에그프라이 석순 등이 특이하다.

유래 및 보호상의 특징

발견 당시 지정(地精, moon milch)이 있다고 하여 천연기념물로 지정된 것으로 기록되고 있으나, 지금은 여러 곳에서 발견되고 있어 그 희귀성을 잃었다. 그러나 동굴의 길이, 규모, 내부의 2차 생성물들의 다양성과 화려한 경관들로 석회 동굴로서의 학술적 가치가 있는 동굴이다. 현재 영월댐 건설 계획으로 수장될 위기에 놓여 있다.

에그프라이 석순 (사진/최병진)

동강변의 백운산 기슭 전경

폐쇄된 백룡동굴 입구

온달동굴(溫達洞窟)

영명 Ondalgul Limestone Cave
소재지 충청북도 단양군 영춘면 하리 산 62 외
지정일 1979. 6. 18.
소유 국가 및 공유(단양군 관리)

동굴의 특징

면적 / 349,485㎡

형태 및 특징 / 남한강변에 개구하고 있어 홍수 때에는 수몰되므로 동굴 어디서나 쉽게 진흙이 퇴적되어 있는 것을 볼 수 있다. 총 길이는 700m로 추정되며, 비교적 동굴 통로가 단조롭고 안쪽에 다양한 모양의 석순이 산재한다. 부분적으로 지굴이 형성되어 있으며, 한강의 소천어들이 동굴 내를 오르내리는 것도 이채롭다. 다른 석회 동굴에 비해 2차 생성물의 경관이 빈약한 편이다.

유래 및 보호상의 특징

예부터 '영춘남굴(永春南窟)'로 알려진 석회 동굴이다. 온달 장군이 이 곳에서 수양을 했다는 전설에 의해 '온달동굴'이라는 이름이 붙여졌다. 한때 지방 유지들에 의하여 관광 동굴로 공개되었으나 교통의 불편 등으로 지금은 비공개되고 있는 상태이다.

안내판

온달동굴 내부의 종유석

온달동굴 입구

노동동굴(蘆洞洞窟)

영 명 Nodonggul Limestone Cave
소재지 충청북도 단양군 단양읍 노동리 산 1 외
지정일 1979. 6. 18.
소 유 국가 및 개인(이규철 관리)

동굴의 특징

면적 / 314,077 m²

형태 및 특징 / 남한강 줄기 충주호 북쪽으로 유입하는 노동천 부근에 있다. 주굴의 길이는 약 800 m로 지하 130 m 지점에서 바로 내려가야 하는 경사진 석회 동굴이다. 지금은 밑에 터널을 굴착하여 밑으로 들어가서 위로 나오는 통로가 있다. 3단계의 단상 구조를 이루어 경관은 수려하나, 동굴류의 발달이 없기 때문에 퇴화 일로에 있다.

유래 및 보호상의 특징

개발 전에는 동굴 천장의 좁은 함몰구로 출입하였는데, 현재 공개되고 있는 부분은 입구에서 약 600 m까지이며, 나머지 구간은 보호 구역으로 통행을 규제하고 있다. 동굴 중턱의 수직벽 밑에는 동물의 뼈와 토기 파편이 흩어져 있는데, 이는 동굴 구멍으로 빠진 동물의 잔해와 임진왜란 때 주민의 피난지였음을 추측케 한다.

내부에는 2차 생성물인 갖가지 지형지물들이 많이 발달하였고, 아직까지는 잘 보존되어 왔다. 그러나 과잉 개발 시설이 동굴의 환경 및 2차 생성물 보존 관리에 영향을 미칠 우려가 크므로 보다 관심을 기울여야 할 것이다.

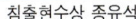
침출현수상 종유석

노동동굴 안에 서식하는 관박쥐

계속해서 성장하고 있는 종유석

부산 전포동의 구상 반려암

영 명 Orbicular Gabbro in Jeonpo-dong, Busan
소재지 부산광역시 부산진구 전포동 산 12 외
지정일 1980. 10. 23.
소 유 학교법인 동의학원(부산진구 관리)

구상 반려암의 특징

면적 / 16,463 ㎡

형태 및 특징 / 지금까지 아시아에서는 유일하게 기록된 희귀 암종으로, 부산진구 황령산 기슭 동의대학의 '통일동산' 근처의 반려암에서 발견된다. 노두(路頭)는 길이 400m, 너비 300m에 달하며, 황령산 정상부에서 멀어질수록 구상 구조는 점차적으로 약하게 발달된다. 전체가 1cm 이하의 구상체로 되어 있으며, 암록회색이다. 구상체는 국부적으로 지름 5~10cm의 대형으로 발달되는 곳도 있는데, 담회색의 장석으로 되어 있으며, 그 속에 동심원상으로 흑색 광물을 점재(點在)시킨다. 구상암은 기반암에서 발견되며, 무주의 구상암과는 그 산출 상태가 다르다.

부산 전포동의 구상 반려암

구상 반려암

안내판

제주 어음리(於音里) 빌레못동굴

Billemotgul Lava Cave at Eoeum-ri, Jeju-do
소재지 제주도 북제주군 애월읍 어음리 707
외 85필
지정일 1984. 8. 14.

제주도

제주시
애월 구좌
북제주군
북제주군
한라산 남제주군
서귀포시 남원

동굴의 특징

면적 / 226,942 m²

형태 및 특징 / 빌레못굴은 제주도 애월읍 어음리 산중턱에 자리잡고 있다. 빌레못이라는 산간의 못 근처에서 1971년 발견되어 '빌레못굴'이라고 부른다. 한때는 개방을 했었으나 훼손이 우려되어 현재는 폐쇄한 상태이다. 주변에 칡덩굴이 엉켜 동굴 입구를 찾기 어렵다.

빌레못굴은 단일 용암 동굴로서는 세계에서 가장 긴 것으로 알려져 있는데, 이는 1978년부터 세 차례의 한·일 합동 조사가 시행되어 길이 11,749m로 국제동굴학회에 의해 공인을 받았으나 1989년 학술 조사 때에는 7033m로 측정되어 논란이 되고 있다.

그 밖에도 주굴보다 지굴의 비율이 훨씬 많은 미로굴로도 유명한데, 이는 원래의 지표 지형 때문이라고 한다. 높이 28cm의 규산주(珪酸柱), 길이 7m, 높이 2.5m의 용암구(熔巖球), 용암수형(熔巖樹型), 동굴벽에 달린 분출종유, 벽면의 찰흔(擦痕)과 무늬의 섬세함, 높이 68cm의 용암석순(熔巖石筍), 대륙에 서식한 황곰 뼈의 화석 발견 등 화산지물(火山地物)로도 희귀성, 학술적 가치, 아름다움 등에서 세계적으로 최고의 수준을 자랑하고 있다.

용암 종유석

분출 종유

빌레못동굴 입구

미로형 동굴
(사진/석동일)

의성 제오리의 공룡 발자국 화석

영 명 Fossilized Dinosaur's Footprints of Jeo-ri, Uiseong
소재지 경상북도 의성군 금성면 제오리 산 111 외
지정일 1993. 6. 1.

화석의 특징

면적 / 1656㎡

형태 및 특징 / 1987년 의성군 관내 지방도로 확장 공사 중 산허리 부분을 절토하다가 발견되었다. 경상계 하양층군 사곡층의 담회색 사암과 암회색 셰일 경사면에 노출되어 있다. 공룡 발자국 316개는 4종류의 공룡 25필의 것으로 확인되었으며, 발의 구조·크기·보폭·보행 방향을 알 수 있어 당시 공룡의 생태와 형태를 연구하는 데 귀중한 자료로 평가된다.

유래 및 보호상의 특징

발자국의 보존 상태는 양호한 편이고, 대·중·소형의 초식 공룡과 육식 공룡의 발자국이 동시에 발견되어 공룡의 서식지였음을 짐작케 한다. 또 이 곳에서는 발굽울트라롱·발톱고성롱·발목코끼리롱 등 3종류의 초식 공룡 발자국과 육식 공룡인 한국큰롱 발자국이 발견되었다.

의성 제오리의 공룡 발자국 화석지 전경

공룡 발자국 화석

당처물동굴

영 명 Dangcheomulgul Lava Cave in Woljeong-ri, Jeju-do
소재지 제주도 북제주군 구좌읍 월정리 1459
지정일 1996. 12. 30.
소 유 개인(김종석 관리)

동굴의 특징

면적 / 857m²

형태 및 특징 / 제주시에서 12번 국도를 따라 동쪽으로 약 27km쯤 가면 '남지미밭'이라고 불리는 경작지가 있는데, 이 곳에서 1995년 7월 굴착기로 암반 제거 작업을 하던 중 한 농부에 의해 처음 발견되었다. 지표면에서 3m 정도 아래에 형성된 이 동굴은 약 32만 년 전에 형성된 것으로 추정된다. 입구가 없이 공동부가 생성되어 노출되지 않은 까닭에 원형이 그대로 보존되어 더욱 가치가 있다. 규모는 작은 편이나 용암 동굴이면서도 방해석으로 구성되어 동굴 전체에 석주가 기둥식으로 크게 발달되었다. 그 밖에도 석회화 단구, 연못, 막대 모양의 관상 종유관, 500여 개의 종유석과 석순, 동굴 산호 등 2차 생성물이 잘 발달되어 매우 화려하고 아름답다.

유래 및 보호상의 특징

학술적인 가치는 물론 경관이 매우 아름다워 북제주군에서는 이 동굴을 관광 자원화할 계획을 검토하고 있다. 그러나 동굴의 개발은 자칫 훼손을 동반할 우려가 있으므로, 이에 대한 정밀한 검토가 필요하다.

방해석 석주

당처물동굴이 있는 주변 경관

관상 종유석
(사진/석동일)

진주 유수리의 백악기 고환경과 공룡 화석 산지

영 명 Paleoenvironment of the Cretaceous Period and Dinosaur Fossil
Producing Places at Yusu-ri, Jinju
소재지 경상남도 진주시 나동면 유수리 495 외
지정일 1997. 12. 30.
지정 사유 학술 연구 자원
소 유 국가 외(진주시 관리)

화석 산지의 특징

　면적 / 268,575㎡

　형태 및 특징 / 진주와 사천 사이, 남강의
지류인 가화천의 직류 공사 중 강바닥에서 발굴되었다. 지질은 중생
대 백악기 때의 퇴적층으로 너비 150m, 길이 2km의 대규모로 노출
되어 있다. 이 곳에서는 지골 화석, 발가락 화석, 타원체의 골화석 조
각들이 10점 발견된 화석층, 작은 크기의 두개골 화석을 비롯하여 경
추늑골 화석, 좌골 화석 등 모두 100여 점이 발견된 화석층 등 2매
의 공룡 화석층이 발견되었다.

　지질은 하토 퇴적층, 틈새 하천 퇴적층, 범람원 퇴적층, 범람원 호
수 퇴적층, 고토양층이 나타나고, 석고 광물의 케스타, 나무그루터기
화석, 생흔 화석 등 중생대 백악기 초기의 한반도 남부 지역의 자연
환경을 유추할 수 있는 다양한 지질 기록들이 노출되어 있다.

　이 지역은 가장 많은 공룡 골화석 조각이 발견된 곳이며, 이로 인
하여 본격적인 공룡 화석의 발굴, 공룡의 서식 환경 및 화석화 과정
연구 등이 이루어질 수 있어, 이 분야 연구에 매우 가치가 높은 곳으
로 평가되고 있다.

진주 유수리의 백악기 고환경과 공룡 화석 산지

퇴적층

석회질 고토양

백령도 사곶의 사빈(천연 비행장)

영 명 Seagot Beach(Natural Airport) in Baengnyeongdo
소재지 인천광역시 옹진군 백령면 진촌리 413-2 외
지정일 1997. 12. 30.
소 유 국가(옹진군 관리)

사빈의 특징

크기 / 길이 2500m, 너비 200m

형태 및 특징 / 사곶의 사빈은 백령도 용기포의 남서쪽과 남동쪽의 해안을 따라 발달된 조간대로서, 평탄한 지면이다. 주로 세립질의 석영 모래로 이루어졌고, 사빈상에는 곳에 따라 물결 자국, 실개천 자국과 같은 퇴적 구조가 나타난다. 간조시 조간대의 모래가 세립이어서 입자들 사이에 소량의 소금물이 존재할 경우, 소금물이 입자와 입자를 결합시키는 접합체 역할을 하고 있어서, 조간대의 모래 퇴적층이 단단하게 다져지는 것으로 보인다. 이러한 사곶은 형성 과정의 특수성에 대한 학술적 연구 가치가 있고, 우리 나라에서 처음 있는 현상으로 천연기념물로 지정하여 보존할 가치가 있다.

유래 및 보호상의 특징

이 곳 해안의 펄은 콘크리트 바닥처럼 단단하여 자동차의 통로는 물론 6·25 전쟁 때에는 천연 비행장으로 활용되었다고 한다. 이러한 천연 비행장은 현재 이탈리아의 나폴리와 더불어 전세계에 2개밖에 없다. 1989년 초까지 군사 통제 구역으로 민간인의 출입이 통제되어 자연 그대로 잘 보존되었으나, 현재는 출입 통제가 해제되어 휴양지로 각광을 받고 있다.

백령도 사곶의 사빈(천연 비행장)

백령도 남포리의 콩돌 해안

영 명 Bean-Gravel Coast at Nampo-ri in Baengnyeongdo
소재지 인천광역시 옹진군 백령면 남포리 해안 일원
지정일 1997. 12. 30.
소 유 국가(옹진군 관리)

해안의 특징

크기 / 길이 800m, 너비 30m

형태 및 특징 / 콩돌 해안은 백령도 남포리
의 오금포 남쪽 해안을 따라 형성되어 있다.
백령도의 지형과 지질의 특색을 잘 나타내
고 있는 곳 중의 하나로, 형형색색의 자갈
들로 구성되어 있다. 이 자갈들은 백령도의 모암(母巖)인 규암이 파
쇄되어 해안의 파식 작용에 의하여 마모를 거듭해 형성된 것이다.
지름 0.5~2cm의 크기로 모양이 콩과 같이 작아서 콩돌이라 하고,
흰색·회색·갈색·적갈색·청회색 등으로 해안 경관을 아름답게 하
고 있다.

이 해안의 내륙 쪽으로는 백령도 해안 순환 도로가 개설되어 있
으며, 주변은 농경지이다. 식생은 백령도의 다른 지역과 유사한데,
민가 주변에 모감주나무가 분포하고, 길가에 머위와 소리쟁이 군락
이 형성되어 있다.

백령도 남포리의 콩돌 해안

형형색색의 콩돌

백령도 진촌리의 감람암 포획 현무암 분포지

영 명 Tunipe-Bearing Basalt at Jinchon-ri in Baengnyeongdo
소재지 인천광역시 옹진군 백령면 진촌리 154-2
지정일 1997. 12. 30.
소 유 국가(옹진군 관리)

분포지의 특징

면적 / 6307㎡

형태 및 특징 / 백령면 진촌리에서 동쪽으로 1.5km 정도 떨어진 곳에 해안선을 따라 부채꼴 모양의 용암층이 관찰된다. 이 용암층 내에는 지름 5~10cm 크기의 감람암이 다량 포획되어 있다. 이 곳의 현무암은 암질(巖質)로 보아 알칼리 감람석 현무암이며, 제3기 말의 분출물(噴出物)이다. 현무암이 분포하는 지역에서 진촌리 마을 부근이 지형상의 고도가 높은 것으로 보아 이 부근이 분출의 중심지로 추측되나, 분출구는 확인되지 않았다.

남한에서 알칼리 감람석 현무암류가 분포하는 곳은 경기도 전곡, 강원도 철원 일대, 울릉도 및 제주도에 국한되어 있는 것으로 알려져 있다. 따라서 백령도에 분포하는 이 현무암류는 분포 면적은 작으나, 지질학적으로 매우 중요한 의미를 가진다.

이 곳과 바로 연접한 내륙 쪽에는 진촌리 패총이 있는데, 이 패총은 백령도의 선사 문화와 생계 양식, 서해 도서 지역의 신석기 문화를 연구할 수 있는 귀중한 자료이다. 이 패총은 길 양쪽으로 양분된 상태이고, 길 양측에 패총의 단면이 잘 노출되어 있어 그 퇴적 양상을 알 수 있다.

백령도 진촌리의 감람암 포획 현무암 분포지

감람암 포획 현무암

해남(海南) 우항리(右項里) 공룡, 익룡 및 새 발자국 화석 산지

영 명 Footprints of Dinosaur and Bird Fossil Producing Places at Uhang-ri,
Haenam
소재지 전라남도 해남군 황산면 우항리 산 13-1   **지정일** 1998. 10. 17.
지정 사유 고생물   **소 유** 국가(해남군 관리)

화석 산지의 특징

면적 / 1,623,146m^2

형태 및 특징 / 원래 물에 잠겨 있던 해안이었으나 화원 반도와 목포를 연결하기 위해 해안에 둑을 쌓으면서 해수면이 낮아져 발견되었다. 약 8300만~8500만 년 전으로 추정되는 중생대 백악기 시대에 형성된 퇴적층으로, 세계적 규모의 화석 산지이다.

다양한 종류의 공룡, 익룡 및 새의 발자국 화석, 공룡의 뼈 화석 등이 함께 발견되었는데, 그 수가 매우 많다. 또, 세계에서 가장 오래된 두 종류의 물갈퀴 새 발자국과 아시아에서는 처음으로 익룡 발자국이 동일 지층에서 발견되었는데, 이것은 익룡과 새가 같은 지역에서 서식했다는 것을 알려 주는 최초의 사례이다.

유래 및 보호상의 특징

세계적으로 유일하게 중생대 고생물의 진화와 당시의 환경을 알 수 있다. 다양한 모양의 지층과 특이한 퇴적 구조를 이루고 있다.

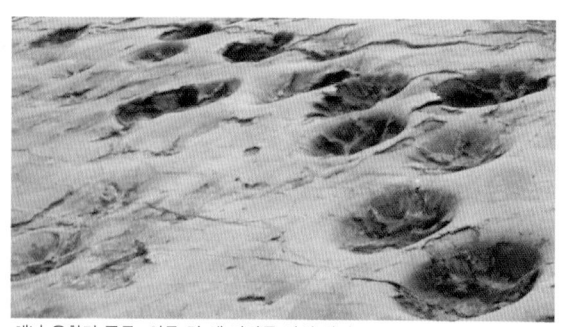

해남 우항리 공룡, 익룡 및 새 발자국 화석 산지

진주(晉州) 가진리(嘉津里)의 새 발자국 및 공룡 발자국 화석지

영 명 Footprints of Bird and
　　　 Dinosaur Fossil Producing
　　　 Places at Gajin-ri, Jinju
소재지 경상남도 진주시 진성읍 가진
　　　 리 9번지 외
지정일 1998. 12. 23.
지정 사유 고생물
소 유 국가(진주시 관리)

화석지의 특징

　면적 / 610m²

　형태 및 특징 / 경남과학교육원
신축 공사를 하다가 발견된 화석
지대로, 세계적으로 찾아보기 힘
든 약 1억 년 전 중생대 백악기
의 물떼새, 공룡, 익룡의 발자국
등이 함께 발견되었다.

진주 가진리의 새 발자국 및 공룡 발자국
화석지 (사진/진주시청)

　5개 지역에서 도요물떼새 발자국 2500개, 공룡 발자국 80개, 익룡
발자국 20개, 새 발자국 화석 365개가 수집되었다. 또, 땅의 겉 표면
이 말라 거북이등처럼 갈라져 터진 모양 및 물결 자국 등도 발견되
었다.

유래 및 보호상의 특징

　세계적으로 매우 드물게, 같은
장소에서 조류 및 공룡 발자국
화석이 발견되었으며, 약 1억 년
전 당시의 생태계를 잘 보여 주
는 자연사 박물관과 같은 장소로,
고환경, 중생대 조류 및 지질사
연구에 중요한 자료이다.

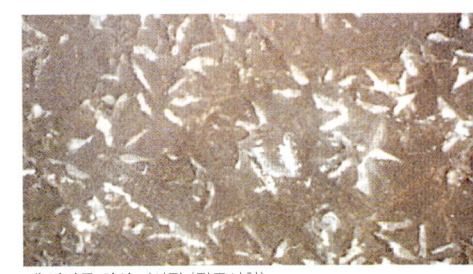

새 발자국 화석 (사진/진주시청)

장수(長水) 봉덕리(鳳德里)의 느티나무

영 명 Zelkova Tree at Bongdeok-ri, Jangsu
학 명 *Zelkova serrata* Makino
소재지 전라북도 장수군 천천면 봉덕리 336

지정일 1998. 12. 23.
지정 사유 노거수
소 유 국가(장수군 관리)

나무의 특징

크기 / 높이 18m, 가슴높이줄기둘레 6.13m   면적 / 4010m²

수령 / 약 500년

특징 / 마을 뒷산에서 자라고 있다. 줄기는 높이 약 1.5m 부분에서 갈라져 있다. 줄기는 내부가 비어 있는 부분도 있으나 수피는 깨끗하고, 생육 상태도 양호하며, 수형도 매우 아름답다. 주변에는 생육에 지장을 줄 만한 것은 없으나 뿌리가 일부 노출되었으며, 가지가 부러지는 것을 방지하기 위하여 철제 지지대로 가지를 지탱하고 있다.

유래 및 보호상의 특징

마을의 재앙을 막기 위해 매년 정월 초사흗날 밤에 당산제를 지내는 풍습이 남아 있다.

장수 봉덕리의 느티나무

장수(長水) 장수리(長水里)의 의암송(義岩松)

영 명 Uiamsong at Jangsu-ri, Jangsu
학 명 Pinus densiflora Sieb. et Zucc.
소재지 전라북도 장수군 장수읍 장수리 176-7

지정일 1998. 12. 23.
지정 사유 노거수
소 유 국가(장수군 관리)

나무의 특징

크기 / 높이 9m, 가슴높이줄기둘레 3.22m   면적 / 7463m²
수령 / 약 400년

특징 / 장수군청 앞에 자라는 의암송은 높이 약 1m 부분에서 줄기가 뒤틀려져 있어, 마치 용이 몸을 비트는 모양과 비슷하다. 높이 약 2.2m 부분에서는 2개의 큰 가지가 남북 방향으로 발달되었다. 나무 윗부분은 줄기가 여러 개로 갈라져 우산 모양을 하고 있어 매우 아름답다.

유래 및 보호상의 특징

임진왜란 때 의암 논개가 심었다고 하여 '의암송'이라는 이름이 붙여졌다고 하는데, 확실하지는 않다. 근처에 논개의 초상화가 있는 의암사가 있는 것으로 보아, 마을 사람들이 예전의 장수 관아 뜰에서 자라는 이 나무에 논개를 추모하는 뜻에서 붙인 이름으로 추정된다.

장수 장수리의 의암송 (사진/장수군청)

천안(天安) 광덕사(廣德寺)의 호두나무

영 명 Walnut in the Precincts of
Gwangdeoksa, Cheonan
학 명 *Juglans sinensis* Dode
소재지 충청남도 천안시 광덕면 광덕
리 641-6
지정일 1998. 12. 23.
지정 사유 노거수
소 유 광덕사(천안시 관리)

나무의 특징

크기 / 높이 18.2m, 가슴높이줄
기둘레 2.62m, 가지 길이(동서
16m, 남북 13.6m)

면적 / 7136m²

수령 / 약 400년

특징 / 높이 약 60cm에서 줄기가
동서로 갈라져 있다. 갈라진 줄기
의 가슴높이둘레는 각각 2.62m,
2.50m이다. 줄기 아랫부분에는 길

천안 광덕사의 호두나무

이 90cm, 너비 45cm 크기의 외과 수술을 한 흔적이 있으나 생육 상태
는 양호하다. 천연기념물로 지정되기 전에는 천안시 보호수 제 8-17-
341 호로 보호되어 왔다.

유래 및 보호상의 특징

고려 충렬왕 16년(1290) 9월, 영밀공 유청신 선생이 중국 원나라에
갔다가 돌아올 때 호두나무의 어린 나무와 열매를 가져와, 어린 나무
는 광덕사에, 열매는 유청신 선생의 고향집 뜰에 심었다고 전해지나
정확하지 않다. 마을에서는 이것이 우리 나라에 호두가 전래된 시초
가 되었다 하여 이 곳을 호두나무 시배지(처음 심은 곳)라 부른다.
이 나무 앞에는 전설과 관련된 '유청신 선생 호두나무 시식지'란 비
석이 세워져 있다.

영양(英陽) 답곡리(畓谷里)의 만지송(萬枝松)

영 명 Manjisong at Dapgok-ri, Yeongyang
학 명 *Pinus densiflora* for. *multicaulis* Uyeki
소재지 경상북도 영양군 석보면 답곡리 산 159
지정일 1998. 12. 23.
지정 사유 노거수
소 유 국가(영양군 관리)

나무의 특징

크기 / 높이 12m, 가슴높이 줄기둘레 3.8m

면적 / 7850m^2

수령 / 약 400년

특징 / 높이 약 60cm까지는 한 줄기로 자라다가 그 위

영양 답곡리의 만지송

부터는 줄기가 4개로 갈라져 올라가면서 매우 많은 가지가 여러 방향으로 뻗어 있다. 이렇게 뻗은 가지는 거의 땅바닥에 닿아 나무의 모양이 무덤을 연상시키기도 한다. 만지송 바로 옆에는 가슴높이줄기둘레 1.9m인 또 한 그루의 소나무가 있는데, 그 나무의 가지와 만지송의 가지가 어우러져 한 그루인 것처럼 보인다.

유래 및 보호상의 특징

마을 뒷산에서 자라는 소나무로, 나무의 가지가 아주 많아 '만지송'이라는 이름이 붙었으며, 옛날 어떤 장수가 전쟁에 나가기 전에 이 나무를 심으면서 자기의 생사를 점쳤다고 하여 '장수나무'라고도 한다. 마을 사람들은 만지송을 마을을 지켜 주는 나무라고 여겨 왔으며, 아들을 낳지 못하는 여인이 만지송에 정성스럽게 소원을 빌어 아들을 낳았다는 전설도 있다.

이 나무는 오래 되었지만 가지가 많아 아름답고 잘 보존되어 있다.

예천(醴泉) 금남리(琴南里)의 황목근(黃木根)

영 명 Hwangmokgeun at
    Geumnam-ri, Yecheon
학 명 *Celtis sinensis* var.
    japonica Nakai
소재지 경상북도 예천군 용궁면
    금남리 696
지정일 1998. 12. 23.
지정 사유 노거수
소 유 국가(예천군 관리)

예천 금남리의 황목근 (사진 / 예천군청)

나무의 특징

크기 / 높이 18m, 가슴높이
줄기둘레 5.7m, 가지 길이
(동서 21m, 남북 17m)
면적 / 6400m²
수령 / 약 500년

특징 / 황목근은 팽나무로서 높이는 약 18m에 이르지만, 가지가 밑으로 많이 늘어져 가장 낮은 가지의 높이는 약 1.2m이다. 금원 마을의 금원 평야라고 불리는 들판 가운데에서 자라고 있어 멀리서도 알아볼 수 있다. 특히, 잎이 무성하고 생육 상태는 양호하다. 3개의 굵은 줄기에서 가지들이 나와 전체적인 나무의 모양이 둥글지는 않으나 나름대로 어우러진 모습이다.

유래 및 보호상의 특징

1939년에 마을 공동 재산의 토지를 팽나무 앞으로 등기 이전하면서, 팽나무가 5월에 황색 꽃을 피운다 하여 황(黃)이란 성과 목근(木根)이라는 이름을 붙였다고 한다. 현재 황목근은 많은 땅을 소유하고 세금을 내고 있다. 마을을 지켜 주는 수호목으로 여겨 매년 정월 대보름에 제사를 지낸다.

이 나무는 마을 공동체 의식을 상징화하는 문화성과 사람처럼 생각하는 특이한 점 때문에 천연기념물로 지정하여 보호하고 있다.

청송(靑松) 홍원리(紅源里)의 개오동나무

영 명 Japanese Catalpa at Hongwon-ri, Cheongsong
학 명 *Catalpa ovata* G. Don
소재지 경상북도 청송군 부남면 홍원리 547
지정일 1998. 12. 23.
지정 사유 노거수
소 유 국가(청송군 관리)

나무의 특징

크기 / 높이 8.0m, 가슴높이줄기둘레 3.9m
면적 / 2624m²
수령 / 약 400~500년
특징 / 마을 입구 도로변에서 자라고 있다. 3그루로 이루어졌는데, 그 중 가장 오래 된 가운데 나무는 밑부분에서 줄기가 2개로 갈라

청송 홍원리의 개오동나무

지고, 이 나무로부터 3.5m 정도 떨어져 있는 다른 나무는 한 줄기로 되어 있다. 3그루 모두 수피가 훼손되어 나무 속까지 부식되거나 고사된 부분도 있어 치료가 필요하다.

유래 및 보호상의 특징

특별한 전설은 없으나, 당산목으로 매년 정월 대보름이 되면 마을의 안녕과 풍년을 기원하는 제사를 지낸다.

이 나무는 개오동나무 중에서는 보기 드물게 크고 오래 된 나무로 생물학적 가치가 크다.

청도(靑道) 적천사(磧川寺)의 은행나무

영 명 Ginkgo Tree in the
Precincts of Jeokcheonsa,
Cheongdo
학 명 *Ginkgo biloba* L.
소재지 경상북도 청도군 청도읍
원리 산 217
지정일 1998. 12. 23.
지정 사유 노거수
소 유 적천사(청도군 관리)

나무의 특징

크기 / 높이 28m, 가슴높이
줄기둘레 8.5m, 가지 길이
(동서 28.8m, 남북 31.3m)

면적 / 1629m²

수령 / 약 800년

특징 / 적천사의 입구에서
자란다. 높이 약 3m까지 한
줄기이며, 그 위부터는 3개
의 가지로 나누어졌다. 맹아

청도 적천사의 은행나무 (사진 / 청도군청)

및 유주가 유난히 발달했다. 유주는 가지 사이에 혹 또는 짧고 뭉뚝
한 방망이처럼 생긴 가지인데, 일종의 뿌리가 기형적으로 변한 것이
라고 생각된다. 전체적으로 생육 상태가 양호하고 수형도 아름답다.

유래 및 보호상의 특징

보조 국사가 고려 명종 5년(1175)에 적천사를 다시 지은 뒤 짚고
다니던 은행나무 지팡이를 심은 것이 자라서 이처럼 큰 나무가 되었
다고 전해진다.

이 나무는 우리 나라에서는 흔히 볼 수 없는 유주 발달의 특징을
보여 주고 있으며, 적천사를 찾는 사람들로부터 사랑을 받고 있다.

성주(星州) 경산리(京山里)의 성(城) 밖 숲

영 명 Forest outside the Castle at Gyeongsan-ri, Seongju
소재지 경상북도 성주군 성주읍 경산리 446-1 등
지정일 1999. 4. 6.   **지정 사유** 호안림
소 유 국가(성주군 관리)

숲의 특징

면적 / 53,722m²

특징 / 성주 읍성(邑城) 서문 밖에 만들어진 숲으로 이천(伊川) 옆에 위치한다. 수령이 300~500년 정도로 추정되는 왕버들 59그루가 자라고 있다. 의자, 게이트 볼장 등이 설치된 공원으로, 연간 6만여 명이 이용하므로 하층 식생은 형성되지 않았다.

유래 및 보호상의 특징

조선 중기, 서문 밖의 어린아이들이 뚜렷한 이유 없이 죽자 풍수지리설에 따라 밤나무 숲을 만들었으며, 임진왜란 후에 왕버들을 심어 오늘날의 숲이 만들어졌다.

성 밖 숲은 왕버들로만 이루어졌으며, 마을의 풍수지리, 역사, 문화, 신앙에 따라 만들어진 전통적인 마을 숲이다.

성주 경산리의 성 밖 숲

영천(永川) 자천리(慈川里)의 오리장림(五里長林)

영 명 Orijangrim at Jacheon-ri,
　　　Yeongcheon
소재지 경상북도 영천시 화북면
　　　자천리 산 1421-1
지정일 1999. 4. 6.
지정 사유 호안림
소 유 국가(영천시 관리)

숲의 특징

　면적 / 62,046m²

　특징 / 35번 국도의 자천리에서 오리동까지 2km에 걸쳐 있다. 이 숲에는 굴참나무 등 12종 282그루의 나무가 자라고 있다. 굴참나무가 87그루로 가장 많으며, 왕버들이 37그루, 그리고 소나무 ·

영천 자천리의 오리장림

회화나무 · 팽나무 · 느티나무 등도 많은 수가 자라고 있다. 이 밖에도 시무나무 · 곰솔 · 은행나무 · 풍게나무 · 말채나무 등이 자라고 있다. 천연기념물로 지정되기 전에 설치된 음료수대, 의자 등이 있으며, 운전자들의 쉬어 가는 공간으로 이용된다.

유래 및 보호상의 특징

　마을의 바람막이, 제방 보호 및 홍수 방지를 위해 1500년대에 만든 것이라고 한다. 숲의 길이가 5리(2km)에 이르러 예부터 '오리장림' 이라 불렸으며, 근래에는 '자천숲' 이라고 부르기도 한다. 매년 정월 대보름이 되면 마을의 평안을 위해 제사를 지내며, 봄에 숲의 나무들의 잎이 무성해지면 그 해에 풍년이 든다고 한다.

　이 숲은 제방 보호, 마을 수호 및 마을의 경관을 아름답게 꾸며 주는 풍치림의 기능을 한다.

의성(義城) 사촌리(沙村里)의 가로 숲

영 명 Forest at Sachon-ri, Uiseong
소재지 경상북도 의성군 점곡면 사촌리 산 356 등   **지정 사유** 호안림
지정일 1999. 4. 6.   **소 유** 국가(의성군 관리)

숲의 특징

면적 / 33,862m^2

특징 / 사촌리의 서편 매봉산 기슭의 하천변에 위치하며, 길이는 약 1040m, 너비는 40m로 가로놓여 있다. 수령 300∼600년의 상수리나무·느티나무·팽나무 등 10여 종, 500여 그루가 자라고 있다. 이 숲에는 약 100여 마리의 왜가리가 서식하고 있어, 나무의 일부가 고사되었지만 전체적으로 생육 상태가 양호한 편이다.

유래 및 보호상의 특징

이 숲은 고려 말 안동 김씨 시조인 김자첨이 안동에서 사촌으로 이사를 와서 마을 서쪽의 평지에서 불어오는 바람을 막기 위해 만든 방풍림이라고 전해진다. 사촌리에서는 서림(西林)이라고 한다.

조선 선조(재위 1567∼1608)대에 영의정을 지낸 서애 유성룡이 출생하였다는 전설을 간직한 숲이다.

의성 사촌리의 가로 숲

함양(咸陽) 운곡리(雲谷里)의 은행나무

영 명 Ginkgo Tree at Ungok-ri,
　　　 Hamyang
학 명 *Ginkgo biloba* L.
소재지 경상남도 함양군 서하면
　　　 운곡리 779
지정일 1999. 4. 6.
지정 사유 노거수
소 유 국가(함양군 관리)

나무의 특징

　크기 / 높이 30m, 가슴높이
줄기둘레 9.5m, 가지 길이
(동서 28m, 남북 32m)

　면적 / 2431m²

　수령 / 약 800년

　특징 / 마을 입구에서 자라
고 있다. 높이 약 1m 부분에
서 줄기가 2개로 분리되었다
가 높이 약 3m 부분에서 다시
합쳐지며, 높이 약 5m 부분에
서 5개로 갈라진다. 수형이
아름답고 생육 상태도 양호한
편이다.

함양 운곡리의 은행나무

유래 및 보호상의 특징

　운곡리 마을이 생기면서 심은 나무로, 마을의 이름도 이 나무로
인해 '은행정' 또는 '은행 마을'이라 부른다. 이 나무 앞을 지나면서
예의를 갖추지 않으면 그 집안과 마을에 재앙이 찾아든다 하기도 하
고, 풍수지리설에 의하면 이 마을이 배의 모습을 하고 있는데, 바로
이 나무가 돛대 역할을 하여 마을을 지켜 준다고 하여 소중히 보호
되고 있다.

함양(咸陽) 학사루(學士樓)의 느티나무

영 명 Zelkova Tree in
      Haksaru, Hamyang
학 명 *Zelkova serrata*
      Makino
소재지 경상남도 함양군
      함양읍 운림리 27-1
지정일 1999. 4. 6.
지정 사유 노거수
소 유 국가(함양군 관리)

나무의 특징

크기 / 높이 21m, 가슴
높이줄기둘레 8.3m,
가지 길이(동서 25m,
남북 26m)

면적 / 4486m²

수령 / 약 500년

특징 / 함양 초등 학교
앞뜰에 자라고 있다. 수
피에는 10개 가량의 굴
곡이 있어, 전체적으로
수간부가 울퉁불퉁하다.
나무의 바로 아랫부분

함양 학사루의 느티나무

에는 자갈을 깔아 배수가 잘 되지만, 그 밖의 곳은 시멘트로 포장되
어 있다. 전체적인 생육 상태는 양호한 편이다.

유래 및 보호상의 특징

이 나무는 점필재 김종직 선생이 함양 현감으로 있을 때 함양 객
사의 학사루 앞에 심었다고 한다. 함양의 역사가 깃들어 있는 귀중한
자료이다.

울진(蔚珍) 쌍전리(雙田里)의 산돌배나무

영 명 Pear Tree 'Sandol' at Ssangjeon-ri, Uljin
학 명 *Pyrus ussuriensis* Maximowicz
소재지 경상북도 울진군 서면 쌍전리 산 146-1

지정일 1999. 4. 6.
지정 사유 노거수
소 유 국가(울진군 관리)

나무의 특징

크기 / 높이 25m, 가슴높이줄기둘레 5.35m,
가지 길이(동서 14m, 남북 20m)

면적 / 1310m^2
수령 / 약 250년

특징 / 서면 광회리의 광회 초등 학교에서 쌍전 2리 달전 마을로 들어가는 비포장 길을 따라 6km 정도 올라가면 있다. 높이 약 1.2m 부분에서 굵은 가지가 둘로 갈라졌으며, 고사된 부분이 많아 1995년에 외과 수술을 받았으나 생육 상태는 양호하지 못한 편이다.

유래 및 보호상의 특징

이 나무는 나라에 큰 일이 있을 때 "웅~ 웅~" 소리를 내어 울었다는데, 땅과 밑동이 흔들릴 정도였다고 한다. 또, 산돌배가 많이 열리는 해는 풍년이 든다는 이야기도 전해진다. 우리 나라에 남아 있는 산돌배나무 중에서 가장 크고 오래 되었다.

울진 쌍전리의 산돌배나무 (사진/김건옥)

울진(蔚珍) 행곡리(杏谷里)의 처진소나무

영 명 Weeping Japanese Red Pine at Haenggok-ri, Uljin
학 명 *Pinus densiflora* for. *pendula* Mayr
소재지 경상북도 울진군 근남면 행곡리 627   **지정일** 1999. 4. 6.
지정 사유 노거수   **소 유** 국가(울진군 관리)

나무의 특징

크기/ 높이 14m, 가슴높이줄기둘레 2m,   면적 / 588 m²
가지 길이(동서 13.5m, 남북 15m)   수령 / 약 350년

특징 / 36번 국도변에 위치하여 불영 계곡을 찾아오는 사람들의 휴식처로 이용되고 있다. 가지가 밑으로 처져 속리산 정이품송의 모양과 비슷하다.

유래 및 보호상의 특징

이 나무는 마을이 생길 때 심은 것으로, 마을의 상징으로 보호를 받고 있다. 수형이 매우 아름다우며 희귀종이다.

울진 행곡리의 처진소나무 (사진/김건옥)

거창(居昌) 당산리(棠山里)의 당송

영 명 Dangsong at
　　　Dangsan-ri,
　　　Geochang
학 명 *Pinus densiflora*
　　　Sieb. et Zucc.
소재지 경상남도 거창군
　　　위천면 당산리 331
지정일 1999. 4. 6.
지정 사유 노거수
소 유 국가(거창군 관리)

나무의 특징

크기 / 높이 18m, 가슴
높이줄기둘레 4.05m,
가지 길이(동서 14m,
남북 16m)
면적 / 1976m²
수령 / 약 600년

거창 당산리의 당송

특징 / 나무 껍질은 거북이등과 같이 갈라졌으며, 밑동 부분에는 도끼 자국이 남아 있고, 남쪽의 가지 하나는 죽었으나 전체적으로 아름다운 소나무이다. 가지들은 받침대가 받치고 있다.

유래 및 보호상의 특징

나라에 큰 일이 있을 때마다 "웅～ 웅～ 웅～" 소리를 내어 미리 알려 준다고 하는데, 이와 같이 신령스럽다 하여 영송(靈松)이라 부르기도 한다. 국권을 빼앗긴 일(1910), 광복(1945) 및 한국 전쟁(1950) 때에는 몇 달 전부터 밤마다 울었다는 이야기가 전해진다.

마을에서는 매년 정월 대보름이 되면 제사를 지내며, 마을 사람들 모두가 모임을 만들어 보호하고 있다.

고성(固城) 덕명리(德明里)의 공룡 및 새 발자국 화석 산출지

영 명 Footprints of Dinosaur and Bird Fossil Producing Places at Deokmyeong-ri, Goseong
소재지 경상남도 고성군 하이면 덕명리 52-1
지정일 1999. 9. 14.
지정 사유 고생물
소 유 국가(고성군 관리)

화석 산출지의 특징

면적 / 124,307m²

특징 / 중생대 백악기 공룡 발자국 화석 산지로, 양적으로나 다양성에서 세계적이며, 중생대 새 발자국 화석지로는 세계 최대 규모이다. 다양한 퇴적 구조를 보이며, 약 1억 2천만 년 전 공룡의 생활 모습, 자연 환경,

고성 덕명리의 공룡 및 새 발자국 화석 산출지
(사진 / 고성군청)

퇴적 환경, 해륙 분포, 새의 진화 과정 등을 알 수 있는, 학술적으로 귀중한 화석 산출지이다. 또, 이 곳은 기묘한 바위와 괴상하게 생긴 돌, 바닷물에 깎여 생긴 동굴 등 경치가 뛰어나다.

유래 및 보호상의 특징

새로운 옷을 입기 좋아하던 옥황상제가 상족암의 절경에 감탄하여 선녀들과 베틀을 함께 내려보냈는데, 선녀들은 쉬지 않고 열심히 베를 짜서 옥황상제께 금의를 만들어 올렸다는 전설이 전해진다.

공룡 및 새 발자국 화석 (사진 / 고성군청)

연천(漣川) 은대리(隱垈里)의 물거미 서식지

영 명 Habitat of Water Spider at
Eundae-ri, Yeoncheon
소재지 경기도 연천군 전곡읍 은대리
693-18 등
지정일 1999. 9. 18.
지정 사유 서식지
소 유 국가(연천군 관리)

서식지의 특징

면적 / 103, 360m^2

특징 / 세계적 희귀종인 물거미
의 국내 서식지로서는 현재까지
유일한 곳이다.

〈물거미〉

영명 / Water Spider

학명 / *Argyroneta aquatica*

연천 은대리의 물거미 서식지 (사진/연천군청)

형태 / 물거미는 전세계에 오직 1종만이 존재하며, 한국, 일본, 중국,
유럽의 온대 지방, 시베리아 및 중앙 아시아 등지에 분포한다. 몸의
크기는 일반적인 거미류가 암컷이 수컷에 비해 월등히 큰 데 반해, 물
거미는 수컷이 암컷보다 더 크다(7~15mm 가량). 몸에 많은 털이 있

는데, 이 털은 은백색 공기 방울
을 만들어 물 속에서 숨을 쉴 수
있게 하고, 방수 역할도 한다.

습성 / 물 속에 있는 물풀이나
조그만 돌에 공기 주머니(집)를
붙여 놓고 그 속에서 생활한다.
전 생애를 물 속에서 보내며, 수
명은 우리 나라에 사는 다른 거
미류와 같이 1년이다.

공기 주머니에서 생활하는 물거미 (사진/남궁준)

영월(寧越) 문곡리(文谷里)의 건열 구조 및 스트로마톨라이트

영 명 Mud Crack and Stromatolite at Mungok-ri, Yeongwol
소재지 강원도 영월군 북면 문곡리 산 3 등   **지정일** 2000. 3. 16.
지정 사유 지형, 지질 일반   **소 유** 국가(영월군 관리)

구조의 특징

면적 / 205,091m²

형태 및 특징 / 영월군 문곡리 연덕천 가 절벽에 있으며, 약 4억～5억 년 전에 생긴 오르도비스기 하부 고생대 지층에 형성되었다.

건열 구조는 얕은 물 밑에 쌓인 퇴적물이 물 위로 나와 마를 때 퇴적물이 줄거나 오그라들면서 생긴 틈이 그대로 굳은 지질 구조이며, 이는 이 지역이 과거에 물 밑에 있었다는 것을 알려 준다. 스트로마톨라이트는 지구상에 출현한 최초의 생물 가운데 하나인 단세포 원시 미생물 위에 작은 퇴적물의 알갱이가 겹겹이 쌓여서 형성된 퇴적 구조로, 우리 나라에서는 드물게 발견되는 희귀한 지질 자료이다.

유래 및 보호상의 특징

건열 구조 및 스트로마톨라이트는 당시의 퇴적 환경을 잘 보여 주어 학술적 보존 가치가 매우 크다.

영월 문곡리의 건열 구조 및 스트로마톨라이트 (사진/영월군청)

화성(華城) 고정리(古井里)의 공룡알 화석 산출지

영 명 Dinosaur's egg Fossil Producing
　　　Places at Gojeong-ri, Hwaseong
소재지 경기도 화성시 송산면 고정
　　　리 산 5 등
지정일 2000. 3. 21.
지정 사유 고생물
소 유 국가 및 개인(화성시 관리)

화석 산출지의 특징

　면적 / 15.90km²

　형태 및 특징 / 약 8300만~8500
만 년 전으로 추정되는 중생대
백악기에 형성된 퇴적층이다. 시
화호 간석지가 조성되기 전에는
섬이었던 6~7개 지점에서 가로
50cm, 세로 60cm 크기의 둥지 20

화성 고정리의 공룡알 화석 산출지 （사진／화성군청）

여 개에서 둥지마다 5~6개, 많게는 12개의 공룡알 화석이 발견되었
다. 공룡알 화석이 여러 퇴적층에서 발견된 점으로 미루어 보아, 시
화호 일대가 약 1억 년 전에는 공룡의 주요 서식지였던 것으로 추정
된다. 이 밖에도 줄기에 마디가 있는 늪지 갈대 등의 식물 화석과 생
물의 흔적이 있는 화석도 대량 발견되었다.

유래 및 보호상의 특징

　세계적으로 이처럼 많은 공룡
알 화석이 한꺼번에 발견된 것은
매우 드문 경우로, 당시의 환경
및 생태계 연구에 중요한 학술
자료이다.

공룡알 화석 （사진／화성군청）

포항(浦項) 달전리(達田里)의 주상절리(柱狀節理)

영 명 Columnar Joint at Daljeon-ri, Pohang
소재지 경상북도 포항시 남구 연일읍 달전리 산 19-3 등
지정일 2000. 4. 24.
지정 사유 지질 구조
소 유 국가(포항시 관리)

구조의 특징

면적 / 32,651m^2

형태 및 특징 / 지각 변동, 습곡 작용, 풍화 작용, 지표 침식에 의해 압력의 변화가 생길 때, 마그마가 지표 암석의 갈라진 틈을 뚫고 들어와 암석이 규칙적으로 갈라져 기둥 모양을 이룬 것이다.

이 구조는 옛날 채석장에서 발견되었는데, 신생대 제 3 기 말에 분출한 현무암에 발달한 것이다. 규모는 높이 약 20m, 길이 약 100m로 그 단면이 대체로 육각형을 이루며, 기둥은 약 80° 경사에서 거의 수평으로 휘어져 있는 특이한 양상을 보여 준다.

유래 및 보호상의 특징

발달 상태가 양호하고, 절리의 방향이 특이해서 지형적, 지질학적 가치가 높으며, 자연 학습장으로도 활용 가치가 크다.

포항 달전리의 주상절리 (사진/서종철)

태백(太白) 장성(長省)의 하부 고생대 화석 산지

영 명 Fossil Producing Places of
Subordinate Paleozoic Era
at Jangseong, Taebaek

소재지 강원도 태백시 장성동 산
42-2 등

지정일 2000. 4. 24.

지정 사유 고생물

소 유 국가(태백시 관리)

화석 산지의 특징

면적 / 187,705m²

형태 및 특징 / 약 5억 년 전
부터 4억 4천만 년 전까지로
추정되는 하부 고생대 오르도
비스기의 조선누층군 중 직운
산층에 해당하는 암석층이다.
하부 고생대 지층임을 알려
주는 삼엽충을 중심으로 완족

태백 장성의 하부 고생대 화석 산지 (사진/태백시청)

류, 두족류, 복족류 등 매우 다양한 화석이 발견되었다. 이 곳에서 발
견된 삼엽충 화석을 연구한 결과, 현재 북위 38° 부근에 위치한 우리
나라가 5억 년 전에는 적도 부근에 있었다는 사실을 알아 낼 수 있
었다.

유래 및 보호상의 특징

고생대 지구의 역사와 한반
도의 자연 역사를 알 수 있는
화석 산지로서, 하부 고생대
의 고환경 연구에 중요한 자
료이다.

삼엽충 화석
(사진/태백시청)

태백(太白) 구문소(求門沼)의 고환경 및 침식 지형

영 명 Paleoenvironment and Erosion
Topography of Gumunso,
Taebaek
소재지 강원도 태백시 동점동 산
10-1 등
지정일 2000. 4. 24.
지정 사유 지형, 지질 일반
소 유 국가(태백시 관리)

지형의 특징

면적 / 663,027m²

형태 및 특징 / 구문소(求門沼)
는 석회 동굴이 땅 위에 드러난
구멍으로, 철암천으로 흘러들어
오는 황지천 하구의 물길 가운데
에 있다. 구문(求門)은 구멍, 굴의
옛말이며, '굴이 있는 늪'이라는
뜻이다. 구문소 부근의 석회암에
서 건열, 물결 자국, 소금 흔적,
새눈 구조 등의 퇴적 구조와 삼
엽충, 완족류, 두족류 등의 다양
한 생물 화석이 발견되었다. 또,

태백 구문소의 고환경 및 침식 지형 (사진 / 태백시청)

동굴을 관통하여 흐르는 황지천 하류의 물길은 현내천과 함께 하천
물길의 변천을 연구하는 데 매우 흥미로운 곳이다.

유래 및 보호상의 특징

구문소는 '세종실록지리지' 등의 고문서에 천천(穿川 : 구멍 뚫린 하
천)으로 기록이 남아 있다. 다양한 전설과 함께 그 경관이 매우 아름
다우며, 퇴적 구조, 침식 지형 등 다양한 지형, 지질 특성이 있을 뿐
만 아니라, 하부 고생대의 고환경 연구에 중요한 자료이다.

보성(寶城) 비봉리(飛鳳里)의 공룡알 화석 산출지

영 명 Dinosaur's egg Fossil Producing Places at Bibong-ri, Boseong
소재지 전라남도 보성군 득량면 비봉리 545-1 등
지정일 2000. 4. 24.
지정 사유 고생물
소 유 국가(보성군 관리)

화석 산출지의 특징

면적 / 156,685m² 외

형태 및 특징 / 보성군 비봉리 선소 마을 해안의 약 3km에 걸쳐 있는데, 중생대 백악기 퇴적층에 수많은 공룡알 화석이 공룡알 둥지의 형태로 나타나 있다.

해안가 암반에서 10여 곳의 공룡알 둥지와 100여 개의 공룡알 화석이 발견되었다. 가장 큰 공룡알 둥지의 지름은 약 1.5m이고, 공룡알 화석의 크기는 9~15cm, 공룡알 껍데기의 두께는 1.5~2.5mm이다. 공룡알 내부에서는 공룡 태아의 골격 구조가 발견되지 않아, 알이 부화된 다음에 화석이 된 것으로 추정하고 있다.

유래 및 보호상의 특징

공룡의 서식 근거지라는 증거일 뿐만 아니라, 어떠한 공룡이 어떻게 생활했는지를 밝히는 데 중요한 자료가 되며, 또 다른 공룡알 화석 및 기타 고생물 자료들이 묻혀 있을 가능성이 있다.

보성 비봉리의 공룡알 화석 산출지

강화(江華) 갯벌 및 저어새 번식지

영 명 Tidal Flat of Ganghwa and Breeding Site of Black-faced Spoonbill
소재지 인천광역시 강화군　　　　　**지정 사유** 번식지
지정일 2000. 7. 6.　　　　　　　　**소 유** 국가(강화군 관리)

번식지의 특징

　면적 / 370,667,483m^2

　특징 / 강화 갯벌은 강화의 남부 지역과 석모도, 볼음도 등 주변의 섬 사이에 자리하고 있다. 우리 나라에서 보존 상태가 양호한, 몇 남지 않은 갯벌로, 경제적 생산성은 물론 자연 정화 능력, 해양 생태계의 보물 창고로서 아주 중요한 곳이다. 또, 시베리아, 알래스카 지역에서 번식하는 철새가 일본, 오스트레일리아, 뉴질랜드로 이동하는 중 먹이를 먹고 휴식을 취하는 곳으로, 저어새가 번식하고 있다.

　저어새는 세계적인 희귀종으로, 종(種) 전체를 천연기념물 제205호로 지정, 보호하고 있다.

실태

　강화 갯벌 및 저어새 번식지는 여의도의 약 53배에 이르며, 단일 문화재 지정 구역으로는 가장 넓다. 세계적으로도 우수한 갯벌이다.

저어새 알 (사진/강화군청)

저어새 번식지 (사진/강화군청)

성산(城山) 일출봉(日出峰) 천연 보호 구역

영 명 Seongsan Ilchulbong
　　　Nature Reserve
소재지 제주도 남제주군
　　　성산읍 성산리 1 등
지정일 2000. 7. 18.
지정 사유 천연 보호 구역
소 유 국가(남제주군 관리)

천연 보호 구역의 특징

　면적 / 5,878,746m²

　특징 / 제주도의 동쪽
끝에 위치하며, 일출봉
전체와 1km 이내의 해역
을 포함하고 있다.

　성산 일출봉은 중기
홍적세 때 얕은 바다에서
화산이 분출되면서 형성

성산 일출봉 천연 보호 구역

되었는데, 커다란 사발 모양의 평평한 화구가 섬 전체에 걸쳐 있어,
다른 화산구와는 구별되는 매우 특이한 형태이다.

　일출봉을 중심으로 하는 성산포 해안 일대는 청정 해역이다. 해안
식물은 녹조류, 갈조류, 홍조류 등 총 127종이 발견되어, 우리 나라
의 대표적인 다양한 종류의 해조류가 자라고 있다. 또, 이 곳은 제주
분홍풀, 제주나릇말로 지칭되는 신종 해산 식물의 원산지로 세계적
으로 주목을 받는 지역이기도 하다. 해산 동물의 경우 많은 한국산
미기록종을 포함하여 총 177종이 있다.

유래 및 보호상의 특징

　일출봉의 지형, 지질, 경관적 특성과 주변 1km 연안 해역의 식생이
우리 나라 해양 생물의 대표적인 특성을 보존하고 있으며, 특히 한국
산 신속 및 신종 해조류의 원산지이다.

문섬 및 범섬 천연 보호 구역

영 명 Munseom and Beomseom
        Nature Reserve
소재지 제주도 서귀포시 서귀동 산
        4 및 법환동 산 1-3 등
지정일 2000. 7. 18.
지정 사유 천연 보호 구역
소 유 국가(서귀포시 관리)

천연 보호 구역의 특징

면적 / 9,751,781m²

특징 / 문섬과 범섬은 서귀포
주변에 있는 5개의 무인도에
포함되며, 서귀포 해안에서 남
쪽으로 1.3km 가량 떨어져 있
다. 제주도의 기반 암석인 현
무암이 아닌 조면암으로 구성
되었으며, 섬 전체에는 주상절

범섬 천연 보호 구역

리, 절벽과 동굴이 발달되어 경관이 아름답다. 문섬에는 땅에서 자라
는 식물 118종이 서식하고 있는데, 그 중에는 제주도에만 자생하는
보리밥나무와 큰보리장나무의 군락이 있으며, 후박나무도 자라고 있
다. 범섬에는 총 142종의 식물들이 자라고 있는데, 이 중에 거문도와
제주도에서만 자생하는 물푸레나무과의 박달목서가 자생하고 있다.
해안에는 녹조류, 갈조류, 홍조류 등 총 111종의 해조류가 자라고 있
고, 이 밖에도 다수의 신종, 미기록종 식물과 동물들이 있다.

유래 및 보호상의 특징

경관이 아름답고, 세계적 희귀종인 후박나무가 자라며, 천연기념물
인 흑비둘기가 번식하는 남쪽 한계 지역이다. 또, 학술적 가치가 큰
한국 특산 해산 생물의 신종, 미기록종이 다수 출현하는 곳으로서 남
방계 생물종의 다양성을 대표한다.

차귀도(遮歸島) 천연 보호 구역

영 명 Chagwido Nature Reserve
소재지 제주도 북제주군 한경면
　　　　고산리 산 34 등
지정일 2000. 7. 18.
지정 사유 천연 보호 구역
소 유 국가(북제주군 관리)

천연 보호 구역의 특징

　면적 / 6,721,395m²

　특징 / 제주도 고산리 해안
에서 약 2km 떨어진 차귀도
는 죽도와 와도 2개의 섬으
로 이루어진 무인도이다.

　차귀도는 제주도에서 쿠로
시오 난류의 영향을 가장 먼

차귀도 천연 보호 구역

저 받는 지역으로 서식하는 동식물이 매우 다양하며, 아열대성이 강
하여 수심 5~10m에는 수많은 홍조 식물이 자란다. 홍조 식물 중 공
식적으로 학계에 발표되지 않은 기는비단잘록이를 비롯한 *Tiffaniella
chejuensis, Callithamniella koreana, Amphiroa chejuensis* 등의 식물과 어
깃꼴거미줄, 나도참빗살잎, 각시헛오디풀 등의 미기록종들과 아열대
지역에 서식하는 홍조류의 여러 종들이 발견되어 해조류의 분포 면에
서 매우 중요한 지역이다. 동물의 경우 해면 동물 13종 중 3종이 한국
미기록종이고, 극피 동물은 6종 중 1종, 자포 동물은 총 15종 중 산호
충류 2종, 대형 동물은 8종 중 1종, 이매패류는 12종 중 9종, 갑각류는
17종 중 4종이 한국 미기록종이다.

유래 및 보호상의 특징

　주변 경관이 아름다울 뿐만 아니라, 한국 미기록종들 내지 신종 해
산 생물이 서식한다. 또, 앞으로 미기록종과 신종 출현의 가능성이 있
으며, 해산 동식물의 분포 면에서도 학술적 가치가 크다.

마라도(馬羅島) 천연 보호 구역

영 명 Marado Nature Reserve
소재지 제주도 남제주군 대정읍
    가파리 580 등
지정일 2000. 7. 18.
지정 사유 천연 보호 구역
소 유 국가(남제주군 관리)

천연 보호 구역의 특징

　면적 / 6,860,748m²

　특징 / 마라도는 우리 나라
의 가장 남쪽에 있는 섬으
로, 동서가 짧고 남북이 긴
타원형의 모양을 하고 있다.
분화구는 없고, 전체적으로
평탄한 지형을 이루고 있으

마라도 천연 보호 구역 (사진 / 황영심)

며, 섬의 돌출부를 제외한 전 해안은 암석으로 이루어져 있다. 북서
해안과 동해안 및 남해안은 높이 20m의 절벽으로, 파도 침식에 의하
여 생긴 동굴이 많이 발견된다.

　육상 식물은 모두 파괴되어 경작지나 초지로 변했으며, 섬 중앙부
에 해송이 심어져 있는 숲이 있을 뿐이다. 그러나 해산 식물은 매우
풍부하여, 해조류의 경우 난대성 해조류가 잘 보존되어 제주도나 육
지 연안과는 매우 다른 식생을 나타낸다. 녹조류, 갈조류, 홍조류 등
총 72종이 자라고 있으며, 해산 동물의 경우 해면 동물 6종, 이매패
류 8종, 갑각류 4종 등의 한국 미기록종이 발견되었다.

유래 및 보호상의 특징

　우리 나라에서 가장 남쪽에 위치하고 있어 난대성 해양 동식물이
가장 두드러지고, 많은 한국 미기록종과 신종 생물이 발견되고 있으
며, 주변 경관도 아름답다.

지리산(智異山)의 천년송(千年松)

영 명 Cheonyeonsong at Jirisan
학 명 *Pinus densiflora* for.
　　multicaulis Uyeki
소재지 전라북도 남원시 산내면
　　부운리 산 111
지정일 2000. 10. 13.
지정 사유 노거수
소 유 정경덕 외 14인의 와운
　　마을 주민(남원시 관리)

나무의 특징

크기 / 높이 20m, 가슴높이
줄기둘레 4.3m
면적 / 907m²
수령 / 약 500년
특징 / 뱀사골 계곡 상류의
명성봉에서 영원령으로 흘
러내린 산자락의 해발 800m
되는 와운 마을에서 자라고

지리산의 천년송 (사진/남원시청)

있다. 줄기에서 굵은 가지가 많이 갈라지고, 가지는 아래를 향해 넓
게 퍼져 있는데, 사방으로 뻗은 가지의 길이는 18m에 이른다. 줄기와
가지는 고사된 부분이 없고 깨끗하며, 수피는 거북이등 모양으로 갈
라지고, 수형 또한 매우 아름답다.

유래 및 보호상의 특징

임진왜란 전부터 와운 마을 뒷산에서 자생해 왔다고 한다. 20m의
간격을 두고 한아시(할아버지)송과 할매(할머니)송이 이웃하고 있는
데, 이 가운데서 더 크고 오래 된 할매송을 '천년송'이라 하며, 매년
초사흗날에 마을의 안녕과 풍년을 기원하며 당산제를 지내 왔다.
우산을 펼쳐 놓은 듯한 반송으로 수형이 아름다우며, 애틋한 전설
을 가진 유서 깊은 노거목이다.

문경(聞慶) 존도리(存道里)의 소나무

영 명 Japanese Red Pine at Jondo-ri, Mungyeong
학 명 *Pinus densiflora* for. *multicaulis* Uyeki
소재지 경상북도 문경시 산양면 존도리 22
지정일 2000. 10. 13.
지정 사유 노거수
소 유 국가(문경시 관리)

나무의 특징

크기 / 높이 9m, 가슴높이줄기둘레 2.6m
면적 / 892m²
수령 / 약 500년
특징 / 935번 지방 도로변의 존도리 마을 중앙에 위치해 있다. 수평으로 아

문경 존도리의 소나무

름다운 굴곡을 이루며, 길게 뻗은 가지가 높이의 2배가 넘는 19~22.5m에 이른다. 가지들은 심한 굴곡을 이루며, 밑부분의 굵은 가지는 옆으로 뻗어 있기 때문에 쇠기둥 16개가 이들을 받치고 있다. 주변 지대는 논이지만, 이 나무가 자라는 곳은 지대가 높으므로 배수의 문제도 없고, 전체적으로 생육이 양호한 편이다.

유래 및 보호상의 특징

이 나무는 조선조 연산군 때 대사헌 강형과 그의 아들 3형제가 갑자사화 때 함께 화를 당하자 강형의 맏며느리인 익산 이씨가 아들 5형제를 데리고 시신을 수습하여 인근에 묘소를 쓰고, 존도리에 정착하면서 심은 나무라고 전해진다.

수형이 특이하고, 매년 음력 정월 대보름에 주민들이 마을의 평안과 풍년을 기원하는 동제를 지내는 당산목이다.

문경(聞慶) 대하리(大下里)의 소나무

영 명 Japanese Red Pine at Daeha-ri, Mungyeong **지정일** 2000. 10. 13.
학 명 *Pinus densiflora* for. *multicaulis* Uyeki **지정 사유** 노거수
소재지 경상북도 문경시 산북면 대하리 16 **소 유** 국가(문경시 관리)

나무의 특징

크기 / 높이 6m, 가슴높이줄기둘레 3.1m

면적 / 664m²

수령 / 약 400년

특징 / 953번 지방 도로변의 대하리 마을 중앙에 위치해 있다. 반송으로, 줄기는 하나로 시작되어 3개로 갈라졌는데, 줄기와 가지가 용트림 형상으로 구부러져 옆으로 뻗어, 우산 2개를 받쳐 놓은 듯한 모양이 아름답다. 돌기둥 8개가 수평으로 뻗은 가지를 받치고 있다.

유래 및 보호상의 특징

이 나무 주변에 방촌 황희 선생의 영정을 모신 장수 황씨의 종택(지방 문화재 제 236 호) 사당과 사원이 있어 마을 이름을 '영각동'이라 부르고, 매년 음력 정월 대보름에 마을 주민들이 모여 '영각동제'라는 당산제를 지냈다고 한다. 수형이 특이하고 손상이 거의 없다.

문경 대하리의 소나무

천안(天安) 성환(成歡)의 향나무

영 명 Chinese Juniper at Seonghwan,
　　　Cheonan
학 명 *Juniperus chinensis* L.
소재지 충청남도 천안시 성환읍 양령
　　　리 394-9
지정일 2000. 12. 8.
지정 사유 노거수
소 유 성환읍 양령리 마을 주민(천안시
　　　관리)

나무의 특징

　크기 / 높이 9.4m, 가슴높이줄기
　둘레 3.05m

　면적 / 285m²

　수령 / 약 800년

　특징 / 안성천의 동쪽으로 약
50m 떨어진 양령리 마을의 동편
에 위치하며, 주변은 평지이고, 민
가의 담장이 서편과 북편 2m 이
내에 설치되어 있다.

　굵은 외줄기가 높이 2.7m 부분

천안 성환의 향나무

에서 3줄기로 크게 갈라졌다. 60
여 년 전 인근에 있는 민가에서 불이 나 잔가지가 고사되었지만 비
교적 양호한 반타원형을 유지하고 있으며, 생육 상태도 매우 좋다.

유래 및 보호상의 특징

　이 나무는 약 1200여 년 전에 큰 홍수가 났을 때, 어디선가 떠내려
와 이 곳에 정착하게 되었으며 자식을 못 낳는 아낙네가 치성을 드
리면 자식을 낳는다는 전설이 전해 오고 있다.

　수형과 생육 상태가 양호하고, 유서 깊은 전설을 가지고 있으며,
매년 정월 보름에 동제를 지내는 마을의 수호목이다.

완도(莞島) 대문리(大文里)의 모감주나무 군락

영 명 Population of Koelreuteria at Daemun-ri, Wando
학 명 *Koelreuteria paniculata* Laxm.
소재지 전라남도 완도군 군외면 대문리 산 128, 129-1
지정일 2001. 5. 7.
지정 사유 방풍림
소 유 국가 및 개인(완도군 관리)

완도 대문리의 모감주나무 군락

군락의 특징

면적 / 21,690m²

특징 / 완도의 남서쪽 해안선을 따라 길이 약 1km, 너비 40~100m의 직사각형 모양으로 모감주나무 474그루가 다른 수종과 함께 군락을 형성하고 있다. 모감주나무의 수령은 약 200~250년, 100~150년, 10~30년 등 다양하며, 높이는 3~12m 정도이다.

모감주나무는 무환자나무과에 속하는 세계적인 희귀 수종으로 우리 나라에서는 압록강 하구, 황해도 초도와 장산곶 사이, 인천 덕적도 북리, 충청북도 영동과 월악산 등지에 분포하며, 해류에 의한 식물 전파 경로를 아는 데 중요한 지표 식물이다.

유래 및 보호상의 특징

마을 주민들의 농업을 위한 방풍림으로 조성된 것으로 보인다.

이 군락은 지금까지 발견된 모감주나무 군락 중 가장 오래 되고 큰 나무들로 구성되었으며, 숲의 상태가 양호하여 '안면도의 모감주나무 군락(천연기념물 제 138 호)' 및 '영일 발산리의 모감주나무 · 병아리꽃나무 군락지(천연기념물 제 371 호)'와 함께 우리 나라의 대표적인 모감주나무 군락으로서 그 학술적 가치가 크다.

제주(濟州) 월령리(月令里)의 선인장 군락

영 명 Population of Cactus at Wolryeong-ri, Jeju-do
학 명 *Opuntia ficus-indica* Mill. var. *saboten* Makino
소재지 제주도 북제주군 한림읍 월령리 359-3
소 유 국가(북제주군 관리)

지정일 2001. 9. 11.
지정 사유 희귀종

군락의 특징

면적 / 7149m²

특징 / 월령리 해안 바위틈과 마을 안에 있는 울타리 형태의 잡석이 쌓인 곳에 분포되어 있는데, 그 넓이가 약 20m²에 이르며, 선인장의 높이는 0.5~2m 가량이다. 맥시코가 원산지인 선인장이 쿠로시오 난류를 타고 열대 지방으로부터 밀려와 야생하게 된 것으로 보인다.

그 형태가 손바닥과 같다 하여 '손바닥선인장'이라고 하며, 예부터 쥐나 뱀의 침입을 막기 위해 마을 돌담에 옮겨 심어 월령리 마을 전체에 퍼져 있다.

유래 및 보호상의 특징

선인장의 자생 상태를 잘 보여 주는 우리 나라 유일의 야생 군락으로 학술적 가치가 있다.

제주 월령리의 선인장 군락

해남(海南) 성내리(城內里)의 수성송(守城松)

영 명 Suseongsong at
　　　 Seongnae-ri, Haenam
학 명 *Pinus thunbergii* Parl.
소재지 전라남도 해남군 해
　　　 남읍 성내리 4
지정일 2001. 9. 11.
지정 사유 노거수
소 유 국가(해남군 관리)

나무의 특징

　크기 / 높이 17m, 가슴높
이줄기둘레 3.38m, 가지
길이(동서 20m, 남북
20.5m)

　면적 / 900m²

　수령 / 약 400년

　특징 / 해남군청 앞마당
에 자라는 곰솔로, 높이
약 6.3m까지는 한 줄기로

해남 성내리의 수성송

자라다가 그 위부터 여러 개의 가지로 갈라져 있다. 외형적 손상은
없으며, 깨끗하게 자라고 있다.

유래 및 보호상의 특징

　조선 명종 10년(1555)에 왜선 60여 척이 지금의 남창리와 완도군의
달도에 침략한 일이 있었는데, 이 때 해남 현감 변협(邊協)이 이끄는
관군이 어렵게 왜구를 물리쳤다. 이를 기념하기 위해, 당시 해남 동
헌 앞뜰에 이 나무를 심고 '수성송(守城松)'이라는 이름을 붙여 준
데서 유래한다.

　수성송은 왜구를 물리친 국난 극복의 의미를 가지고 있어 해남 주
민들의 사랑을 한 몸에 받고 있는 상징목이며, 아름답고 생육 상태
도 양호하다.

674

태안(泰安) 신두리(薪斗里)의 해안 사구

영 명 Coastal Sand Dune at
Sindu-ri, Taean
소재지 충청남도 태안군 원북면
신두리 산 263-1 등
지정일 2001. 11. 30.
지정 사유 지형, 지질 일반
소 유 국가(태안군 관리)

해안 사구의 특징

면적 / 982,953m²

형태 및 특징 / 태안 반도
서북부의 바닷가를 따라서
형성된, 길이 약 3.4km, 너비
0.5~1.3km, 높이 0~15m의

태안 신두리의 해안 사구

모래 언덕이다. 이 사구는 내륙과 해안의 완충 공간 역할을 하며, 바람 자국 등 사막 지역에서 볼 수 있는 경관이 나타난다. 신두리 해안은 겨울철에 우세한 북서풍의 영향을 받는데, 바람에 의하여 간조시 노출된 넓은 모래 갯벌과 해빈에서 모래가 육지로 이동되어 사구가 형성되기 쉽다. 전사구, 사구 습지, 초승달 모양의 사구인 바르한 등 다양한 지형들이 잘 발달되어 있다.

유래 및 보호상의 특징

우리 나라 최대 규모의 해안 사구로서 사구의 원형이 잘 보존되어 귀중한 연구 자료가 된다.

토종 개구리와 맹꽁이, 물 떼새, 해당화 군락과 멸종위기 종인 금개구리 등의 희귀 동식물이 서식하고 있다.

해당화 군락

제주도(濟州島)의 한란 자생지

영 명 Natural Habitat of
　　　Cymbidium Orchids
　　　in Jeju-do
학 명 *Cymbidium kanran*
　　　Makino
소재지 제주도 서귀포시
　　　상효동 1616 외
지정일 2002. 2. 2.
지정 사유 자생지
소 유 국가 및 개인
　　　(서귀포시 관리)

자생지의 특징

　면적 / 100,293m²

　특징 / '한란'이 집중
적으로 군락을 이루는
서귀포시 상효동 등 영
천천(돈내코) 계곡 일
부이다.

제주도의 한란 자생지

　하천 바닥과 가까운, 비교적 평평한 지형이며, 진흙이 많고 잡초가
많지 않다. 해발 150~800m까지이며, 특히 해발 300~500m 지점에 집
중적으로 한란이 분포되어 있다. 한란 자생지 내부의 주요 식생은 구
실잣밤나무, 가시나무류, 소귀나무, 후박나무 등의 상록 활엽수와 소
나무 등이 숲을 이루고 있다.

유래 및 보호상의 특징

　이 자생지에서는 관상적 가치가 커서 천연기념물 식물 중 유일하게
종으로 지정된 희귀 식물인 '한란'을 집중적으로 보호하고 있다. 한란
의 자생 북한지로서의 학술적 가치가 있으며, 주변 경관이 아름답다.

　서귀포시에서는 2000년부터 사유지를 매입하여 보호 철책과 보안
시스템을 설치하여 불법 채취를 못하게 하고 있다.

정선(旌善) 두위봉(斗圍峰)의 주목(朱木)

영 명 Yew at Duwibong, Jeongseon
학 명 *Taxus cuspidata* Sieb. et Zucc.
소재지 강원도 정선군 사북읍 사북리
　　　　산 160-3
지정일 2002. 6. 29.
지정 사유 노거수
소 유 국가(정선군 관리)

나무의 특징

크기 / 높이 16.1m, 14.5m, 13.9m,
가슴높이줄기둘레 3.8m, 4.4m,
3.9m

면적 / 5000m²

수령 / 약 1100~1400년

특징 / 정선 두위봉의 주목 3그
루는 사북면 소재지로부터 2km
거리의 도사곡 휴양지에서 두위
봉으로 가는 등산로를 따라 5km
가량 오르면 능선부에 있다.

3그루가 위아래로 나란히 자라
고 있는데, 중심부에 있는 나무
의 수령이 1400여 년으로 추정되

정선 두위봉의 주목 (사진/정선군청)

며, 위쪽의 주목은 1200여 년, 아래쪽의 주목은 1100여 년 가량으로
추정된다. 3그루 모두 일부 동공부가 있으나 외과 수술로 처리하였
으며, 현재 생육 상태는 양호한 편이다.

유래 및 보호상의 특징

수형이 아름답고, 산림청 국립산림과학원의 생장추 측정에 의한
감정 결과 수령이 1100~1400여 년으로 추정되어, 주목으로는 우리
나라에서 가장 오래 된, 매우 희귀한 것이다.

여수(麗水) 낭도리(狼島里) 공룡 발자국 화석지 및 퇴적층

영 명 Dinosaur's Footprints Fossil Producing Places at Nangdo-ri, Yeosu

소재지 전라남도 여수시 화정면 낭도리 산 115-2 등

지정일 2003. 2. 4.

지정 사유 고생물

소 유 국가 및 개인(여수시 관리)

화석지의 특징

면적 / 64,364m²

형태 및 특징 / 공룡 화석지는 여수시 화정면에 속하는 사도, 추도, 낭도, 목도, 적금도 등 5개 섬 지역의 백악기 퇴적층으로부터 넓게 분포되어 있다.

발견된 공룡 발자국 화석은 총 3546점으로 앞발을 들고 뒷발만으로 걷는 조각류, 육식 공룡인 수각류, 목이 긴 초식 공룡인 용각류 등의 발자국 등 종류도

여수 낭도리 공룡 발자국 화석지 및 퇴적층

다양하다. 한편, 이어진 발자국들, 즉 보(步)행렬 화석이 나왔는데, 연장성이 매우 좋은 길이 84m의 보행렬 화석이 발견되기도 하였다.

공룡 화석 이외에도 규화목, 식물 화석, 연체 동물 화석, 개형충, 무척추 동물, 생흔 화석과 연흔, 건열 등의 교과서적인 퇴적 구조들이 다량 발견되었다.

유래 및 보호상의 특징

이 공룡 화석지는 전라남도 및 경상남도 지역 해안에서 이미 발견된 공룡 화석지를 연결하고, 일본과 중국 등을 연결하는 중생대 백악기의 범아시아 생태 환경 연구에 귀중한 자료이다.

달성(達城) 비슬산(琵瑟山)의 암괴류

영 명 Rock Fragment Flow at Biseulsan, Dalseong
소재지 대구광역시 달성군 유가면 용리 산 1 등
지정일 2003. 12. 13.
지정 사유 지형, 지질 일반
소 유 국가 및 개인(달성군 관리)

암괴류의 특징

면적 / 989,792m²

형태 및 특징 / 암괴류(岩塊流)란, 큰 자갈 또는 바위 크기의 둥글거나 각진 암석 덩어리들이 집단적으로 산 사면이나 골짜기에 아주 천천히 흘러내리면서 쌓인 것이다. 비슬산 암괴류는 중생대 백악기 화강암의 거석들로 이루어진 특이한 경관을 보여 주며, 그 규모는 길이 2km, 너비 80m, 두께 5m에 이르고, 암괴들의 지름이 약 1~2m에 이르는 것으로, 우리 나라에 분포하는 암괴류 중 규모가 가장 크다.

유래 및 보호상의 특징

암괴류의 형성 과정에 관한 연구의 귀중한 자료이다.

달성 비슬산의 암괴류

한탄강(漢灘江) 대교천(大橋川) 현무암 협곡

영 명 Basalt Canyon at Daegyo-
cheon, Hantangang
소재지 경기도 포천시 관인면 냉
정리 1101 등, 강원도 철원
군 동송읍 장흥리 725 등
지정일 2004. 2. 23.
지정 사유 지형, 지질 일반
소 유 국가 및 개인(포천시, 철원군
관리)

한탄강 대교천 현무암 협곡 (사진/박의준)

협곡의 특징

면적 / 199,960m²

형태 및 특징 / 한탄강은 강
원도 평강에서 발원하여 철
원, 경기도 연천 지역을 지나
서 임진강으로 흘러가는데,
수직 절벽 사이에 30~40m의
깊이로 깎인 협곡을 이루고
있다.

강원도 철원군 동송읍 10만 9천 여 m²와 경기도 포천시 관인면 9
만 여 m²에 걸친 현무암 협곡은 다양한 주상절리가 발달해 있고, 현
무암 평원이 유수에 의해 형성된 여러 가지 형태의 지형을 관찰할 수
있다. 주상절리는 한탄강이 화산 작용으로 형성된 용암 대지 위를 흐
를 때 암반이 침식 작용을 받아 절리를 따라 떨어져 나가서 형성된
것이다.

유래 및 보호상의 특징

경관이 매우 아름답다. 한반도 제4기 지질 및 지형의 발달을 이해
하는 데 귀중한 자료가 될 뿐만 아니라, 자연 학습장으로도 활용 가
치가 크다.

정동진(正東津) 해안 단구

영 명 Coastal Terrace at Jeong-
    dongjin
소재지 강원도 강릉시 강동면
    정동진리 산 50-60 등
    4필지
지정일 2004. 4. 9.
지정 사유 지형, 지질 일반
소 유 국가(강릉시 관리)

해안 단구의 특징

면적 / 45,426m²

형태 및 특징 / 정동진리
해안을 따라 길이 4km, 너비
1km에 걸쳐 해발 75~85m
에 자리하고 있는 평탄한 지
형이다.

전체 면적 400만 m² 중
국유지 45,426m²만 천연기
념물로 지정되었다. 약 200
만~250만 년 전 제3기 말

정동진 해안 단구

에 일어난 지반 융기 작용에 의해 해수면이 약 80m 후퇴하면서 바다
밑에서 퇴적이 일어나고 있던 해저 지형이 육지화되었다.

유래 및 보호상의 특징

절벽과 습곡이 어우러진 우리 나라 최대의 해안 단구로, 한반도
지반 융기에 대한 증거로 학계에서 주목을 받아 왔다. 특히, 이 일대
에서 선사 시대 유적이 출토되어 더욱 관심을 모으고 있다.

우도(牛島) 홍조(紅藻) 단괴(團塊) 해빈(海濱)

영 명 Red-algae Nodule Bearch at Udo
소재지 제주도 북제주군 우도면 연평리 2215-5 등 7필지의 지선에 인접한 공
    유 수면
지정일 2004. 4. 9.　　　　　**지정 사유** 지형, 지질 일반
소 유 국가(북제주군 관리)

홍조 단괴 해빈의 특징

　면적 / 공유 수면 956,256m²

　형태 및 특징 / 우도 지역에 분포하는 검은색 현무암과 대조적으로
흰색을 띠며, 다양한 크기의 홍조 단괴가 분포한다.

유래 및 보호상의 특징

　물 속에 서식하며, 광합성 작용을 하는 석회 조류 식물인 홍조류
가 탄산칼슘을 침전시켜 홍조 단괴가 생성되었다. 우도 홍조 단괴
해빈에는 지름 4~5cm의 홍조 단괴가 발달되었는데, 그 규모는 길이
약 300m, 너비 약 15m이다. 홍조 단괴가 해빈의 주요한 구성 퇴적물
을 이루는 경우는 매우 드물다.

우도 홍조 단괴 해빈

비양도(飛楊島) 용암 기종(氣腫)

영 명 Lava Tunnel at Biyangdo
소재지 제주도 북제주군 한림읍 협재리 산 127 및 산 128 지선에 인접한 공유 수면
지정일 2004. 4. 9.　　　**지정 사유** 지형, 지질 일반
소 유 국가(북제주군 관리)

용암 기종의 특징

　면적 / 공유 수면 1323m^2

　형태 및 특징 / 비양도의 용암 기종은 비양봉을 중심으로 분석구와 용암류, 베개 용암 등이 발달되었으며, 한라산의 기생 화산 중에서 유일하게 쌍분화구로 형성되었다. 분화구 안에는 우리 나라에서 유일하게 비양나무가 자생하고 있으며, 비양도의 비양나무 자생지는 현재 제주도 기념물 제 48 호로 지정되어 보호하고 있다.

유래 및 보호상의 특징

　화산 활동 내용이 기록으로 남아 있는 비양도는 학술적 가치가 있는데, 특히 북쪽 해안에 있는 용암 기종군은 보기 드문 것이다.

비양도 용암 기종

683

정선(旌善)의 백복령(白茯嶺) 카르스트 지대

영 명 Baekbokryeong Karst Zone at Jeongseon
소재지 강원도 정선군 임계면 직원리 산 1-1 등 12필지
지정일 2004. 4. 9.
지정 사유 지형, 지질 일반
소 유 국가 및 개인(정선군 관리)

카르스트 지대의 특징

면적 / 543,000m²

형태 및 특징 / 500여 개의 크고 작은 돌리네가 밀집해 있으며, 우발레, 싱크홀, 맹곡 등 카르스트 지대에서 나타나는 다양한 지형들이 좁은 지역에 밀집해 발달되었다.

유래 및 보호상의 특징

석회암 지형이 자연 원시 상태를 유지하여 지형, 지질학적 가치 및 자연 경관적 가치가 높다.

정선의 백복령 카르스트 지대 (사진/박의준)

제주(濟州) 수산리(水山里)의 곰솔

영 명 Japanese Black Pine at Susan-ri, Jeju
학 명 *Pinus thunbergii* Parl.
소재지 제주도 북제주군 애월읍 수산리 2274
소 유 국가 및 개인(북제주군 관리)

지정일 2004. 5. 14.
지정 사유 노거수

나무의 특징

크기 / 높이 12.5m, 가슴높이줄기둘레 4.47m

수령 / 약 400년

특징 / 수산봉 남쪽의 저수지 옆에 자라고 있다. 높이 2m 부분에서 원줄기가 잘린 흔적이 있으나, 그 곳에서 4개의 가지가 사방으로 뻗어 있어 매우 아름답다. 나무의 위쪽에 눈이 쌓이면 백곰이 저수지의 물을 마시는 것 같은 모습을 보인다.

유래 및 보호상의 특징

약 400년 전 마을이 생길 때 뜰 안에 심었으나 폐가 후 강씨 집안에서 관리했다고 전해지며, 지금은 주위에 인가의 흔적이 없다. 마을의 수호목으로 소중히 보호되고 있다.

제주 수산리의 곰솔

부 록

시·도별 천연기념물 목록

식 물		
등록번호 명 칭	소 재 지	

서울특별시

6 서울 원효로의 백송	서울특별시 용산구 원효로 4가 87-2	
8 서울 재동의 백송	서울특별시 종로구 재동 35	
9 서울 수송동의 백송	서울특별시 종로구 수송동 44	
59 서울 문묘의 은행나무	서울특별시 종로구 명륜동 3가 52	
194 창덕궁의 향나무	서울특별시 종로구 와룡동 2-71	
240 서울 용두동 선농단의 향나무	서울특별시 동대문구 제기 2동 1158-1	
251 창덕궁의 다래나무	서울특별시 종로구 와룡동 2-71	
254 삼청동의 등	서울특별시 종로구 삼청동 국무총리 공관	
255 삼청동의 측백나무	서울특별시 종로구 삼청동 국무총리 공관	
271 서울 신림동의 굴참나무	서울특별시 관악구 신림동 산 112-1 외 2필	

부산광역시

168 부산진의 배롱나무	부산광역시 부산진구 양정동 산 73-28	
176 범어사의 등나무 군생지	부산광역시 금정구 청룡동 산 2-1	
270 부산 수영동의 곰솔	부산광역시 수영구 수영동 229-1 외 1필	
309 부산 구포동의 팽나무	부산광역시 북구 구포동 639 외 5필	
311 부산 수영동의 푸조나무	부산광역시 수영구 수영동 271 외 4필	

대구광역시

1 달성의 측백수림	대구광역시 동구 도동 산 180	

인천광역시

66 대청도의 동백나무 자생 북한지		
	인천광역시 옹진군 백령면 대청리 43	
78 강화 갑곳리의 탱자나무	인천광역시 강화군 강화읍 갑곳리 1016	
79 강화 사기리의 탱자나무	인천광역시 강화군 화도면 사기리 135-10	
304 강화 서도면의 은행나무	인천광역시 강화군 서도면 볼음도리 산 186 외 1필	
315 인천 신현동의 회화나무	인천광역시 서구 신현동 135 외 11필	

690

96	울진의 굴참나무	경북 울진군 근남면 수산리 381
114	영양의 측백수림	경북 영양군 영양읍 감천리 산 171
115	독락당의 중국주엽나무	경북 경주시 안강읍 옥산리 1600
158	울진 죽변리의 향나무	경북 울진군 울진읍 후정리 산 30
174	송사동의 소태나무	경북 안동시 길안면 송사리 100-7
175	용계의 은행나무	경북 안동시 길안면 용계리 943
180	운문사의 처진소나무	경북 청도군 운문면 신원리 1768-7
189	성인봉의 원시림	경북 울릉군 북면 나리리 산 44-1
192	청송 신기동의 느티나무	경북 청송군 파천면 신기리 659
193	청송 관동의 왕버들	경북 청송군 파천면 관동리 721
225	선산 농소의 은행나무	경북 구미시 옥성면 농소리 436
252	안동 구리의 측백나무 자생지	경북 안동시 남후면 광음리 산 1-1
273	영주 안정면의 느티나무	경북 영주시 안정면 단촌리 184 등 6필
274	영주 순흥면의 느티나무	경북 영주시 순흥면 태장리 303-1 등 5필
275	안동 녹전면의 느티나무	경북 안동시 녹전면 사신리 256 외 3필
285	영주 단산면의 갈참나무	경북 영주시 단산면 병산리 산 338
288	안동 임동면의 굴참나무	경북 안동시 임동면 대곡리 583
292	문경 농암면의 반송	경북 문경시 농암면 화산리 942 외 3필
293	상주 화서면의 반송	경북 상주시 화서면 상현리 50-1 외 2필
294	예천 감천면의 석송령	경북 예천군 감천면 천향리 804 외 3필
295	청도 매전면의 처진소나무	경북 청도군 매전면 동산리 146-1 외 2필
298	청도 각북면의 털왕버들	경북 청도군 각북면 덕촌리 561-1 외 3필
300	금릉 대덕면의 은행나무	경북 김천시 대덕면 조룡리 산 51 외 2필
301	청도 이서면의 은행나무	경북 청도군 이서면 대전리 638 외 2필
312	울진 화성리의 향나무	경북 울진군 울진읍 화성리 산 190 외 1필
313	청송 안덕면의 향나무	경북 청송군 안덕면 장전리 산 18 외 1필
314	안동 와룡면의 뚝향나무	경북 안동시 와룡면 주하리 634 외 1필
318	월성 안강읍의 회화나무	경북 경주시 안강읍 육통리 1428 외 3필
357	선산 독동리의 반송	경북 구미시 선산읍 독동리 539 외 2필
371	영일 발산리의 모감주나무·병아리꽃나무 군락지	
		경북 포항시 남구 동해면 발산 2리 산 13
399	영양 답곡리의 만지송	경북 영양군 석보면 답곡리 산 159
400	예천 금남리의 황목근	경북 예천군 용궁면 금남리 696
401	청송 홍원리의 개오동나무	경북 청송군 부남면 홍원리 547
402	청도 적천사의 은행나무	경북 청도군 청도읍 원리 산 217
403	성주 경산리의 성 밖 숲	경북 성주군 성주읍 경산리 446-1 등
404	영천 자천리의 오리장림	경북 영천시 화북면 자천리 산 1421-1

전라남도

전라북도

동 물 및 기 타

등록번호	명 칭	소 재 지

전 국

197	크낙새	전국
198	따오기	전국
199	황새	전국
200	먹황새	전국
201	백조류(고니 · 큰고니 · 혹고니)	전국
202	두루미	전국
203	재두루미	전국
204	팔색조	전국
205	저어새류(저어새 · 노랑부리저어새)	전국
206	느시	전국
215	흑비둘기	전국
216	사향노루	전국
217	산양	전국
218	장수하늘소	전국
228	흑두루미	전국
242	까막딱따구리	전국
243	수리류(독수리 · 참수리 · 검독수리 · 흰꼬리수리)	전국
258	무태장어	전국
259	어름치	전국
323	매류(참매 · 붉은배새매 · 새매 · 잿빛개구리매 · 알락개구리매 · 개구리매 · 황조롱이 · 매)	전국
324	올빼미 · 부엉이류(올빼미 · 수리부엉이 · 솔부엉이 · 칡부엉이 · 쇠부엉이 · 소쩍새 · 큰소쩍새)	전국
325	기러기류(개리 · 흑기러기)	전국
326	검은머리물떼새	전국
327	원앙이	전국
328	하늘다람쥐	전국
329	반달가슴곰	전국
330	수달	전국
361	노랑부리백로	전국

부산광역시

267	부산 전포동의 구상 반려암	부산광역시 부산진구 전포동 산 12 외

북한의 천연기념물 목록

식 물		
등록번호	명 칭	소 재 지
1	릉라도 산벚나무와 전나무	평양시 중구역 경상동 릉라도
2	옥류 능수버들	평양시 중구역 경상동
3	청류벽 회화나무	평양시 중구역 경상동
6	보통강 뽀뿌라나무	평양시 보통강구역 보통강 2동
8	문수봉 이깔나무	평양시 동대원구역 랭천 1동
9	덕동 대추나무	평양시 사동구역 덕동리
10	대성산 수삼나무	평양시 대성구역 대성동
11	대성산 목란	평양시 대성구역 대성동
12	대성산 미선나무	평양시 대성구역 대성동
13	대성산 두충나무	평양시 대성구역 대성동
14	대성산 향오동나무	평양시 대성구역 대성동
15	대성산 참등나무	평양시 대성구역 대성동
16	대성산 뚝향나무	평양시 대성구역 대성동
18	만경대 백양나무	평양시 만경대구역 만경대동
19	룡악산 느티나무	평양시 만경대구역 룡봉리
20	룡악산 참중나무	평양시 만경대구역 룡봉리
21	룡악산 향오동나무	평양시 만경대구역 룡봉리
22	룡악산 회화나무	평양시 만경대구역 룡봉리
25	룡산리(무진리) 소나무림	평양시 력포구역 룡산리
26	상원 가둑나무	평양시 상원군 대동리
27	대동리 향오동나무	평양시 상원군 대동리
31	안국사 은행나무	평안남도 평성시 봉학동
32	률화 소나무	평안남도 평성시 률화리
33	자산 은행나무	평안남도 평성시 자산리
35	온천(룡강) 떡갈나무	평안남도 온천군
40	숙천 주염나무	평안남도 숙천군 신풍리
41	평원 훈련정 은행나무	평안남도 평원군 평원읍
42	은정 배나무	평안남도 문덕군 마산리 장백부락
45	강동 참나무	평양시 강동군 향목리
46	성천 가지부처손 군락	평안남도 성천군 성천읍
50	양덕 금수목	평안남도 양덕군 운창리
51	룡포 가는잎소나무림	평안남도 북창군 인로로동자구

52	북창 느삼나무 군락	평안남도 북창군 남양리
53	맹산 흑송림	평안남도 맹산군 맹산읍
57	강선 백양나무	남포시 천리마구역 상봉동
58	송호 회화나무	남포시 천리마구역 강철동
59	수산리 약밤나무	남포시 강서구역 수산리
60	우산장 느티나무	남포시 항구구역 우산리
62	룡강 느티나무	남포시 룡강군 옥도리
65	선주 느티나무	평안북도 철산군 선주리
66	장송 소나무 방풍림	평안북도 철산군 장송로동자구
70	동림 들메나무	평안북도 동림군 신곡로동자구
74	보산 배나무	평안북도 정주시 남호리
75	정주 은행나무	평안북도 정주시 세마리
87	묘향산 들메나무	평안북도 향산군 향암리
88	묘향산 산뽕나무	평안북도 향산군 향암리
89	묘향산 소나무	평안북도 향산군 향암리
91	묘향산 두봉화 군락	평안북도 향산군 향암리
92	상원암 은행나무	평안북도 향산군 향암리
93	향산 비슬나무	평안북도 향산군 태평리
94	학당 옻나무 군락	평안북도 태천군 학당리
96	삭주 황목련 군락	평안북도 삭주군 온천로동자구
97	좌리 전나무	평안북도 삭주군 좌리
98	료하나도 박달나무	평안북도 대관군 량산리
101	강계 은행나무	자강도 강계시 남산동
103	오가산 주목	자강도 화평군 가림리
104	오가산 잣나무	자강도 화평군 가림리 오가산
105	가산령 잣나무	자강도 화평군 가림리 오가산
106	오가산 신갈나무	자강도 화평군 가림리
107	오가산 쉼터 피나무	자강도 화평군 가림리
108	오가산 피나무	자강도 화평군 가림리
112	시중 긴방울가문비나무림	자강도 시중군 천장리
114	오수덕 잣나무림	자강도 중강군 오수리
115	앙토 비슬나무	자강도 초산군 앙토리
116	룡대 만지송	자강도 고풍군 룡대리
118	성간 뽀뿌라나무	자강도 성간군 성간읍
119	성하 왕찔광나무	자강도 성간군 성하로동자구
121	전천 돌부채 군락	자강도 전천군 무평리
122	전천 전나무	자강도 전천군 와운리

125	해주 락우삼	황해남도 해주시 옥계동
126	해주 설송	황해남도 해주시 구제동
127	해주 벽오동나무	황해남도 해주시 부용동
129	석담 느티나무	황해남도 벽성군 석담리
134	옹진 참김	황해남도 옹진군 남해로동자구
135	옹진 이팝나무	황해남도 옹진군 립석리
138	옹진 쪽가래나무	황해남도 옹진군 송월리
144	송화 향나무	황해남도 송화군 원당리
145	과일군 은행나무	황해남도 과일군 과일읍
147	홍골(은률) 황목련	황해남도 은률군 률리
150	안악 느티나무	황해남도 안악군 금강리
153	장수산 향수꽃나무	황해남도 재령군 서림리, 봉오리
155	신원 쌍둥이느티나무	황해남도 신원군 화석리
156	신원 은행나무	황해남도 신원군 계남리
158	봉천(평천) 느티나무	황해남도 봉천군 신명리
160	배천 은행나무	황해남도 배천군 배천읍
161	강호 염주나무	황해남도 배천군 강호리
162	강호 능소화	황해남도 배천군 강호리
165	연안 은행나무	황해남도 연안군 호남리
168	황주 련꽃	황해북도 황주군 황주읍
169	삼전 향나무	황해북도 황주군 삼전리
170	봉진 느티나무	황해북도 황주군 삼훈리
174	서흥 가래나무	황해북도 서흥군 화봉리
175	답동산 가침박달 군락	황해북도 서흥군 봉하리
180	룡동골 만지송	황해북도 신평군 선암리
182	동산리 소나무	황해북도 곡산군 동산리
183	입문 소나무	황해북도 곡산군 동산리
184	신계 은행나무	황해북도 신계군 침교리
185	신계 황목련 군락	황해북도 신계군 은점리
188	평산 엄나무	황해북도 평산군 산성리
189	은정 대추나무	황해북도 봉산군 은정리
192	토산 느티나무	황해북도 토산군 토산읍
195	원산 금송	강원도 원산시 송천동
197	원산 츄 프나무	강원도 원산시 송천동
198	원산 구상나무	강원도 원산시 송흥동
199	원산 칠엽나무	강원도 원산시 송천동
201	원산 감나무	강원도 원산시 영삼리

202	두류산 고양나무 군락	강원도 천내군 동흥리
203	안변 느티나무	강원도 안변군 안변읍
204	문수리 소나무	강원도 안변군 문수리
206	위남리 소나무	강원도 고산군 위남리
207	석왕사 소나무림	강원도 고산군 설봉리
208	석왕사 느티나무	강원도 고산군 설봉리
232	금강국수나무	강원도 금강군 내강리
233	금강초롱	강원도 금강군 내강리
234	금강 전나무	강원도 금강군 내강리
235	창도 늘어진소나무	강원도 창도군 장현리
239	삼방 왕제비꽃	강원도 세포군 삼방리
240	두문동 은행나무	강원도 철원군 저탄리
241	이천 영웅은행나무	강원도 이천군 이천읍
242	우미리 느티나무	강원도 이천군 우미리
243	가재울 은행나무	강원도 철원군 정동리
244	성북 느티나무	강원도 이천군 성북리
246	판교 전나무	강원도 판교군 룡포리
247	금구리 소나무	강원도 법동군 금구리
251	동흥산 은행나무	함경남도 함흥시 동흥산구역 동흥산동
252	함흥 반송	함경남도 함흥시 사포구역 소나무동
256	호남 향나무	함경남도 신포시 호남리
257	속후 회화나무	함경남도 신포시 속후리
261	신흥 엄나무	함경남도 신흥군 신흥읍
270	정평 구슬꽃잎나무	함경남도 정평군 구창리
271	금야 은행나무	함경남도 금야군 동흥리
272	인흥 왕밤나무	함경남도 금야군 중동리
273	가진 소나무	함경남도 금야군 가진로동자구
274	청백 향나무	함경남도 금야군 청백리
277	성남 소나무	함경남도 수동구 성남리
283	대섬 신의대 군락	함경남도 홍원군 호남리 대섬
284	룡전 사과나무	함경남도 북청군 룡전리
285	조상 사과나무	함경남도 북청군 룡전리
286	중동리 소나무	함경남도 덕성군 중동리
291	곡구리 백리향 군락	함경남도 리원군 곡구리
292	리원 팽나무	함경남도 리원군 곡구리
297	두연못 련꽃	함경남도 단천시 두연리
298	단천 만지송	함경남도 단천시 달전리

300	백암 부채붓꽃 군락	함경남도 부전군 백암리
302	덕인 참나무	함경북도 김책시 덕인리
304	학동 소나무	함경북도 김책시 학동리
311	운만대 신의대 군락	함경북도 화대군 목진리 운만대
318	명천 오동나무	함경북도 명천군 보촌리
319	명천 단천 향나무 군락	함경북도 명천군 사리
320	고진 소나무	함경북도 명천군 포하리
321	포중 소나무	함경북도 명천군 포중리
324	함진 소나무	함경북도 화성군 함진리
326	화성 전나무림	함경북도 화성군 고성리
332	회령 밤나무	함경북도 회령시 성북리
336	왕재산 참나무	함경북도 온성군 왕재산리
338	우암 산벗나무 군락	라진-선봉시 선봉군 우암리
342	남포태산 왕대황	량강도 삼지연군 포태로동자구
346	리명수 채양버들	량강도 삼지연군 리명수로동자구
352	연지봉 소나무	량강도 삼지연군 신무성로동자구
355	북포태산 왕대황	량강도 보천군 대평로동자구
363	백암 좀골담초 군락	량강도 백암군 상담리
367	갑산 비슬나무	량강도 갑산군 송암리
372	후창 느티나무	량강도 김형직군 무창리
373	후창 조릿대 군락	량강도 김형직군 영저리
377	관모봉 왕대황	함경북도 연사군 삼포리
381	만월대 느티나무	개성시 송악동
382	판문 탱자나무	개성시 판문군 동창리
383	개성 회화나무	개성시 북안동
384	삼거리 느티나무	개성시 삼거리
385	개성 자목련	개성시 방직동
386	성균관 은행나무	개성시 방직동 성균관
387	성균관 느티나무	개성시 방직동 성균관
390	개성 백송	개성시 개풍군 연강리
391	개풍 은행나무	개성시 개풍군 남포리
392	개풍 모과나무	개성시 개풍군 풍덕리
394	장풍 느티나무	개성시 장풍군 대덕산리
395	모란봉 전나무와 잣나무	평양시 중구역 경상동
396	대동리 들메나무	평양시 상원군 대동리
397	만달 산황정	평양시 승호구역 광정리
410	장자산 잣나무	자강도 강계시 장자동

411	은천 상사화	황해남도 은천군 덕양리
413	은정 대추나무	황해북도 봉산군 은정리
415	고성 참대	강원도 고성군 삼일포리, 순학리
416	창터 소나무림	강원도 고성군 온정리 창터부락
422	부전 산파 군락	함경남도 부전군 한대리
423	3.1 밤나무	함경남도 신포시 호만포리
424	황초령 고산 식물	함경남도 장진군 황초로동자구
425	원정리 해당화 군락	함경북도 은덕군 원정리
426	관모봉 불로초	함경북도 연사군 삼포리
428	근동 오미자 군락	함경북도 화성군 근동리
429	경성 백목련	함경북도 경성군 하온포리
430	경성 고로쇠나무	함경북도 경성군 하온포리
435	청산리 버드나무	남포시 강서구역 청산리
436	대안 참등나무	남포시 대안구역 옥수동
437	석천동 느티나무	남포시 룡강군 룡강읍
439	회령 백살구나무	함경북도 회령시 창효리
440	함종 밤나무	평안남도 증산군 함종리
441	성천 밤나무	평안남도 성천군 장상리
444	리원 련꽃	함경남도 리원군 리원읍
445	북청 산수유나무	함경남도 북청군 봉의리
447	성동 련꽃	평안북도 피현군 성동리
448	신미 도동 배나무 군락	평안북도 선천군 문사리
449	정주 소나무	평안북도 정주시 세마리
452	봉오리 왕대추나무	황해남도 재령군 봉오리
454	해주 모과나무	황해남도 해주시 영양리
456	김화당 느릅나무	강원도 김화군 김화읍
457	석전 감나무	강원도 문천시 덕흥리
458	내금강 전나무림	강원도 금강군 내강리
461	백두산 들쭉	량강도 삼지연군 신무성로동자구
463	승암 섬잣나무	함경북도 경성군 승암로동자구
464	개성 금송	개성시 고려동 래봉장
467	오가산 원시림	자강도 화평군 가림리

	동 물	

등록번호	명 칭	소 재 지
24	호남리 자라 살이터	평양시 삼석구역 호남리
36	평안남도 너화	평안남도 증산군, 온천군
37	덕도 바다새 번식지	평안남도 온천군 금성리
38	평안남도 따오기	평안남도 온천군, 증산군
44	룡운리 백로, 왜가리 번식지	평안남도 개천리 룡운리
54	덕천 검은황새	평안남도 덕천시 남양동
55	대홍 수달	평안남도 대홍군
67	철산 조개 살이터	평안북도 철산군 장송로동자구
68	삼차도 바다새 번식지	평안북도 철산군 가도로동자구
71	랍도 바다새 번식지	평안북도 선천군 운종리
72	묵이도 노랑부리, 백로 번식지	평안북도 선천군 운종리
73	선천 대장지 살이터	평안북도 선천군 석화리
76	운무도 바다새 번식지	평안북도 정주시 애도동
77	대감도 바다새 번식지	평안북도 정주시 애도동
82	묘향산 청조	평안북도 향산군 향암리
83	묘향산 날다라미	평안북도 향산군 향암리
95	의주 재비둘기 번식지	평안북도 의주군 의주읍
100	논골 백로, 왜가리 번식지	평안북도 동창군 두룡리
102	홍주닭	자강도 강계시 홍주동
109	오가산 원앙새 살이터	자강도 화평군 가림리
110	노랑흥모시범나비	자강도 랑림군 련화산
123	와갈봉 조선범	자강도 룡림군, 랑림군
124	룡림 큰곰	자강도 룡림군 후지리
128	사현리 왜가리 번식지	황해남도 벽성군 사현리
130	강령 흰두루미 살이터	황해남도 강령군 동포리
133	옹진 재두루미 살이터	황해남도 옹진군 남해로동자구
139	장연 조선소	황해남도 장연군 금사리, 광천리
146	구월산 애기개구리 살이터	황해남도 은률군 산동리
157	봉천 클락새 살이터	황해남도 봉천군 군동리, 웅촌리
163	홍현리 백로 살이터	황해남도 배천군 홍현리
164	배천 재두루미 살이터	황해남도 배천군 역구도리
171	정방산 전갈 살이터	황해북도 사리원시 정방리
173	린산 클락새 살이터	황해북도 린산군 랭정리
186	구락리 자라 살이터	황해북도 신계군 구락리, 침교리, 지석리

187	구라리 어름치, 쒜리, 알쓸이터	황해북도 신계군 구라리
190	평산 클락새 살이터	황해북도 평산군 봉탄리
194	대도 백로, 왜가리 번식지	강원도 원산시 룡천리
205	추애산 조선범	강원도 고산군, 세포군, 법동군
210	천아포 고니 살이터	강원도 통천군 하수리
211	통천 알섬 바다새 번식지	강원도 통천군 금란리
230	외금강 남생이 살이터	강원도 금강군 내강리
237	세포 조선소	강원도 세포군 대곡리
245	룡흥리 백로, 왜가리 번식지	강원도 판교군 룡흥리
249	법동 수달	강원도 법동군
258	함주 조선닭	함경남도 함주군 추상리
260	천불산 사향노루	함경남도 신흥군 대동리
263	서목리 왜가리 번식지	함경남도 장진군 서목리
264	장진정 장어 알쓸이터	함경남도 장진군 늪수리
265	속사강 명태 알쓸이터	함경남도 장진군 갈진리
266	정평 백로 살이터	함경남도 정평군 선덕리
267	<광포종> 오리	함경남도 정평군 선덕리
269	사철오리	함경남도 정평군 구읍리
275	금야 겨울새 살이터	함경남도 금야군 해중리, 독구미리, 광덕리
288	대덕리 원앙새 살이터	함경남도 리원군 대덕리
301	덕인리 왜가리 번식지	함경북도 김책시 덕인리
303	림명벌 황새	함경북도 김책시 림명리
317	보촌 조개 살이터	함경북도 명천군 보촌리
330	관모봉 큰곰	함경북도 연사군 삼포리
331	신양 수달	함경북도 연사군 신양로동자구
333	연지 노랑나비	함경북도 회령시, 연사군
337	록야리 사향노루	함경북도 은덕군 록야리
339	우암 물개	라진-선봉시 선봉군 우암리
343	보천 검은돈	량강도 보천군 대평로동자구
348	삼지연 메닭	량강도 삼지연군 신무성로동자구
349	삼지연 사슴	량강도 삼지연군
350	삼지연 검은돈	량강도 삼지연군 포태로동자구
353	신무성 세가락더구리	량강도 삼지연군 신무성로동자구
354	삼지연 누렁이	량강도 삼지연군
356	대홍단 산양	량강도 대홍단군
357	백두산 조선범	량강도 삼지연군, 대홍단군

358	대홍단 메닭	량강도 대홍단군 유곡로동자구
360	합수 도롱뇽 살이터	량강도 백암군 산양로동자구
361	백암 검은돈	량강도 백암군 박천로동자구
362	백암 사슴	량강도 백암군
364	백암 쥐토끼	량강도 백암군 산양로동자구
368	풍산개	량강도 김형권군 광덕리
370	신파닭	량강도 김정숙군 장항리
371	남사 사루기 알쓸이터	량강도 김형직군 남사로동지구
378	마양 흰족제비	함경북도 무산군 마양로동자구
379	마양 송어 알쓸이터	함경북도 무산군 마양로동자구
380	마양 사향노루	함경북도 무산군 마양로동자구
393	판문 흰두루미 살이터	개성시 판문군 동창리, 대룡리, 림한리
399	월포리 자라 살이터	평안남도 평성시 월포리
400	자모 백로, 왜가리 번식지	평안남도 평성시 운흥리
401	대흥 사향노루	평안남도 대흥군
405	청천강 은어	평안남도 개천시 도화리
406	의주 원앙새 살이터	평안북도 의주군 대화리
412	룡연 두루미 살이터	황해남도 룡연군 원촌리, 곡정리, 룡정리
421	안변 두루미 살이터	강원도 안변군 류회리
431	관모리 산천어	함경북도 경성군 관모리
432	마양 열묵어	함경북도 무산군 마양로동자구
433	개성 클락새	개성시 박연리
434	림진강 자라 살이터	개성시 장풍군 장학리, 석둔리, 귀촌리
438	화도리 픠꼴새 번식지	남포시 와우도구역 화도리
443	북창 원앙새	평안남도 북창군 룡산리
446	원평리 백로, 왜가리 번식지	함경남도 금야군 원평리
459	천내 고니 살이터	강원도 천내군 금성리
462	풍산 왜가리 번식지	량강도 김형권군 광덕리

지형 · 지질

등록번호	명 칭	소 재 지
5	중구역 화석림	평양시 중구역
17	대성산 중생대 화석	평양시 대성구역 대성동
23	서평양 습곡	평양시 형제산구역 중당동

28	고령산 평탄면	평양시 상원군 로동리
29	룡산리 해조류 화석	평양시 중화군 룡산리
30	월포리 하성 단구	평안남도 평성시 월포리
34	평남온천	평안남도 온천군 온천읍
43	개천 꽃동굴	평안남도 개천시 룡원로동자구
47	성천 습곡	평안남도 성천군 은곡로동자구
48	석탕온천	평안남도 양덕군 온정리
49	거차 회중석 로두	평안남도 양덕군 거상리
56	강서약수	남포시 강서구역 약수리
61	검산리(룡강) 련흔	남포시 항구구역 검산리
63	비단섬 코끼리바위	평안북도 신도군
64	막대바위	평안남도 염주군 남암리
69	동림폭포	평안북도 동림군 고군영리
78	거북바위	평안북도 녕변군 녕변읍
79	상초동굴	평안북도 구장군 상초리
80	룡문대굴	평안북도 구장군 룡문로동자구
81	백령대굴	평안북도 구장군 대풍리
84	산주폭포	평안북도 향산군 향암리
85	룡연폭포	평안북도 향산군 향암리
86	천주석	평안북도 향산군 향암리
90	천신폭포	평안북도 향산군 향암리
99	당아산폭포	평안북도 동창군 학송리
111	룡수폭포	자강도 시중군 천장리
113	중강 식물 화석	자강도 중강군 중덕리
117	성하 감입사행	자강도 성간군 성하로동지구
131	강령 골뱅이 화석	황해남도 강령군 식여리
132	강령 차축조 화석	황해남도 강령군 인봉리
136	옹진온천	황해남도 옹진군 옹진읍
141	오차바위	황해남도 룡연군 오차진리
142	몽금포 사구	황해남도 룡연군 몽금포리
143	몽금포 코끼리바위	황해남도 몽금포리
148	초정약수	황해남도 은천군 초정리
151	신천온천	황해남도 신천군 온천리
152	장수산 열두굽이	황해남도 재령군 서림리
154	장수산 습곡	황해남도 재령군 봉오리
159	배천온천	황해남도 배천군 배천읍
166	송림산 통바닥층	황해북도 송림시 당산동

167	흑교 삼엽충 화석	황해북도 황주군 흑교리
172	은파 해조류 화석	황해북도 은파군 구련리
176	홀동 석로두	황해북도 연산군 홀동로동자구
177	남강 쌍절벽	황해북도 연산군 대룡리
178	남천폭포	황해북도 신평군 남천리
179	달해 산성 절벽	황해북도 신평군 생양리
181	곡산 산호 화석	황해북도 곡산군 송림리
191	룡궁리 동물 화석	황해북도 평산군 룡궁리
193	명사십리	강원도 원산리 룡천리
209	광명약수	강원도 고산군 설봉리
212	시중호	강원도 통천군 송정리
213	국섬	강원도 통천군 자산리
214	총석정	강원도 통천군 통천읍
215	금란굴	강원도 통천군 금란리
216	천선대	강원도 고성군 온정리
217	금강산 닭알바위	강원도 고성군 온정리
218	삼일포	강원도 고성군 삼일포리
219	상팔담	강원도 고성군 온정리
220	삼선암	강원도 고성군 온정리
221	조양폭포	강원도 고성군 단풍리
222	비봉폭포	강원도 고성군 온정리
223	십이폭포	강원도 고성군 월비산리
224	귀면암	강원도 고성군 온정리
225	구룡폭포	강원도 고성군 온정리
226	금강산온천	강원도 고성군 온정리
227	금강 수정	강원도 고성군 온정리
228	해금강 솔섬	강원도 고성군 해금강리
229	해금강문	강원도 고성군 금천리
231	명명대	강원도 금강군 내강리
236	삼방협곡	강원도 세포군 삼방리
238	삼방약수	강원도 세포군 삼방리
250	덕흥 박쥐굴	강원도 문천시 덕흥리
254	흥남 구경대	함경남도 함흥시 흥남구역 풍흥동
259	백악폭포	함경남도 영광군 천불산리
268	광포	함경남도 정평군, 함주군
278	홍원 류문-진주암	함경남도 홍원군 경포리
279	홍원 솔섬	함경남도 홍원군 홍원읍

280	청도 해식굴	함경남도 홍원군 홍원읍
289	리원 구석	함경남도 리원군 라흥로동자구
290	리원 학사대	함경남도 리원군 학사대리
293	단천 산양	함경남도 단천시 리파리
294	포거 옥돌	함경남도 단천시 포거동
295	오색 화강암	함경남도 단천시 증산리
296	백금산 마그네사이트 광체	함경남도 단천시 백금산동
299	허천 리티움 홍전기석로두	함경남도 허천군 룡원로동자구
305	온수평온천	함경북도 길주군 온천리
306	향교골 규화목	함경북도 길주군 길주읍
307	길주 조개 화석층	함경북도 길주군 길주읍
308	일신 털코끼리 화석자리	함경북도 길주군 일신로동자구
309	장덕리 동물 화석자리	함경북도 화대군 장덕리
310	해칠보 달문	함경북도 화대군 목진리
312	무수단	함경북도 화대군 무수단리
313	해칠보 무지개바위	함경북도 명천군 보촌리
314	해칠 보솔섬	함경북도 명천군 보촌리
315	금강봉과 금강굴	함경북도 명천군 보촌리
316	로적봉	함경북도 명천군 보촌리
323	화성 제3기 조개 화석층	함경북도 화성군 근동리
325	화성 선바위	함경북도 화성군 립석리
327	무계호	함경북도 어랑군 무계리
328	장연호	함경북도 어랑군 룡평리
329	천상수 아흔아홉굽이	함경북도 연사군 삼포리
334	강안리 동물 화석자리	함경북도 온성군 강안리
335	온성 물고기 화석총	함경북도 온성군 향당리
340	선봉 알섬 바다새 번식지	라진-선봉시 선봉군 아망리
341	련암산 분화구	량강도 보천군 대평로동자구
344	내곡온천	량강도 보천군 내곡리
345	리명수폭포	량강도 삼지연군 리명수로동자구
347	삼지연	량강도 삼지연군 삼지연읍
351	백두산 천지	량강도 삼지연군
359	대중리 단층	량강도 운흥군 대중리
365	간장늪	량강도 백암군 산양로동자구
366	백암 누른돈	량강도 백암군 백암읍
374	온포 선바위	함경북도 경성군 상온포리
375	온포온천	함경북도 경성군 상온포리

376	경성 모래온천	함경북도 경성군 하온포리
388	박연폭포	개성시 박연리
398	령천 가수굴	평양시 상원군 령천리
402	온양온천	평안남도 녕원군 온양리
403	검흥약수	평안남도 숙천군
404	신덕수	평안남도 온천군 룡월리
407	묘향산 만폭동	평안북도 향산군 향암리
408	이선남폭포	평안북도 향산군 향암리
409	창성약수	평안북도 창성군 약수리
414	수천(서평)약수	황해북도 수안군 서평리
417	련주담	강원도 고성군 온정리
418	옥류동	강원도 고성군 온정리
419	토끼바위	강원도 고성군 온정리
420	매바위	강원도 고성군 온정리
427	함진 동식물 화석층	함경북도 화성군 함진리
442	양덕온천	평안남도 양덕군 양덕읍
453	종달온천	황해남도 삼천군 달천리
455	내금강 만폭동	강원도 금강군 내강리
460	신적약수	자강도 전천군 신적리
465	모란봉 나무 화석	평양시 중구역 경상동
466	룡궁리 공룡발자리 화석	황해북도 평산군 룡궁리

찾 아 보 기

학명 찾아보기(식물편)

학명 찾아보기(동물편)

참고 문헌

■ 강원도. 1984. 천연보호구역 설악산 학술조사보고서. 457쪽

■ 건설부. 1989. 한려해상국립공원 자원조사. 355쪽

■ 경상북도. 1990. 울릉도 성인봉 원시림 및 통구미 향나무 자생지. 178쪽

■ 길봉섭 등. 1994. 해안선 및 무인도의 현황조사 및 보호대책 연구. 한국환경과학연구협의회.

■ 길봉섭, 김정언. 1996. 전라북도의 자연환경. 원광대학교 출판국. 464쪽

■ 김철수, 오장근. 1995. 다도해 해상국립공원의 식생. 전라남도. 372쪽

■ 김학범, 장동수. 1994. 마을숲. 열화당. 204쪽

■ 리성대, 리금철. 1996. 북한천연기념물 편람. 한국문화사. 195쪽

■ 문화재관리국. 1993. 천연기념물 수림지 생태계조사 보고서. 259쪽

■ 문화재관리국. 1997. 문화재관리 연보. 75-81쪽

■ 문화재관리국. 1997. 지정문화재 목록. 173-189쪽

■ 문화재관리국. 1996. 국가지정문화재 지정 조사 보고서-천연기념물. 69쪽

■ 문화재관리국. 1997. 국가지정문화재 지정 보고서-천연기념물·명승. 111쪽

■ 문화체육부 문화재관리국. 1993. 문화재대관-천연기념물편I(증보). 483쪽

■ 문화체육부 문화재관리국. 1993. 문화재대관-천연기념물편II(증보). 469쪽

■ 산림청 임업연구원. 1995. 한국의 전통 생활환경 보전림. 361쪽

■ 산림청 임업연수원. 1988. 산과 나무의 전설. 257쪽

■ 서민환, 이유미. 1997. 숲으로 가는 길. 현암사. 269쪽

■ 서울특별시. 1996. 서울문화재 대관.

■ 송홍선. 1996. 한국의 나무 문화. 문예 산책. 263쪽

■ 원병오. 1992. 천연기념물(동물편). 대원사. 311쪽

■ 윤무부. 1989. 최신조류명집. 동양정밀인쇄. 72쪽

■ 윤무부. 1997. 한국의 새. 교학사. 549쪽

■ 이우철, 이은복, 유기억. 1995. 소백산 국립공원의 식물상. 한국자연보존협회 조사 보고서. 33:41-71

- 이유미. 1995. 우리가 정말 알아야 할 우리 나무 백 가지. 현암사. 647쪽
- 인제군. 1996. 인제군사. 66-121쪽
- 임경빈. 1993. 천연기념물(식물편). 대원사. 542쪽
- 임경빈. 1998. 푸른 마을을 꿈꾸는 나무 I. 중앙M&B. 247쪽
- 임경빈. 1998. 푸른 마을을 꿈꾸는 나무 II. 중앙M&B. 218쪽
- 임양재, 백광수, 이남주. 1991. 한라산의 식생. 중앙대학교 출판부. 291쪽
- 임양재, 백순달. 1985. 천연보호구역 설악산의 식생. 중앙대학교 출판부. 199쪽
- 장순근. 1997. 화석. 대원사. 127쪽
- 전영우. 1997. 산림문화론. 국민대학교 출판부. 298쪽
- 朝鮮總督府林業試驗場. 1938. 朝鮮の林藪.
- 조홍섭, 김경애. 1993. 이곳만은 지키자(상). 한겨레신문사. 197쪽
- 최영선. 1992. 한국민속식물. 아카데미서적. 358쪽
- 최영선. 1995. 자연사기행-한반도는 숨쉬고 있다. 한겨레신문사. 236쪽
- 충청북도. 1992. 충청북도지.
- 충청북도. 1996. 충북의 나무. 133쪽
- 한국자연보존협회. 1980. 자연보호대상지역 종합조사연구보고서-호소·계곡·폭포·지정관광지편. 내무부. 208쪽
- 홍시환, 석동일. 1997. 한국의 동굴. 대원사. 127쪽
- 홍시환. 1990. 노동동굴의 환경대책조사. 노동동굴관광. 91쪽
- Uyeki, Homiki. 朝鮮の林木. 朝鮮總督府林業試驗場, 林業試驗場報告 第4號, 154.

··· 저 자 소 개 ···

윤무부(尹茂夫)

· 1941. 경남 거제 출생
· 경희대학교 문리대 생물과 및 동대학원 졸업
· 경희대학교 생물학과 교수, 생물교육학 박사
· 환경부 국립공원 자문위원장, 서울특별시 환경 자문위원
· 현재 경희대학교 생물학과 교수
· 저서:「한국의 새」,「한국의 새소리」,「한국 조류 생태
　도감」,「한국의 텃새」,「한국의 철새」외 다수
· 논문: 韓國에 사는 휘파람새 song의 지리적 變異 외 50여 편

서민환(徐敏桓)

· 1962. 서울 출생
· 1985. 서울대학교 임학과 졸업
· 1987. 서울대학교 대학원 임학과 (농학석사)
· 1993. 서울대학교 대학원 산림자원학과 (농학박사)
· 1989-90. 서울대학교 부속 수목원 조교
· 1993-94. 건국대학교, 경원대학교 강사
· 현재 국립환경연구원 식물생태과 연구관
· 저서:「우리 숲으로 간다」,「어린이가 정말 알아야 할 우리 나무 백과 사전」,「어린이
　가 정말 알아야 할 우리 풀 백과 사전」외 다수
· 논문: *Ecology and regeneration of Korean oak species* 외 30여 편

이유미(李惟美)

· 1962. 서울 출생
· 1985. 서울대학교 임학과 졸업
· 1987. 서울대학교 대학원 임학과 (농학석사)
· 1992. 서울대학교 대학원 산림자원학과 (농학박사)
· 1986-89, 92-94. 서울대학교 부속 수목원 조교
· 1991-98. 동국대학교, 서울대학교, 삼육대학교, 건국대학
　교, 경원대학교 강사
· 현재 산림청 국립수목원 생물표본과 연구관, 문화재 전문 위원
· 저서:「우리 숲으로 간다」,「우리가 정말 알아야 할 우리 나무 백 가지」,「한국의 야생
　화」,「어린이가 정말 알아야 할 우리 나무 백과 사전」,「어린이가 정말 알아야 할 우
　리 풀 백과 사전」외 다수
· 논문: 남산·광릉 산림 생태계의 식물종 다양성의 비교 평가 외 40여 편

원색 도감 · 한국의 자연 시리즈 12
한국의 천연기념물

초판 발행 / 1998. 11. 30.
3판 발행 / 2004. 10. 15.

지은이 / 윤무부 · 서민환 · 이유미
펴낸이 / 양철우
펴낸곳 / (주)교학사

〔개정증보판〕

기획 / 유홍희
편집 / 황정순
교정 / 차진승 · 김천순
장정 / 송병석
제작 / 서후식
원색 분해 · 인쇄 / 본사 공무부

등록 / 1962. 6. 26.(18-7)
주소 / 서울 마포구 공덕동 105-67
전화 / 편집부 · 312-6685   영업부 · 717-4561~5
팩스 / 편집부 · 365-1310   영업부 · 718-3976
대체 / 012245-31-0501320
홈 페이지 / http://www.kyohak.co.kr

값 35,000 원

Natural Monuments of Korea

by Yoon Moo-Boo, Suh Min-Hwan, Lee You-Mi

Published by Kyo-Hak Publishing Co., Ltd., 1998
105-67, Gongdeok-dong, Mapo-gu, Seoul, Korea
Printed in Korea

ISBN 89-09-04809-3 96400